カーボンニュートラルと社会

鷲津 明由　赤尾 健一　有村 俊秀
編著

晃洋書房

は し が き

　本書は，カーボンニュートラル社会の実現や気候変動問題への対応に関心のある方々のために，これらの課題に関する社会科学の最新の知見と議論を紹介するものである．読者として，大学学部学生や社会人を想定し，関連分野の最先端の研究者による論考を集めている．

　本書出版の経緯は，編者らが所属する早稲田大学が，2021年にカーボンニュートラル宣言を行ったことに始まる．宣言に伴い同大学は，カーボンニュートラル社会研究教育センター（WCANS）を設置した．WCANS は，カーボンニュートラルに寄与する教育研究領域の先進的な取り組みを先導することをミッションとしており，その教育活動の一環として新たな講義科目が全学共通科目として開講されることになった．その1つが「カーボンニュートラルと社会」である．編者らは，同講義においてカーボンニュートラル社会実現のために必要とされる社会科学の知見を講義している．講義を行うなかで私たちが思ったことは，同講義を拡充し，より包括的に「カーボンニュートラルと社会」に関する社会科学の議論や知見を紹介する書籍があれば，カーボンニュートラル社会の実現により広くより強く貢献できるのではないかということであった．その結果，本書の企画が生まれた．

　本書の理解のために，本書企画の元となった講義科目「カーボンニュートラルと社会」について，もう少し敷衍しておきたい．同講義科目の目的は，脱炭素社会の実現のためには，技術革新に加えて，社会そのものが変わっていく必要があり，そのためには社会科学の役割が大きいとの認識の下，経済学，法学，社会学，経営学等の異なる社会科学の視点から，脱炭素社会をどう考えることができるか，その実現にどう貢献できるかを紹介することである．同講義はその到達目標を，「気候変動に関する国際的動向，カーボンニュートラルを達成する技術の開発と社会実装，国内外のエネルギー事情など，カーボンニュートラルに直結する知識や情報を修得するとともに，環境経済や環境法令，資源循環など，カーボンニュートラルの根底にある「法律」「経済」「社会科学」「理工学」等の環境全般の基礎知識を正確に理解すること」においている．それぞれの知識の説明は，異分野の学生も理解できるように，専門用語の使い方等に

も配慮をもって作成されている.

　本書は，以上の講義の性格を受け継ぐものである．内容についても，第3，4，5，6，7，9，10章は，「カーボンニュートラルと社会」において講義されてきたものである．加えて，より包括的にカーボンニュートラルと社会を論じるために，第1，2，8，11章では，国内外の気候変動政策を巡る議論，気候変動対策シミュレーション，サーキュラーエコノミーの話題を，それらの研究をリードする研究者に執筆いただいている．また，地球環境問題担当大使やスマート社会技術の専門家など，気候変動交渉やデジタル田園都市構想などの国家政策に携わってこられた方々，あるいは実務に携わってこられた方々にも執筆を依頼して，随所に「コラム」を配置している．コラムは各章を補完するとともに，そこで論じた内容が，実社会でどのように実現しているかを解説している．それによって，読者の理解を深められることを期待している.

　本書の内容は次のとおりである．まず第1章では，「日本の脱炭素（GX）政策と資源」と題して，森本英香（早稲田大学法学部・教授）が，環境省の事務次官として環境行政を担った経験も踏まえ，日本やEUの過去から現在に至る環境行政を振り返るとともに，日本のグリーントランスフォーメーション（GX）の動向を論じる．そして，日本に今後求められていることとしてライフスタイルの変革と地域の自律を上げ，EUや日本の先行事例について解説する.

　第2章では，天野正博（早稲田大学名誉教授）が，「カーボンニュートラル社会が求められるに至る経緯と市民社会の役割――カーボンニュートラル社会の実現に市民参加は不可欠――」と題して，なぜカーボンニュートラル社会の成立が求められているのか，なぜそれに市民参加が不可欠なのかについて解説する．温室効果ガス（GHG）を減らす経路変更には，市民の役割が極めて重要であることが，国際動向を踏まえ明らかにされる.

　第3章は，赤尾健一（早稲田大学社会科学総合学術院・教授）が「気候変動問題，世代間衡平，持続可能性」と題して，エミッションズ・ギャップの問題を取り上げ，その経済理論的考察を行う．カーボンニュートラル社会の実現のためには，世代間の利他性を強化し，世代間衡平の倫理として強い持続可能性への支持を強化することが重要であることを指摘している.

　第4章は大塚直（早稲田大学法学学術院・教授）による「日本の気候変動対策法制と脱炭素社会」と題する環境法制についての解説である．カーボンニュートラル宣言後の法政策について，特に再生可能エネルギーの展開に重点を置いて

解説がなされる．日本でカーボンニュートラルを目標通りに実現するためには，気候変動対策基本法の制定が望まれるとの結論を述べている．

　第5章ではジョエル・マレン（早稲田大学商学学術院・准教授）が，企業の視点から「脱炭素化──企業の視点──」について論じる．本章では，脱炭素化に対する企業の動機と，企業が脱炭素化活動をどのように実施しているかについて説明される．

　第6章は田村堅太郎（地球環境戦略研究機関・プログラムディレクター）が，「グローバル気候変動ガバナンスの発展と挑戦」について解説する．グローバル気候変動ガバナンスを構成する国家間の制度について，これまでの経緯を詳しく解説した上で，今後，相乗効果を最大化させトレードオフを最小化するような国家間の体制についての研究が必要であることを指摘している．

　第7章は有村俊秀（早稲田大学政治経済学術院・教授）および森村将平（LEC東京リーガルマインド大学院大学・専任助教）による「脱炭素とカーボンプライシングの役割──国内外での普及──」についてである．気候変動問題の解決と脱炭素の実現のためにカーボンプライシングの役割に注目が集まっている．同章では，カーボンプライシングの仕組み，役割を経済学的に解説するとともに，国内外でのカーボンプライシングの導入状況について紹介する．

　第8章は，森俊介（東京理科大学名誉教授）による「温暖化と社会経済の超長期シナリオのモデル化と評価──茅の要素分析，SSP，ノードハウスのDICEモデル──」についてである．実験のできない気候変動問題の理解には，モデル分析が有効である．ここでは，代表的な気候システム・経済統合モデルについて解説した上で，読者自身が数値データに触れて分析することできるシミュレーション用EXCELソフトが紹介され，これらは晃洋書房のサイトに提供されている．

　第9章は，太田宏（早稲田大学名誉教授）による「カーボンニュートラルとエネルギー転換の地政学とガバナンスの課題」についてである．カーボンニュートラル社会を達成する上で，国際社会では，重要鉱物をめぐる地政学的リスクが増してきた．この章では，世界的な再生可能エネルギーの普及と，それに付随して生じた重要鉱物の資源調達の問題点を考察して，今後，国連を中心とした国際協力が欠かせないと指摘している．

　カーボンニュートラル社会の構築には，再生可能エネルギー活用型のスマートなエネルギーシステムの構築が不可決である．第10章の，鷲津明由（早稲田

大学社会科学総合学術院・教授）による「スマート社会の産業連関分析」では，そのような社会を分析するための手法として，産業連関分析を解説している．それを基礎とする考え方に従えば，カーボンニュートラル社会の構築を通じて効率的で持続可能な新しい産業構造が生み出される．

　最終章（第11章）は細田衛士（東海大学・副学長）による「カーボンニュートラルとサーキュラーエコノミー」と題する解説である．カーボンニュートラルのみならずサーキュラーエコノミーにも着目し，両者を調和させるための政策について検討している．両者の調和は容易ではないが，法規範と社会規範を組み合わせ，市場メリットも生かしながら両者を両立させていくためのロードマップを検討することが必要との結論を述べている．

　以上，本書には，カーボンニュートラル社会構築に必要とされる多様な社会科学的知見が詰め込まれている．読者は是非それらを消化吸収，自家薬籠中のものとして，化石燃料資源との決別という産業革命以来の大変革を求められているこの困難な時代に立ち向かうための総合知を涵養してほしい．本書が，そうした総合知を得るための書籍の１つとして，環境系のゼミに所属する学生のみならず，さまざまな専門分野を持つ学生や，企業や自治体の環境担当の実務者の方々の役に立つことを願っている．

　本書はコラムの執筆者を含め，17名もの研究者の協力の上で完成した．特に，出版実務に関して吉田朗（早稲田大学社会科学総合学術院・助手）には，多大なご尽力をいただいた．また，本書は，早稲田大学からカーボンニュートラル研究推進の一環として特別研究費による出版支援を受けている．ここに記して謝意を表する．最後に晃洋書房編集部の丸井清泰氏，徳重伸氏には，出版に当たり多大なるご支援を得た．以上の方々と大学のご支援に深く感謝を申し上げる．

　　令和6年10月

鷲 津 明 由

赤 尾 健 一

有 村 俊 秀

目　　次

第1章

日本の脱炭素（GX）政策と資源

は じ め に
──気候変動問題と資源──

　日本では，2020年度でみると，年間約13億トンの天然資源等が投入される．そのうち輸入資源は約7億トンに上る．国内で供給される天然資源は，セメントの原料となる石灰石，木材といったもので，鉄やアルミといった鉱物資源の多く，また，石炭や石油，LNG といったエネルギー資源の大半は輸入に頼っている．また，食料についても，自給率は向上しているとはいえ，生産過程で必要な肥料や農薬の原料もほとんど海外からの輸入に頼っているのが現状である．

　こうして生産過程に導入された資源は，加工されて資源の一部は製品，建築物等としてストックされ，また一部の製品は輸出されることとなる．その他は大気汚染物質・水質汚濁物質としてあるいは廃棄物として，大気，水，自然界等の環境に排出される．

　大気への排出される物質のうち一部は，エネルギー資源中の炭素が空気中の酸素と結びついた二酸化炭素であり，温室効果をもたらす（2018年度のデータでみると GHG ガスは12億4000万トン．これがすべて化石燃料起源の CO_2 であるとすると，持ち込まれた資源中の炭素は約3億4000万トンということになる）．

　このように大量の資源の消費と廃棄によって日本の社会経済は成り立っており，その結果として温室効果ガスを排出しているといえる．

　なお，循環利用される量は約2億4000万トンであり，日本のサーキュラリティ（循環利用率＝循環利用量／（循環利用量＋天然資源等投入量）は約15.4％にとどまる（環境省資料）．

　イギリスのエレン・マッカーサー財団によるレポート「COMPLETING THE

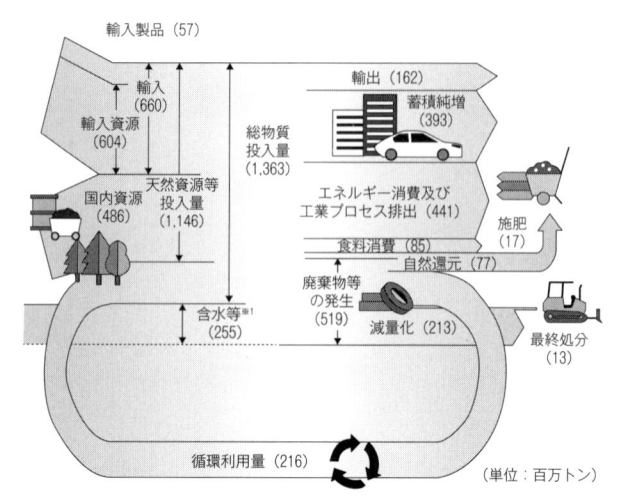

輸入製品（57）

輸入（660）
輸入資源（604）
国内資源（486）
天然資源等投入量（1,146）

総物質投入量（1,363）

輸出（162）
蓄積純増（393）
エネルギー消費及び工業プロセス排出（441）
施肥（17）
食料消費（85）
自然還元（77）

含水等※1（255）
廃棄物等の発生（519）
減量化（213）
最終処分（13）

循環利用量（216）

（単位：百万トン）

図1-1　日本の資源フロー（2020年）

（注）含水等：廃棄物等の含水等（汚泥，家畜ふん尿，し尿，廃酸，廃アルカリ）及び経済活動に伴う土砂等の随伴投入（鉱業，建設業，上水道業の汚泥及び鉱業の鉱さい）．

（出所）環境省『環境白書 令和5年版』（2022年），図3-1-1．

PICTURE：HOW THE CIRCULAR ECONOMY TACKLES CLIMATE CHANGE」は，再生可能エネルギーの活用とエネルギー利用の効率化は，温室効果ガス排出の55％に対し寄与するものの，残りの45％にはアプローチされないと指摘している．したがって，残りの45％については，資源政策，すなわち製品の製造や利用の最小化，循環化——すなわち，循環経済対策が必要と主張している．

　また，オランダのシンクタンク Circle Economy が発表した"Circularity Gap Report 2021"では，サーキュラーエコノミー（CE）は2019年の温室効果ガス排出量の39％にあたる228億トン（CO_2換算）の削減に寄与すると試算している．

　気候変動問題，プラスチックによる海洋汚染問題をはじめとしたさまざまな環境問題は，よく言われるように人類の活動が地球の環境容量を超えたことによって生じている．

　したがって，その解決の可否は，人類の選択，すなわち，膨大な資源，エネルギーを消費し，その廃棄物を環境中に排出するライフスタイルを続けつつ解決策を見出すか，あるいはプラネタリーバウンダリーと言われる地球の限界を

踏まえて現在の社会経済構造を改め資源の生産・消費・廃棄を減らすことに踏み出すか，によることとなる．

1節　日本経済の成り立ち
――大量生産・消費・廃棄を基調とした社会経済構造――

　2000（平成12）年は，省庁再編の直前に当たる．当時存在し，毎年経済白書を発表していた経済企画庁は廃止され内閣府に吸収されることとなっていた．経済企画庁最後の経済白書の序文を，当時経済企画庁長官であり，「油断」「団塊の世代」等の著書があり1970年の大阪万博の企画・運営にもかかわった堺屋太一が，このように書いている．

　　「『経済は変わった．そしてますます変わりつつある．』経済企画庁として最後の「経済白書（平成12年度年次経済報告）」の序文をこのように書き出せるのは必ずしも歴史的偶然だけではない．世の中の変化が政府行政機構の改革を求め，機構の改革が経済の変質に対応しているといえるからだ．」

　そして，日本は，規格大量生産型の工業社会，言い換えると大量生産・大量消費・大量廃棄のビジネスモデルを構築し「教育や地域構造，情報文化のあり方まで，これに有利なように作り上げた．」とし，そうしたビジネスモデルは時代遅れであり，社会構造，教育も含めた改革が必要であると提言している．とりわけ，「知価」，今日ではさしずめ非財務資産の重要性を指摘し，モノよりコトに着目したビジネスモデルと，それにそった社会構造の必要性を強く主張した．

　それから約四半世紀が経過しているが，なお社会・経済構造の改革に成功したとは言えない．「失われた……」と言われる所以である．

　今日なお，先に述べたように膨大な資源を基にした大量生産・消費・廃棄を基調とした社会経済構造は変わっていない．不透明な世界情勢の中で，とりわけ，紛争の多い不安定な中東からの輸入にエネルギー資源の大半を依存している．中東で紛争が起きるたびに「ホルムズ海峡のリスク」が論じられるけれども，抜本的な改革は講じられていない．

　日本は1960年代激烈な公害を経験した．公害問題は政治問題化して，保守陣営の覇権が脅かされる事態となった．こうした事態に対処するため，1970年の

公害国会を起点として環境政策の転換が図られた.

　この転換のキーワードは「外部不経済の内部化」である.　公害国会において制定された大気汚染防止法等によって，規制措置による「外部不経済の内部化」の徹底が図られた.　また，1973年に公害健康被害補償法が制定され，この制度に基づいて，大気汚染被害者への給付が進んだことに加え，大気汚染排出者からの資金徴収がインセンティブとなって脱硝装置，脱硫装置のへの公害防止投資が進み，急速に大気汚染物質の排出は減少した.　すなわち，規制によって環境対策コストが内政化されただけでなく，「大気汚染物質の排出量」のプライシングが行われた.

　このことは，企業に負担，そして価格転嫁を通じて消費者に負担をもたらしたけれども，同時に，技術開発を通じて経済へのプラスの影響をもたらした.　たとえば，需要が急増したことを受けて，脱硝装置，脱硫装置の技術開発・コストダウンが急速に進み，日本国内のみならず海外にも輸出されるようになった.

　規制的措置，公害健康被害補償法に基づく賦課金が，汚染の減少のみならず，技術力の向上，国際競争力の向上にも寄与したことになる.

　また，自動車排ガス規制においても同様の効果があった.　アメリカで1970年に排ガス 9 割削減を目指す「マスキー法」導入されたが，いわゆる "ビッグスリー" は猛烈に反発し規制実施延期を主張しで，訴訟，ロビー活動を強力に行ったた.　その結果，1973年にマスキー法の適用は延期されることとなった.

　これに対し，日本では，1972年にホンダの CVCC 搭載シビックが規制水準をクリアに成功し，日本の他メーカーも次々と達成した.　その効果もあり，日本のメーカーの生産台数が大きく伸びることとなった.

　こうした経験は，カーボンニュートラル (CN) が求められる今日，生かされるべきものと考える.　また，その際，大量生産・大量消費・大量廃棄の社会構造の変革を図るチャンスでもあり，また，新たな成長の機会ともなる.　化石燃料への依存度の大きい大量生産・消費・廃棄の経済構造にあるのは日本だけではない.　日本が社会経済構造を変革して脱炭素の道を示すことは他国のモデルとなり，そのノウハウや技術，システムを世界に普及することは日本の成長戦略に大きく寄与することとなる.

2 節　EU の目指すところ
——カーボンニュートラル(CN)とサーキュラーエコノミー(CE)の融合——

　EU は，2050年カーボンニュートラルに向けてグリーン・ディール政策を進めている．ウクライナへのロシアの侵攻による EU のエネルギーセキュリティの危機に直面したこともあり，再生エネルギーへのシフト，エネルギー供給元の多様化をはじめとしていわば不退転の決意をもって取り組んでいる．限られた資源を集中的に振り向け，公的資金のみならず膨大な民間資金の流れを作ろうとしている．

　EU の姿勢の根底には，温室効果ガス排出の半分と生物多様性の喪失の90%以上は資源の採取と加工に起因するという認識がある．このため，地球から奪う以上に地球に返す「再生経済」への移行を加速するというビジョンを持ち，デジタル技術を活用したシェア経済などのモデルによって経済の非物質化（dematerialization）を進めると謳っている．このような考え方に立って，EU においてはサーキュラーエコノミー（CE）政策を，経済政策，雇用政策でもあることを強調しつつ，欧州グリーン・ディール政策の中核に位置付けている．

　具体的には，EU は，2020年 3 月に「よりクリーンで競争力のあるヨーロッパのための新しい循環経済行動計画」(A new Circular Economy Action Plan for a Cleaner and More Competitive Europe) を策定した．この計画では，経済成長を促進しながら今後10年間で EU の循環材料使用率を 2 倍にすることを目指しており，また，本計画に基づき，製品の長寿命化や消費者の「修理の権利」を位置づける立法化を進めている．

　新循環経済行動計画の特徴として，DX の重要性を強調しており，DX が資源循環を加速するだけでなく，IoT やビッグデータ，ブロックチェーン，AI といったデジタル技術の活用により「製品のサービス化（PaaS）」という新しいビジネスモデルを作ることが可能となり，資源循環の取組を加速させることができる旨を明記している．

　この新循環経済行動計画に基づく EU 規則の嚆矢として，電池規則が制定された．その中では，生産者，消費者，リサイクラ―間のデータの共有が不可欠として，デジタルパスポート（バッテリー・パスポート）のシステムの構築を位置づけている．

電池に限らず，自動車，プラスチック，衣服など重点 7 分野について，リサイクルをはじめとした資源循環，化石資源から循環資源への転換など様々なルール作りを進めている．

人口 4 億5000人，名目 GDP13兆6000億ドルという巨大 EU 市場（アメリカ19兆4000万ドル，日本 4 兆8000万ドル，中国11兆8000万ドル）を「ディープ・グリーン化」することは世界全体に影響を及ぼす．EU 自身も，いわゆるブラッセル効果(EU域内で定めたルールが世界のデファクトスタンダードとなること）を意図している．このことは，途上国を含め追随できない国や産業に対して「EU 独り勝ち」という構図を作るものともいえる．

3 節　日本のグリーントランスフォーメーション（GX）

鉄鋼，化学等多排出産業が多い経済構造を有し，また，再生エネルギー生産の適地が必ずしも多くない日本にとって，カーボンニュートラル（CN）を進めることには困難を伴う．

しかしながら，2020年10月26日，菅義偉首相が所信表明で「わが国は2050年までに温室効果ガスの排出を全体としてゼロにし，2050カーボンニュートラル，脱炭素社会の実現を目指す」ことを宣言した．同時に，菅首相は「もはや，温暖化への対応は経済成長の制約ではありません．積極的に温暖化対策を行うことが産業構造や経済社会の変革をもたらし，大きな成長につながるという発想の転換が必要」と述べ，環境対策を経済成長の起爆剤とすることも宣言した．

以来一連の施策を打ち出し，2050年カーボンニュートラルへの取組を進めている．10年間で20兆円の公的投資を進め，官民合わせて150兆円の脱炭素投資を誘導するとしている．規模感として，産業育成，産業構造改革への10年間で20兆円の公的投資は，近年例を見ない思い切ったものとなっている．

アメリカの3910億ドル（約58兆円，1 ドル＝150円換算）の財政出動，EU の「欧州グリーン・ディール投資計画」の10年間 1 兆ユーロ（約160兆円，1 ユーロ＝160円換算）に対して，人口規模などを考慮すれば，それほど差があるものではない．

1　投資先の重点化

表 1 - 1 のように10年間で150兆円の分野別官民投資のイメージが示されてい

表1-1　「GX実現に向けた基本方針」が掲げた事例と今後10年間
の投資規模（予測値）

	事　　例	今後10年間の官民投資の規模
1	水素・アンモニア	約7兆円～
2	蓄電池産業	約7兆円～
3	鉄鋼業	3兆円～
4	化学産業	約3兆円～
5	セメント産業	約1兆円～
6	紙パ産業	約1兆円～
7	自動車産業	約34兆円～
8	資源循環産業	約2兆円～
9	住宅・建築物	約14兆円～
10	脱炭素目的のデジタル投資	約12兆円～
11	航空機産業	約5兆円～
12	ゼロエミッション船舶（海事産業）	約3兆円～
13	バイオものづくり	約3兆円～
14	再生可能エネルギー	約20兆円～
15	次世代ネットワーク（系統・調整力）	約11兆円～
16	次世代革新炉	約1兆円
17	運輸分野（船舶，自動車，航空関連を除く）	――
18	インフラ分野	――
19	カーボンリサイクル燃料（SAF，合成燃料，合成メタン）	約3兆円～
20	CCS	約4兆円～
21	食料・農林水産業	――
22	地域・くらし	――

（注）「――」は，投資規模が明示されていないことを表す．
（参考）GX関連投資の想定（橘川国際大学学長作成資料）．
（出所）「GX実現に向けた基本方針　参考資料」（2023年2月）．

る．自動車，再エネ，住宅・建築物，水素・アンモニア等22の分野が重点分野
として挙げられている．

　とりわけ，排出量の多い産業に力点を置いて，トランジションの道行きを描
いている点は重要と思われる．日本のように，化石燃料への依存度が高い，多
排出産業が多い国において，多排出産業を対象に重点的に道行きを明らかにし
ていくことは必要である．

　政府は，タイミング・時期を明示したロードマップを作る試みを進め，「官」
と「民」，さらには技術開発を担う「学」が，制度的対応，投資，技術的イノ
ベーションをシンクロして進めようとしている．具体的には，重点分野別の投

資戦略の5カ年計画を，限界削減費用分析等に基づく排出減効果や，投資収益分析に基づく経済効果を見て，専門家の協力も得つつ決めていくという．

こうした取り組みは，同様の悩みを持つ国，化石燃料への依存度が高く効率的なトランジションの道を模索する途上国，具体的には東南アジアの国々にも有効な手法と考える．日本がこの道行きを達成した際には，そのシステム自体が日本の大きな輸出産業となり，成長の源泉となるとともに，途上国のカーボンニュートラルの指針となりうる．

2 「規制支援一体型」「成長投資型カーボンプライシング」

アメリカの気候変動対策の最大の特徴は，いわゆる「アメ」に偏している点．議会のねじれもあり，共和党の反対も想定され，規制的な手法はほとんど取り入れられていない．

しかしながら，補助金や税制優遇などのいわゆる「アメ玉」措置を講じるだけでは民間投資を大きく誘導することは難しいと考えられる．企業が思い切った投資を決断するためには，市場がそこに見えることが必要だ．リスクを取って投資をするにあたって，政府目標等では足らず，確実にそこに向かうという不退転の政府の意思が見えなければ，企業は決断を躊躇するだろう．

これに対し，日本のGXでは「規制支援一体型」「成長投資型カーボンプライシング」という二つの方針を出している．これらがどのように設計されるか，その詳細はこれからであるが，この二つの取り組みがエッジの利いたものとなれば，企業の投資——政府は10年間で150兆円の官民の投資を想定している——に弾みをつけていくことになると思われる．

① 規制支援一体型

日本では，米国と同じような補助金，税制優遇を進めると同時に，「国による投資促進策の基本原則として，効果的にGX投資を促進していく観点から規制・制度的措置と一体的に講じる」としている（脱炭素成長型経済構造移行推進戦略　令和5年7月）．

これは日本の取り組みの重要なキーコンセプトと考える．ありていにいえば，規制は「確実な市場」を形成する有力な手段である．ルールメイキングが得意なEUの次々と繰り出す規制的な取り組みには及ばないまでも，規制的な措置で明確な市場をつくり，投資判断を促進することは，なにより求められている．

もとより，PPP の原則からすると，規制を達成するための措置に補助金等を用意してサポートすることは禁じ手であり，この規制支援一体的運営には注意を図る必要がある．いわば「ブレーキ」と「アクセル」を上手に使い分けて，確実に投資を誘導していく必要がある．

② カーボンプライシング

日本の GX では，カーボンプライシングを，20兆円の先行投資の財源を形成するものとして位置付けているが，カーボンプライシングのもともとの趣旨は，先の「脱炭素成長型経済構造移行推進戦略」にあるように，「炭素排出に値付けをすることにより，GX関連製品・事業の付加価値を向上させる」ことにある．

カーボンプライシングを通じて，環境政策の基本である「外部不経済の内部化」を徹底し，CO_2の排出を価格の中に織り込んでいくこと，これまで「価格」「品質」で評価されていた製品・サービスが今後，「価格」「品質」＋「CO_2排出量」で評価され，取引するかどうかが決められていく社会をつくっていく必要がある．

政府によると，カーボンプライシングについては，自主的に開始し，2026年には本格的に運用するという段階を踏むものとされている．

まずはカーボンプライシングを軌道に乗せることが先決であるが，2050年カーボンニュートラルの軌道に乗せていくためには，EU-ETS（欧州排出権取引）が進めているように，NDC（2030年46％削減）とカーボンプライシングを紐づけていくことが不可欠と考える（表1-2）．

総じて，日本の GX は，アメリカに準じ，また，EU のよいところを取り込もうとしている．まだスタート地点についたところで，これまでのように自主

表1-2　EU-ETS の特徴

▷EU-ETS では EU の国別削減目標（NDC）に基づいて，総排出量のキャップが設けられ，その範囲内で排出枠の発行・取引が行われている．
▷また，当該キャップは毎年2.2％のベースで段階的に縮小する．
▷さらに EU の2030年削減目標が強化されたのに伴い，EU-ETS の対象部門からの排出量も，2030年に2005年比で61％削減するよう，キャップの再設定と，毎年の縮小ベースを4.2％に強化する提案が，欧州委員会より出されている．

（出所）WWF 資料（筆者改編）．

的取り組みに過度に頼るのでなく，規制的な措置を導入してエッジの利いた取り組みが行えるかどうか，今後に期待したい．

4節　日本が今後さらに求められていること
──ライフススタイルの変革・地域の自律──

　脱炭素化は目的でもあるけれども，同時に手段でもある．脱炭素化を通じて国民のウエルビーイング，生活の質を高める「新しい成長」に結びつかなければならない．2000年の時点で，堺屋太一経済企画庁長官が述べたように，日本は，規格大量生産の経済構造に向けて「教育や地域構造，情報文化のあり方まで，これに有利なように作り上げた．」

　したがって，脱炭素に向けた新しいレジームに向けては，産業構造を変えるだけでなく，社会のあり方に至るまで見直す必要がある．インフラや需要，国民のライフスタイルといった面での改革，また，地域や暮らしといった切り口でも強力な取り組みも必要となる．

　とりわけ，社会の在り方を変えるためには一人一人の意識の変革が必要であるが，意識啓発や教育だけでは難しい．ライフスタイルの変革をもたらすような制度的対応と相まって進めていかなければならない．

　また，ライフスタイルの変革は，地域の自律とも関わる．東京一極集中，グローバル化に対して，一定の地域の自律，地域での循環共生を進めることが，個人の行動や消費生活を変えることにつながると考える．

1　ライフスタイルの変革

　市民のライフスタイルを変えるとは，具体的にはどのようなことか．

　例えば，モノの消費．飽食，大量消費を改める，地産地消というのも立派な脱炭素の取組となる．日本は，膨大なモノを外国から輸入しているが，輸送に際してCO_2を出している．生活にまつわるモノを多く消費し，廃棄物として排出している．消費「量」を減らし，価値あるものを長く使うことがCO_2の削減につながる．

　あるいは，発想を変えて，デジタルトランスフォーメーション（DX）を駆使して，モノの消費をサービス化することによって環境負荷を削減する方法もあるかもしれない．サービスを利用するが，モノは買わないことによって，資源

のムダと CO_2 の排出量を減らすことが可能となる.

　また，移動についても，クルマの使用を削減し LRT など公共交通を使う．あるいは，オンラインなどを活用して，「行かない」という選択肢もあり得る.

　DX 化を進めながら住民のライフスタイルを変える．カーボンニュートラルにとどまらず資源の循環利用，省資源化を進めることが必要と考える.

　国立環境研究所の研究によると，技術的な対応に加えて，ライフスタイルの変化や循環経済の移行等を含めた社会変容が脱炭素に有効であるとしており，社会変容の実現により，2050年には温室効果ガスの排出量を2500万トン（CO_2 換算）削減することが可能と試算している．また，革新的技術への依存を減らすことで2050年までの期間で，対策費用（技術導入等に要する追加的な費用）を総額50兆円程度抑えることが可能との試算も行っている.

2　地域の自律

　物流や人流の削減，あるいは，個人の消費活動のもたらす環境負荷の削減のためには，地域内で個人のウェルビーイングが確保されることが有効である.

　社会，地域は脱炭素だけでは動かない．社会には様々な課題がある．CN を社会課題の解決と一体のものとして進めなければならない．脱炭素が社会課題の解決になる――経済の活性化，雇用，子育て支援あるいは過疎化に対する対応など――ことをしっかりと示していく必要がある．それが共感を得て，社会全体に広がるパワーになっていく．「環境・経済・社会問題の同時解決」は SDGs のコンセプトでもある.

　地域の社会課題の根幹には，地域の持続性，自律性が見通せないことがある．明るい将来がみえず安心して暮らせない．これに対する処方箋として，まずは地域の再エネ，省エネ・省資源のポテンシャルを活用し，資源面及びエネルギー面で，ある程度自律できる地域社会を創っていく．そのうえで，自分の地域の社会課題を「見える化」し，それを脱炭素という文脈の中で解決する方策を考える．それによってコミュニティを強く，また，広げていくという発想が求められてくる.

　脱炭素化，デジタル化，そして資源循環を活用することで，地方に自律的な社会を構築することが可能になってきた．地域という単位での自律性とグローバルなネットワークの構築をバランス良く進めていくということが肝要である.

5節　EU でのライフススタイルの変革・地域の自律へのチャレンジ

1　ライフスタイルの変革

フランスでは，2020年３月の EU の「(新循環経済行動計画) サーキュラー・エコノミー推進に向けた新しい行動計画」と並行して「浪費防止及び循環型経済に関する2020年２月10日の法律（AGEC 法）」及び「気候変動への対策とその影響に対するレジリエンスの強化に関する2021年８月22日の法律（気候・レジリエンス法)」が制定されている.

　AGEC 法では，廃プラスチック類に関する規制だけでなく，製品の保証期間延長の義務化，レシート配布の一部禁止，衣類・靴・化粧品・本・家電などにおける売れ残り製品の廃棄の禁止，家電製品に対する修理可能性指数の実装など，様々な規制や義務化が盛り込まれている.

　また，気候変動対策・レジリエンス強化法は，抽選で選ばれた市民150人から成る「気候変動市民評議会」がまとめた政策提言を基に策定された.

　政府は，その施行により2030年の目標（2030年の GHG 排出量を2019年の４億4100万トンから３億2900万トン以下に削減）達成に必要となる GHG 削減量の５割から７割近くを確保できると試算している.

　その中には，消費・食品関連，交通関連，生産関連，住宅・建築物関連など広範な分野が盛り込まれている.

　例えば，消費・食品関連では，① 製品・サービス消費による環境負荷を表示する制度として「エコスコア」を導入する. ② 化石燃料に関する広告を禁止する. ③ 2028年までに CO_2 排出量が走行１キロメートル当たり123グラム以上の乗用車の広告を禁止する. ④ 2025年から社員食堂などの民間ケータリングサービスが使用する食材の50％を「持続可能または高品質な製品」とする. さらに，このうち20％を有機にするよう義務付ける. ⑤ 400平方メートル以上のスーパーマーケットの量り売り販売の面積を2030年以降，全体の20％以上とするといった内容が盛り込まれている.

　また，交通関連では，「列車を利用して２時間半以内で移動ができる短距離区間での航空路線の運航は，経由便など一部を除いて禁止する」，生産関連では，「園芸・日曜大工用の電動機器，スポーツ・娯楽用品（電動アシスト自転車を含む) の製造業者および輸入業者に対し，当該製品の販売終了後最低５年間，

修理用部品の提供を義務付ける」，住宅・建築物関連では，「地表面被覆の人工化を今後10年間でこれまでの10年間の半分に減らすことを目標に設定し，郊外の大型商業地区の新設を原則禁止とする」といった内容が盛り込まれている．

　フランスの人口構成を擬制して構成された「気候変動市民評議会」の提言をそのまま制度化したものとして，その作成プロセスもユニークなものとして注目されている（もっとも，一部の市民からは，骨抜きにされた，全てを取り入れていないとして，批判もされており，デモも行われた）．

2　地域の自律

　EU においては，ウクライナ情勢も踏まえ，脱炭素を切り口として「地産地消型」の経済モデルへの変革が急である．EU 地域全体として一定自律した経済ブロック化するだけでなく，より小さな単位でのエネルギー・資源の地産地消が進められている．

　その際には，脱炭素（CN）と循環経済（CE）とデジタル化（DX）を一体として取り組み，エネルギーも資源もその消費を最小化することを目指している．

① デンマークのサムソ島

　地域脱炭素の先行事例として，デンマークのサムソ島がよく知られている．人口4000人弱という小さな自治体であるが，電力，熱需要を地産地消し，地元で経済を回す取り組みとなっている．

　1 メガワットの陸上風力発電装置11基，23メガワットの洋上風力発電機が10基あり，陸上風力 9 基は農家が個人で所有，2 基は協同組合が所有となっている．また，10基の洋上風力タービンのうち，2 基を協同組合，3 基をサムソ島内の民間会社，5 基はサムソ市が所有して，デンマーク本土に売電して収益を得ている．

　また，島の熱需要の70％が麦わらや木質チップなどのバイオマスボイラーなど再生可能燃料で賄われている．

　地産地消ゆえの地元への経済効果は大きく，また，観光面でもメリットが出ている．何よりも地域の住民が自ら出資をして，その果実を地域で分配している点に特徴がある．ここに至るまでには，住民間の粘り強い対話が大きな役割を果たした．2023年 7 月，「自然エネルギー100％の村づくり」を掲げている秋田県大潟村が，連携協定を結んでいる．

② シュタットベルケ（Stadtwerke）

　ドイツ，オーストリアでは，エネルギー事業を中心とした地域公共サービス，シュタットベルケ (Stadtwerke) が展開されている．多くのシュタットベルケ（ドイツ語で「町の事業」）が本業とする電力事業として，直接管理している発電設備容量は約5.7GW と，2018年のドイツ国内の全設置済み再生可能エネルギー発電施設の約６％を占めている（立命館大学のラウパッハ教授資料による）．

　自然エネルギーの比率が高く，全体では17.5％．エネルギー事業，上下水道の他に，廃棄物処理，交通サービス，温水プール，カルチャースクールといった，地域生活の向上に必要な事業を担っている．他にも学校や幼稚園，インターネット，図書館，劇場，博物館，病院，ケアホーム，避難所，消防，救命救急といった，生活を幅広くサポートするサービスを提供するところもある．

　シュタットベルケは，① 自治体出資による公共性を確保しつつ，経営の専門人材の登用を積極的に図ること，そしてその効果を発揮するための監督と執行の機能分離を徹底すること，② 複数事業の包括運営による安定的なポートフォリオの形成，③ 地域人材採用・育成や地域への利益還元を通じた域内循環の徹底をパーパスとすることなどを通じて，着実な脱炭素化，地域資源循環を進めている．

6節　日本における萌芽
──地方からの変革へ──

　東京一極集中の是正が叫ばれて久しいが，実態は加速している．コロナによる，リモートワークの普及による分散化の動きも一時的なものとなっている．

　脱炭素を契機として地域のエネルギーの地産地消，自律化をすすめる取り組みとして政府は「地域脱炭素ロードマップ」を定め，環境省を中心に「脱炭素先行地域」を指定，まずは2030年までに100か所のモデル地域をつくり，2050年までに横展開するという構想を進めている．地域の特性に応じた様々な工夫を100か所でモデル的に進めてもらおうという試みである．既に，再生可能エネルギーに着目した地産地消，自律分散の取り組みは各地に例があり，これを幅広く展開するものとして，注目したい．

　日本における先行事例をいくつか紹介したい．

1　先行事例：岡山県真庭市

　先行事例として，よく挙げられるのが岡山県真庭市．同市は，中国山地の山合いのまちで，地域のリソースとして広大な森林がある．材をカスケード利用する－製材し，残材を合板，さらにはバイオマス熱利用・発電利用にと無駄なく活用する－ことを通じて，地域の活性化を進めている．経済効果，雇用効果，波及効果，それぞれにわたって効果が現れている．特に同市の事例で素晴らしいと思えるのは，アウトプットの視点が盛り込まれていること．一般的に，地方自治体の事業でよく言われるのは，インプットの視点．つまり，何をやったかは語られても，その事業に「どういう効果があったのか」まではなかなか導き出されていない．ところが，真庭市の場合は，経済効果，雇用効果などのアウトプットまでがはっきりと見据えられている．

　たとえば，バイオマス燃料に代替することで地域の林業家が収入を得，林業の活性化になる．また，バイオマス発電所でも多くの雇用を創出している．もちろんCO_2の削減効果もある．市長のリーダーシップのもと，自分たちの生活に即して考えてやり始めたことの成果となっている．

【稼働状況】
運営：地域内林業・木材業関係者と市で会社を設立・運営
規模：10,000KW（未利用材，製材・端材，樹皮を活用）
稼働率：103%（前年期稼働率105%）
利用燃料：木質バイオマス約107,500t/年（計画148,000t/年）
発電量：約74,000MWh（非常に順調に運転，大きなトラブルなし）

経済効果　稼働1年間（H30.7月～R1.6月実績）
売上：約23.2億円
　（未利用木：一般木＝5：5）
燃料購入（チップ）：約14.2億円
石油代替：25.1億円相当
※灯油価格89円/ℓで算出

未利用や産廃処理（処分費相当1億円以上）されていたものが，
資源として有価で取引！⇒素材業者約20社，製材会社約30社の利益向上
さらに山林所有者へ燃料代のうち500円/tの還元を実現！
→合計還元見込額約1.3億円（H26.10～R1.6）

雇用効果　雇用　約50名　　発電所（直接）15人　林業木材業（間接）35人

波及効果　木質エネルギー自給率：11.6% ⇒ 約32%
林地残材整理が促進⇒山がきれいに！
CO_2削減量⇒67,000 t -CO_2見込み

今後の展開　①発電電力の一部を地域内で利用
②収益の一部を林業・木材産業の活性化（人材育成等）に活用

図1-2　真庭バイオマス発電所

（出所）環境省資料.

2　先行事例：北海道下川町

　北海道下川町では，森林資源のカスケード利用．広大な町有林を50年周期で循環利用し，切り出した木材を徹底的に活用している（図1-3）．製材して販売するのを起点とし，同時に製材の端材，間伐材を原料にバイオマスの熱利用を進めている．街中から離れた人が一時住めるようにして緩やかに集住化につながるような「集中居住施設」を創り，冬場でも子どもたちが遊べるようにもしている．余った熱を利用してキノコの栽培など産業育成もしている．国土交通省が進めているコンパクトシティのローカル版，縮小版ともいえるものである．

　また，燃料転換に際しては，灯油販売業者をバイオマス燃料の取扱い業者にしたり，転換によってでた資金余剰は子育て支援に回したり，雇用の確保，移住促進等の社会課題に複眼的に取り組んでいる．子育て支援の効果として，移住希望者も増えている．

　ほかにも，千葉県の睦沢町はじめ多くの自治体が再エネ導入によって防災，避難施設のリジリエント化——つまり，停電時に，電気や温水が長時間使える

図1-3　一の橋バイオビレッジモデル　再エネを核とした集落再生

（注1）一の橋集落 '60年：約2000人 → '09年：95人（高齢化率51.6％）→ '10年：集落再生に着手
（注2）コンセプト超高齢化問題（社会）・低炭素化（環境）・新産業創造（経済）を同時解決．
（出所）下川町．

——に取り組んでいる.

　また, 横浜市のような大都市の場合需要に見合った再エネ生産には限界があるので, 東北13町村と連携しそこで生産された再エネ電気をみなとみらい地区に集中的に供給し, 再エネ100％エリアとしてRE100に取り組んでいる外資系企業などを積極的に誘致している.

お わ り に
——CN・CE・DX（デジタルトランスフォーメーション）の一体化——

　先に引用したエレン・マッカーサー財団のレポートの指摘のように, 脱炭素化は, エネルギー転換だけでは達成が難しい. 脱炭素と循環経済（サーキュラーエコノミー＝CE）を一体として取り組む必要がある.

　省エネ, 再エネ等エネルギー面の取り組みを進めるために, 蓄電池に必要なニッケルやリチウムなどのクリティカルマテリアルの確保が必要であるというばかりでなく, 資源の採掘, 輸送, 利用, 廃棄というライフサイクル自体が膨大な温室効果ガスの排出を伴うことを踏まえて, ビジネスでも生活でも, 資源の使い方——資源削減, 循環利用さらには資源を使わない——を転換することが必要である.

　また, その際に重要なのはDX. 需要・供給あらゆる面でデジタル化——デジタルを活用した合理化, デジタルへの代替——が可能性を高める. 再・省エネのみならず, 資源循環・DX化を, ライフスタイルのウエルビーイングを見据えて取り組む必要がある.

　DX化を進めながらライフスタイルを変える. カーボンニュートラルにとどまらず資源の循環利用, サーキュラーエコノミー（循環型経済）まで構築していくという流れが, 必要となる.

　日本でもGX戦略の中で資源循環の工程表を作成している（図1-4）. この工程表を精緻化し, 制度と投資, さらにはライフスタイルの変革をすることが求められる. 今後に期待したい.

（森本　英香）

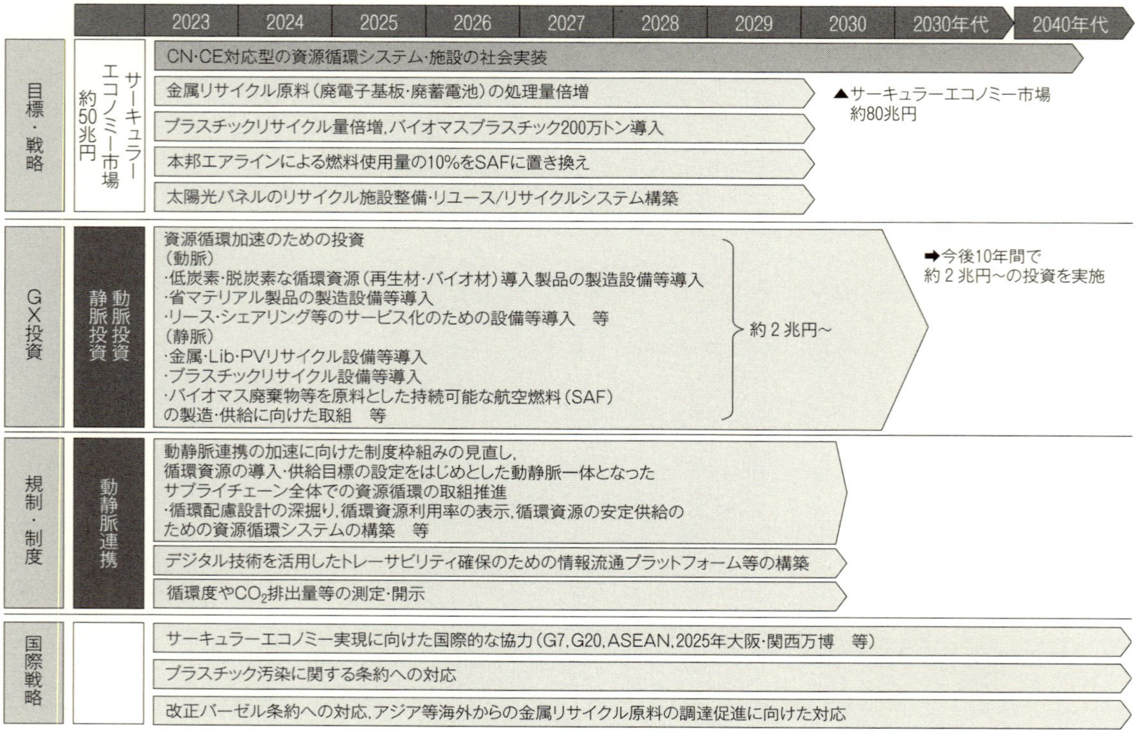

		2023	2024	2025	2026	2027	2028	2029	2030	2030年代	2040年代

目標・戦略 ／ サーキュラーエコノミー市場約50兆円

- CN・CE対応型の資源循環システム・施設の社会実装
- 金属リサイクル原料（廃電子基板・廃蓄電池）の処理量倍増
- プラスチックリサイクル量倍増、バイオマスプラスチック200万トン導入
- 本邦エアラインによる燃料使用量の10%をSAFに置き換え
- 太陽光パネルのリサイクル施設整備・リユース/リサイクルシステム構築

▲サーキュラーエコノミー市場 約80兆円

GX投資 ／ 動脈投資・静脈投資

資源循環加速のための投資
（動脈）
・低炭素・脱炭素な循環資源（再生材・バイオ材）導入製品の製造設備等導入
・省マテリアル製品の製造設備等導入
・リース・シェアリング等のサービス化のための設備等導入　等
（静脈）
・金属・Lib・PVリサイクル設備等導入
・プラスチックリサイクル設備等導入
・バイオマス廃棄物等を原料とした持続可能な航空燃料（SAF）
の製造・供給に向けた取組　等

約2兆円～

➡今後10年間で 約2兆円～の投資を実施

規制・制度 ／ 動静脈連携

動静脈連携の加速に向けた制度枠組みの見直し，
循環資源の導入・供給目標の設定をはじめとした動静脈一体となった
サプライチェーン全体での資源循環の取組推進
・循環配慮設計の深掘り，循環資源利用率の表示，循環資源の安定供給の
ための資源循環システムの構築　等

デジタル技術を活用したトレーサビリティ確保のための情報流通プラットフォーム等の構築

循環度やCO$_2$排出量等の測定・開示

国際戦略

サーキュラーエコノミー実現に向けた国際的な協力（G7，G20，ASEAN，2025年大阪・関西万博　等）

プラスチック汚染に関する条約への対応

改正バーゼル条約への対応，アジア等海外からの金属リサイクル原料の調達促進に向けた対応

図1-4　資源循環の工程表

（出所）経済産業省資料.

コラム 1

EU の CE の取組み

　EU では，新循環経済行動計画に基づき，新たな EU 指令，EU 規則を打ち出している．計画では，7 種の製品に重点的に取り組むとしているが，その中で，最も早く「電池規則を制定した．

　さらに，域内へ工場等を誘致して生産から販売・利用後の再利用，材料・素材レベルでのリサイクルを，脱炭素の要である蓄電池に関する EU 規則を皮切りに，着々と EU 指令・規則でルール化している．

電池規則の主な内容
・持続可能性と安全性

　カーボンフットプリントのルール，最低限リサイクル材含有水準，性能と耐久性の基準，安全性のパラメーターなど．

　　＊最低限リサイクル材含有水準
　　　・2027年1月1日より，内部貯蔵（internal storage）付きの産業用・電気自動車用
　　　　電池は，再生コバルト，鉛，リチウム，ニッケルの含有量を申告
　　　・2030年1月1日からの電池におけるリサイクル含有量（コバルト12％，鉛85％，リ
　　　　チウム4％，ニッケル4％）の最低レベルを設定

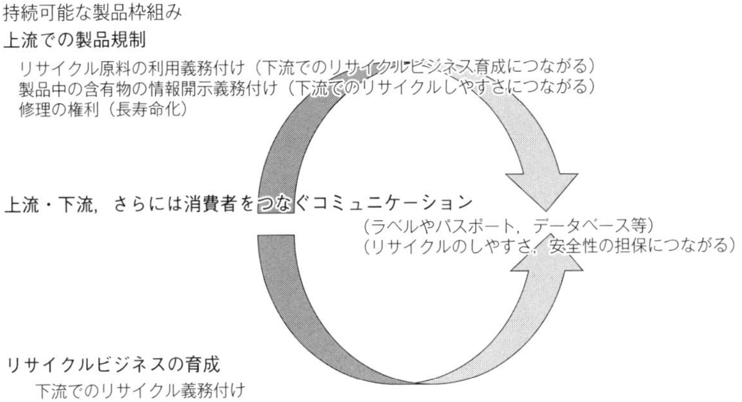

持続可能な製品枠組み
上流での製品規制
　リサイクル原料の利用義務付け（下流でのリサイクルビジネス育成につながる）
　製品中の含有物の情報開示義務付け（下流でのリサイクルしやすさにつながる）
　修理の権利（長寿命化）

上流・下流，さらには消費者をつなぐコミュニケーション
　　　　　　　　　　　　（ラベルやパスポート，データベース等）
　　　　　　　　　　　　（リサイクルのしやすさ，安全性の担保につながる）

リサイクルビジネスの育成
　　下流でのリサイクル義務付け

図1　EU での CE の考え方

（出所）筆者作成.

・2035年1月1日からは，レベル引き上げ（コバルト20%，リチウム10%，ニッケル12%）

・ラベリングと情報（バッテリーパスポート）

　持続可能性に関する情報，バッテリーの健康状態や予測寿命に関するデータの保存など主にラベリング，電池情報のオンライン利用可能性，大型電池のライフサイクル全体のトレーサビリティに関連したIT技術の利用.

・使用後製品の管理

　拡大生産者責任に基づく回収目標と義務，リサイクル効率の目標，再生物質のレベルなど．製品要求事項とデューデリジェンススキームにリンクした事業者の義務.

・その他

　グリーン公共調達に関する規定，製品規則の施行を容易にするための規定（適合性評価に関する規則，適合性評価機関の届出，市場監視，経済的手段）が含まれる.

（森本　英香）

第2章

カーボンニュートラル社会が求められるに至る経緯と市民社会の役割
——カーボンニュートラル社会の実現に市民参加は不可欠——

はじめに

　気候変動が人類に脅威をもたらすことが論じられるようになって，30年以上も経過している．事実，気候変動の要因である大気中の温室効果ガス（GHG）濃度の上昇速度は，年々高まってきている．気候変動枠組条約（UNFCCC）下でパリ協定が合意された2015年時点では，2100年に温室効果ガスの排出量と吸収量を合算してネットでゼロとなることを目標とすることになった．本章では① なぜGHG全体ではなくCO$_2$だけを先行して2050年までにカーボンニュートラル社会の成立が求められているのか，② なぜカーボンニュートラル社会の実現に市民参加が不可欠なのかを解説する．

1節　気候変動対策として2050年にカーボンニュートラル社会の成立が求められた背景

1　気候変動問題の歴史的経緯

　気候変動が研究者の間で論じられるようになった1980年代，大気中のGHG排出量の増加により地球に気温上昇をもたらすことへの警告が，研究者から世界に向けて発信されるようになった．地球の持続可能な開発を扱っていた国連の「環境と開発に関する世界委員会」において，化石燃料の使用が地球の気候に影響をもたらすとの警告があり，委員会報告 Our Common Future にも記載された［WCED 1987］．また，1988年に米国議会でのJ. Hansenによる地球温暖化についての証言は，マスコミに大きく取り上げられる切っ掛けとなった［米本 1994］．こうした動きを受け，気候変動分野の研究者組織「気候変動に関する政府間パネル（IPCC）」が設立された．

　持続可能性をキーワードに，1992年にブラジルのリオデジャネイロで開催された国連環境開発会議でUNFCCCが成立し，1997年にGHG排出削減目標を定める京都議定書が合意された．当時はカーボンニュートラルの概念はなく，京都議定書の交渉で各国はGHGの排出量を減らせば十分と考えていた．京都議定書では過去のGHG排出量の多くは工業発展の結果であり削減するのは先進国の責任として，途上国にはGHG排出量の削減規制は設けられなかった．こうした経緯から京都議定書の第一約束期間（2008〜2012年）では，GHG排出量について先進国全体で1990年の排出量よりも５％削減すると決められた．主な国の削減目標はEU８％，米国７％，日本６％であり，米国は京都議定書を離脱（2001年）したがEUと日本，その他の工業国はこの目標をクリアした．

　その後，2015年に京都議定書に続く気候変動対策の取り決めであるパリ協定が合意された．京都議定書では先進国のみが削減目標を持ったが，世界のGHG排出量の増加は止まる様子がないことから，パリ協定では全てのパリ協定批准国が自主的に削減目標を宣言する，「国が決定する貢献 Nationally Determined Contribution（NDC）」をUNFCCCに提出することになった．パリ協定は国の経済的，技術的能力に応じて削減量を定める狙いがあり，NDCは５年毎に改訂する．パリ協定は2013年に公表されたIPCC第５次評価報告書（AR５）［IPCC 2013］に基づき，2100年の気温を1850〜1900年の気温から２℃以内の上昇とすることを目標とした．ただ，温暖化による海面上昇を案じた島嶼国を中心に1.5℃目標が提案されたことから，可能であれば1.5℃の上昇に抑えることも努力目標として付記された．

　その後，2018年にIPCCの1.5℃特別報告書［IPCC 2018］が，2021年に第６次評価報告書（AR６）第１作業グループ報告書［IPCC 2021］が公表された．これらはともに地球の平均気温が1850〜1900年を基準とした気温より1.5℃を超えて上昇することで，人間社会と自然生態系に与えられるリスクを科学的に明らかにしていた．こうした状況を受け，2021年末にイギリスのグラスゴーで開催された第26回気候変動枠組条約締約国会議（COP26）において，IPCCの報告書にある科学的知見を踏まえ1.5℃上昇に止める努力を追求することが合意された．

2　気候変動緩和策としてCO_2排出量の削減を優先

　気温上昇の原因はGHGの大気中における濃度である．UNFCCCでは人間

の活動と関係が深い CO_2，CH_4，N_2O そして 3 つのフッ素化ガス類を，GHG として設定している．大気における各 GHG 濃度の過去の推移が AR 6 に記載されている．数十万年に渡り遡って CO_2濃度の推移を調べるには，極地で掘り出された氷柱コアの気泡中の CO_2濃度を計測している．過去80万年の CO_2濃度変化がグラフで示されており，一定の周期で200〜300ppm の間で CO_2濃度が上下に振動している．2010年代以降の CO_2濃度は400ppm を超え，過去80万年間で突出していることが AR 6 に示されている．最近の2000年間については，CO_2 だけでなく CH_4，N_2O についてもデータが揃っているが，3 ガスともはほぼ横這いで推移していたのが，産業革命以降に急増している．フッ素化ガスの排出は1950年以降に始まり，1970年代から急増している [IPCC 2021]．

　図 2 - 1 は最近30年間の人為による GHG 排出量の推移である．この図は GHG のネットでの排出量の推移図で，人為活動に伴って発生したガスに限られている．とくに，化石燃料および産業由来で排出される CO_2の10年毎の増加率は他のガスに比べ高い．こもことから，CO_2の排出量を減らすことが温室効果を下げる場合に最優先すべきということが解る．

　土地利用・森林分野からの CO_2排出量は1997年に排出量が一時的に突出している．これは東南アジアにおいて数百万 ha におよぶ森林および泥炭地火災があり，それによる CO_2排出のためである．土地利用・森林分野の通常の CO_2排出は，火災以外に森林から農地へ転換する際の排出，農地での耕転や農業残渣によるものである．CO_2についで排出量の多い CH_4も着実に増加している．人為活動による CH_4排出源は化石燃料の生産・使用，水田や反芻動物の飼育，廃棄物処理に由来する [IPCC 2021]．

　人為活動によって排出された CO_2は海洋に吸収されるもの，陸域の植生によって光合成を通して吸収され蓄積されるもの，そのまま大気中に留まるものの 3 つに分かれる．植生に貯蔵された炭素は植物体が枯れると一部は地中に蓄積され，残りは分解され再び CO_2として大気中に放出されるという循環の形をとる．2010年までの60年間に大気中に蓄積された CO_2は放出量の44％程度だった．2010〜2019年間には46％が大気中に，31％は陸域生態系の植生に，23％は海洋に吸収・蓄積された [IPCC 2021]．時系列で海洋と陸域の貯蔵量の変化を見ると，海域も1970年頃までは30％程度の CO_2を吸収していたが，それ以降は年々吸収量が減少してきている [Candell et al. 2007]．海洋への吸収が低下しているのは，産業革命以降に大気中から多くの CO_2が海洋に吸収されることで海

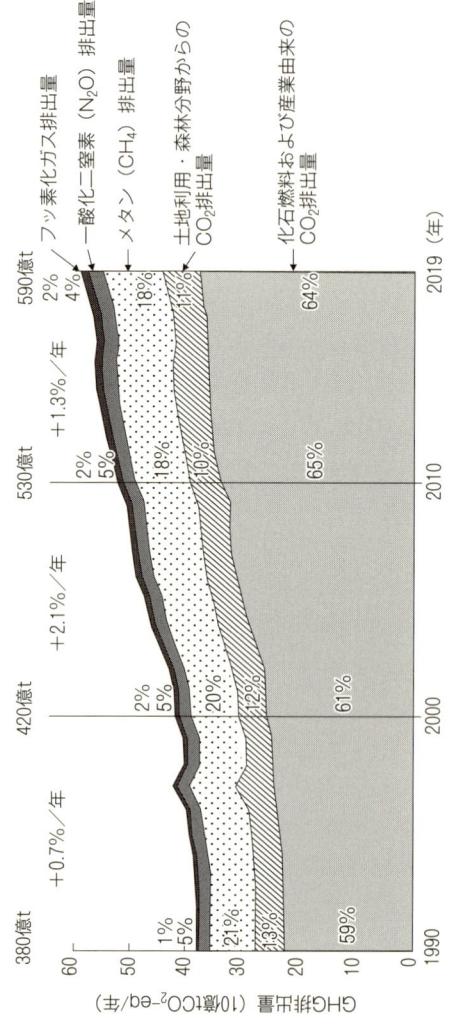

図 2 - 1　世界の温室効果ガスのネットでの排出量／年の推移（1990-2019）

（注1）図 2 - 1 は1990年から2019年での各 GHG 排出量を積み上げた形で、全体の排出量を示している。これは CO_2 の温室効果に換算して示したものである。なお、縦軸の数値は近年では10億（tCO_2-eq）／年となっているが、これは CO_2 の温室効果に換算して示したものである。例えば、CH_4 の排出量は近年では CO_2 の1／200程度である。しかし、温室効果は CO_2 の25倍なので、CH_4 は実際のガス濃度を25倍にしたものが、排出量として示されている。N_2O やフッ素化ガスも同様に換算されている。

（注2）ネットとは排出量から吸収量を差し引いた数値のことをさす。例示すると、土地利用・森林分野についてネットでの CO_2 排出量を算定する際には、実際の土地利用・森林分野から排出された CO_2 量から、草地や森林の光合成による CO_2 吸収量を差し引いた数値をネットの排出量とする。図の縦軸は CO_2 以外のガスについては、各ガスの温室効果を CO_2 の温室効果に換算した排出量で示されている。例えば、CH_4 であれば CO_2 の25倍である。実際の大気中の CH_4 排出量ではなく、それを25倍した尺度で排出量が示され、N_2O では298倍である。図 2 - 1 から CO_2 は温室効果の75%を占めていることが解る。

（出所）IPCC：6th Assessment Report of Intergovernmental Panel on Climate Change WGIII［2022］より作成。

洋の酸性化が進み，植物プランクトンによる CO_2 吸収能力が低下しているためである [IPCC 2022].

　大気中での各ガスの寿命について紹介すると，CO_2 以外の GHG は大気中での化学反応や太陽光の働きにより分解されるので，大気中での寿命がある．寿命は文献により異なるものの，IPCC では CH_4 は11.8年，N_2O は109年，フッ素化ガスは14〜数百年としている [IPCC 2021]．CH_4 と N_2O は自然起因の排出もあるので排出量を根絶ことはできないが，将来世代は自らの活動の改善を通して，GHG 排出削減による気候変動の負担を軽減できる．しかし，CO_2 は大気中で分解されないため将来世代が排出削減にどれだけ努力しても，過去の世代が排出した CO_2 による気温上昇効果はそのまま受け継がざるをえない．1850〜2019年のネットでの累積 CO_2 排出量は，50%の確率で温暖化を1.5℃に抑えるための累積排出量の約4/5をすでに排出済みである [IPCC 2022].

　このように，GHG 排出量における各ガスの占める割合と大気中での寿命を考えると，CO_2 は累積排出量による温室効果であることがはっきしていることから，将来世代の負担を考えればカーボンニュートラルを早急に実現することが，現在の世代の気候変動対策における優先事項といえる.

3　GHG 増加に伴う気温の上昇

　GHG の排出量増加や大気中での寿命についてみてきたが，GHG 排出量の増加を受けて地球の気温が実際にどのように変化しているかを，図2-2で概観してみる．(a) のグラフは過去2000年間の気温変化を示しており，1800年代半ばの産業革命までは穏やかに推移している．灰色部分は気温を復元した数多くの気候モデルから，復元の可能性が高い範囲を示している．復元された過去2000年間の気温の推移から，現在の気温上昇は異常な状況であることが解る．このグラフの左側にある灰色の縦棒は，過去10万年間において数百年単位での最高気温推定値の存在範囲が示されている.

　(b) のグラフは産業革命以降を拡大したもので，GHG の排出起源を自然要因だけのものと，人為と自然要因の両者を合算したときの GHG で気温上昇を表した図である．2つの要因を合わせたモデルで算定した気温は細い実線であり，実際の温度計から観測された気温を示す太い実線の動きと整合していることから，モデルの算定値は信頼できるといえる．つぎに，人為による GHG 排出量を取り除いて気温を推定したのが，点線となる．細い実線と点線の差が人

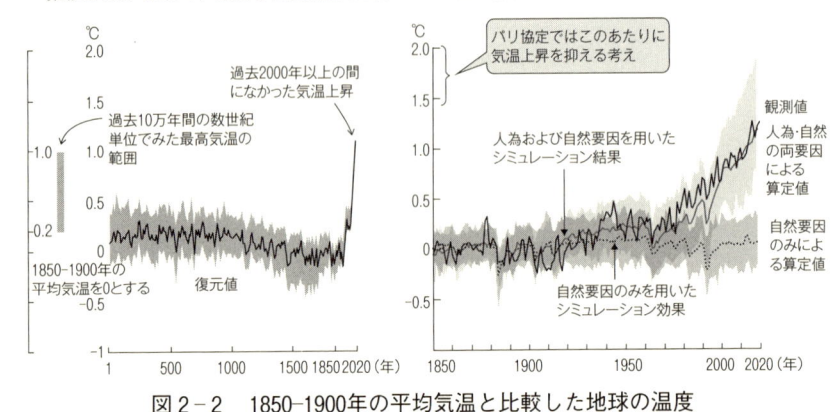

（a）1-2000年の地球の気温の移動平均（10年）の推移と1850-2000年に観測された気温の上昇

（b）観測された人為と自然の相乗効果による全球気温の推移と自然要因のみによる気温の推定値

図2-2　1850-1900年の平均気温と比較した地球の温度

（注）この図の縦軸は1850～1900年の気温を基準とした気温上昇分を示している.

（出所）IPCC：6ᵗʰ Assessment Report of Intergovernmental Panel on Climate Change WGI［2021］より作成.

為起因による気温の上昇分と解釈できる.

2節　社会経済の観点からパリ協定を考える

1　気候シナリオに社会経済シナリオを追加

　IPCC では1990年の第1次報告書から2021～2022年に公表された第6次報告書まで，5～8年おきに，その時々の気候変動分野の研究論文をとりまとめ，気候変動の将来予測を通して適応策や緩和策を政策決定者や市民に提示してきた．AR5ではGHGが地表を温める強さを1m²あたりのワット数で表す放射強制力（W/m²）をベースに，複数シナリオの放射強制力による代表的濃度経路 Representative Concentration Pathways（RCP）に基づき，将来の気候を予測した．これにより，どのGHG濃度経路であれば将来の気温がそれほど上昇しないかが，明らかになっていた．

　一方，社会経済活動とGHG排出量の関係を扱う研究論文が，数多く発表されるようになってきた．例えば，搾取的な資源利用と多量のエネルギー消費が経済成長と高い相関があることに着目した研究がある［Steffen et al. 2018］．日本の高度成長期の例を取り上げてみても，経済成長はCO_2排出量の増加と密接

に結びついていた．近年の BRICS 諸国の温室効果ガス排出国としての存在感を見ても，同じ事がいえる．このように，多量の化石燃料エネルギーの使用が経済成長を促すという，両者の密接な関係が明らかにされた ［Brockway et al. 2017］．経済成長を追い求める人類が，地球に潤沢に存在する化石燃料をエネルギー源として使用した結果，化石として地中に閉じ込められていた炭素が気化し，CO_2 となって大気中に留まっている．カーボンニュートラル社会の形成は，従来の化石燃料エネルギーと経済成長の関係を打破する取り組みといえる．

AR 6 では上記の社会経済条件が GHG 排出量の増減に影響を与える点に注目し，従来の放射強制力のシナリオに社会経済シナリオを追加するという大きな変更がなされた．具体的に述べると，AR 5 では GHG 排出量の削減に直接関係するエネルギー源の変化や，技術革新，土地利用の変化などのシナリオから，GHG 排出量を推定し将来の気温の推移を予測していた．一方，GHG を排出する社会経済活動を長期の時間軸で考えると，人口動態や経済成長，エネルギー使用量，輸送体系の変化，市街地拡大の有無，市民の食生活や消費パターンなどのライフスタイル，教育や健康福祉などに関連する政策等も変化している．AR 6 ではこうした社会経済の構造変化をシナリオ化する．そして，予測された将来の社会経済状況に基づき GHG 排出量の動きを考えることにした．

2　共通社会経済経路 Shared Socio-economic Pathways（SSP）シナリオ

SSP は気候変動に関連する要因からは切り離されており，気候モデルが扱う排出削減のための技術やパリ協定といった気候変動の緩和に関係する政策も含まれていない．SSP は気候緩和政策が展開されるベースとなる社会経済因子だけで構成されている．具体的には人口，GDP，収入，エネルギー使用量，産業が用いる資源，市街地の拡大，教育システムなどの変動などについて，長期に渡り予測するための複数のシナリオを提供する．

ここでは，SSP シナリオの作成に係わった研究グループが発表した論文に基づいて，5 つのシナリオの内容を紹介する ［Riahi et al. 2017］．

SSP 1　持続可能性重視の経路

世界はゆっくりと，これまで使われていた方法でより持続性の高い経路に進んでいく．その際，認識されている環境の限界を尊重する包容力のある発展の経路を進む．大気や海洋といった世界の共有資源は着実に改善し，

教育や健康分野への投資により人間開発も進む．経済成長も人類の福祉を意識したより幅広い目標に向かう．国内，国際間での不平等は減少される．人々の消費スタイルは，少ない原材料で満足する方向を指向する．

SSP 2　中庸型の経路

　社会や経済そして技術的なトレンドは，従来の成長パターンから逸脱しない経路を進む．開発や収入の増加は一部の国では進展するが，世界全体では期待通りにならない経路を進む．持続可能な開発目標の達成に向けゆっくりと進展する．資源やエネルギーの利用は減少するものの，地球環境システムは劣化する．収入不均衡の改善があっても極めてゆっくりで，現在の社会経済動向を追随していくシナリオである．

SSP 3　地域間の対立経路

　復興したナショナリズム，競合性と安全保障への懸念，地域間の紛争により，国民の関心は国内やせいぜい地域の課題に向いてしまっている．教育や技術開発への投資は減少する．経済は物質重視の消費となり，社会の不平等は悪化する．人口は工業国では低く抑えられ，途上国では増加し，1人あたりの GDP は5つのシナリオの中で最も低い．環境問題に対する優先度は低く，幾つかの地域は環境劣化状況に陥る．

SSP 4　不平等で分断の経路

　経済的機会や政治力の不均衡と人的資源への非常に不平等な投資により，国際的，国内的に不平等や階層化が進む．知識集約型産業と資本集約型産業に貢献している国際連携社会と，低収入，貧弱な教育制度，労働集約的で技術力の低い経済停滞社会という，2つのグループに分かれる．

SSP 5　化石燃料による開発経路

　世界は持続可能な経済開発のために，急速な技術の推進と人的資本の開発を進め，競争市場，技術革新，参加型社会への信頼を高めている．健康や教育，人間および社会資本強化のための投資や制度が重視される．豊富な化石燃料資源の利用と，世界中で様々な資源やエネルギー集約型ライフスタイルが進展する．地球環境問題に関心がない一方で，大気汚染のような地域の環境問題は解決していく．

　5つの SSP シナリオは気候モデルとは別に，気候変動関連の因子を含まない SSPx というシナリオで，2020年から2100年までの世界人口，購買力平価

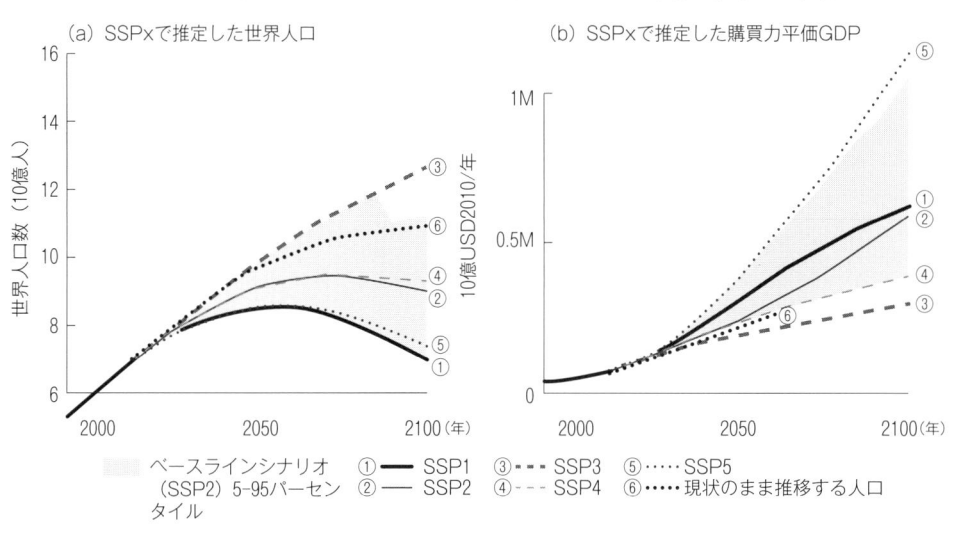

図2-3　共通社会経済経路 (SSP) シナリオでの算定結果

(出所) IPCC : 6th Assessment Report of Intergovernmental Panel on Climate Change WGIII [2022] より作成.

GDP，消費エネルギー，食糧需要，農地面積の推移などが計算された．図2-3に世界人口と購買力平価 GDP の推移を示した [IPCC 2022]．人口は SSP 1 とSSP 5 は2050年頃に85億人でピークを迎え，2100年には70億人程度に減少していく．これは，2つのシナリオは共に経済格差がなく教育が充実している点が共通しているためである．一方，GDP の動きを比べると時間と共に両者の格差は広がっていく．これは，SSP 5 が化石燃料による低価格のエネルギーを使用でき，技術革新が進んで生産性が向上するためである．ただ，SSP 1 は SSP 5 以外の経路の GDP よりは高い．1人あたりの GDP に換算した場合，人口数が少ないことからその差はより広がる [IPCC 2022]．SSP 2 と SSP 4 は人口推移がよく似ており，21世紀後半に95億人ピークを迎えた後は減少していく．SSP 3 は特殊な動きをしており，人口は2100年まで単調な増加し，GDP は最も低い．このように，社会経済条件の違いによる将来の世界の姿をイメージしながら，地球の気温上昇について検討してみる．

3　SSP シナリオによる2100年までの気温の変化

AR 6 では従来から気候モデルが持つ大気中の GHG の濃度変化関連のデー

タだけでなく，GHG 排出量算定の基となる社会経済活動の幅広いデータが SSP に基づき提供され，地球物理科学分野と社会科学分野を統合したデータセットが気候モデルに投入された．これにより，気候変動と人類による社会経済活動の関係はより統合的に明らかにされ，気候変動問題の解決プロセスの説明を具体的に提示できるようになった．

AR 6 では気候モデルのシナリオを SSPx-y と表現している．x は共通社会経済経路の番号であり y は放射強制力の値を表し，SSPx-y は社会経済の状態と温室効果を組み合わせた気候シナリオとなる．先ほどは 5 つの SSPx を説明したが，AR 6 では SSP 4 シナリオは分析の対象から外し，代わりに SSP 1 の放射強制力値を2.6と1.9の 2 つに分けた．SSP 1 -2.6はパリ協定の目標である2100年に 2 ℃，SSP 1 -1.9は同年に1.5℃を目指すパリ協定の努力目標であり，現在はこちらの目標を重視している．

図 2 - 4 に SSPx-y に基づいて算定した2100年までの気温の推定結果が示されている．SSP 2 -4.5はパリ協定において各国が2020年時点で約束した削減努力目標 NDC に沿った気温上昇の動きである．SSP 1 -2.6，SSP 1 -1.9のシナリオでは，気温が途中でピークを経由してから2100年に向けて漸減する，なだらかな気温推移である．2100年の目標気温に到達する以前にそれより少し高いピークがあるのは，大気中での GHG 濃度が一時的にオーバーシュートするためであり，その後の積極的な GHG 排出削減努力，そして CO_2 吸収源活動により GHG を目標の濃度に低下させることを意味する．

各国政府が提出している2020年時点の NDC に基づいた温暖化対策で推移すると，SSP 2 の気温上昇経路は2100年に 3 ℃より少し低い気温になり，2100年以降も気温上昇は続く．SSP 3 ，SSP 5 は両者とも一定量の CO_2 が年々累積していくため，直線的に気温が上昇している．

4　SSP シナリオにおける CO_2 年間排出量の推移

カーボンニュートラル社会の実現を検討するため，5 つの SSP シナリオによる大気中への年間 CO_2 排出量の推移を，図 2 -5 で検討する．現在の世界の CO_2 排出量は2020年時点での NDC を目標として CO_2 排出量の削減を実施中であることから，SSP 2 -4.5の経路に沿っている．それでは図 2 -5 をもとに SSP ごとに，CO_2 排出量の2020年から2100年までの経路について解説する．なお，この図では2020年以降は新しい削減目標に向かう経路で計算されている．

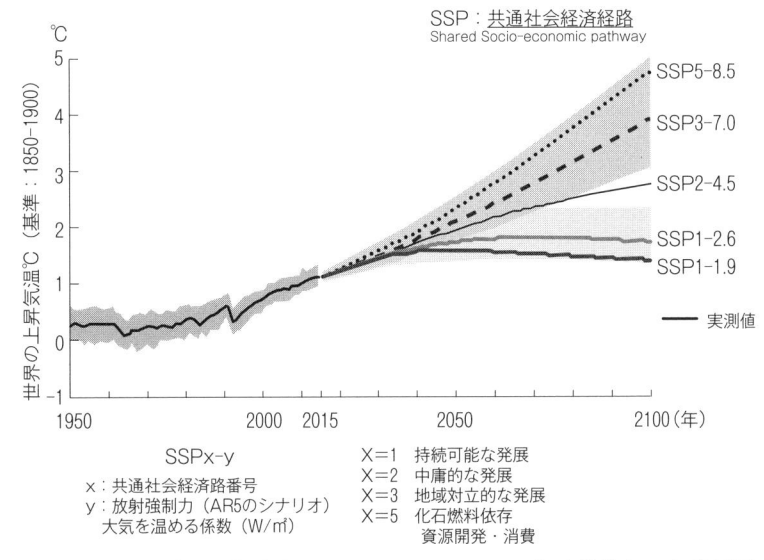

図2-4　第6次評価報告書（2021）による1850-1900年を基準とした世界平均気温の変化

（出所）IPCC： 6th Assessment Report of Intergovernmental Panel on Climate Change WGI 2021.

SSP 1-1.9

　SSP 1-1.9の経路を進めば少しはオーバーシュートするが，1.5℃目標を達成できる経路で推移する．ただ，現在は SSP 2-4.5　経路上を進んでいるので，SSP 1-1.9経路に早急に移行する必要がある．図からこの経路は2050年にはネットで排出量ゼロに極めて近く，予定通りカーボンニュートラル社会が実現する．2050年以降の経路は森林などの CO_2 吸収により，大気中の CO_2 は負の排出，すなわち CO_2 の減少に転じる．それ以降は過去の人為活動により大気中に過剰に滞留している CO_2 を吸収することで，CO_2 以外の CH_4 や N_2O といった GHG の排出量による温室効果を相殺することを目指す．

SSP 1-2.6

　2℃目標を達成するには，SSP 1-1.9と同様に現在の SSP 2-4.5の排出経路から SSP 1-2.6の経路に移行する必要がある．移行後は図のようにカーボンニュートラル社会を2070年代には実現する．その後は SSP 1-1.9

と同様の理由で負の CO_2 排出（吸収）となる経路を進む.

SSP 2-4.5

　パリ協定の1.5℃努力目標と2.0℃目標の2つのSSPと，CO_2の排出削減努力がされないSSP 3-7.0とSSP 5-8.5という2つのSSPグループに挟まれた，中庸の経路をとる.このSSPは2030年のパリ協定中間目標に向け，各国が約束したNDCの経路を通る.2030年以降も特別な気候政策は始まらず，SSP 1の2つのシナリオと異なりCO_2を排出し続け，CO_2累積排出量は増加していく.

SSP 3-7.0

　地域あるいは国ごとの紛争が多い分断された世界であり，世界が一つになって地球環境問題に対応することは難しい.世界人口は2050年で100億人，2100年には130億人となり，膨大な食料供給に対応するために農地を拡大，多量の化学肥料を投入する.このため，CH_4やN_2OといったGHG排出量も増加する.2100年のCO_2排出量は2015年と比べ倍となる.

SSP 5-8.5

　追加的な気候政策がないシナリオで，CO_2排出量は2050年までに倍増する.社会経済活動の全ての面において化石燃料を集約的に使用するため，CO_{2n}排出レベルは他のどのシナリオよりも高い.

　各SSPのCO_2排出経路から，2100年までにカーボンニュートラルを実現できるのはSSP 1-1.9とSSP 1-2.6である.ただ，現在の世界はSSP 2-4.5の経路を進んでいるため，図2-5で点線の矢印で示したように，2030年過ぎには急速にCO_2排出量を削減し，2035年には60%削減する目標をIPCCは発表した［IPCC 2023］.SSP 1-2.6もカーボンニュートラル社会の実現時期は遅れるが，同じSSP 1の社会経済シナリオでCO_2排出削減に取り組むことになる.2030年以降に2℃目標に向けてCO_2排出削減を行うには，2030年から2050年の間はCO_2削減量をNDCの排出削減量に1.3～2.1Gt/年ほど積み増しする必要がある.この量は2020年のCOVID-19の感染拡大期のロックダウンにより減少したCO_2排出量に相当する［IPCC 2022］.

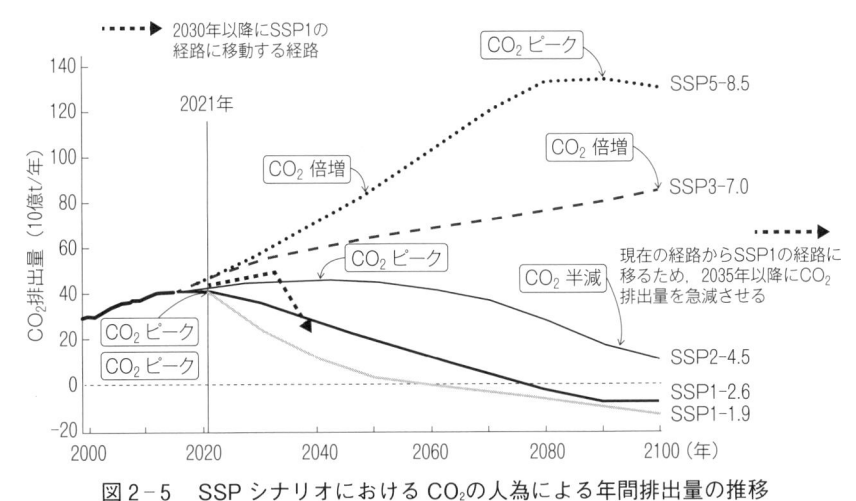

図2-5　SSPシナリオにおけるCO₂の人為による年間排出量の推移

（出所）IPCC：6ᵗʰ Assessment Report of Intergovernmental Panel on Climate Change WGI 2021.

3節　カーボンニュートラル社会を実現する取り組みと市民参加

1　CO₂削減方策の検討

　カーボンニュートラル社会の実現について，バックキャストの視点で具体的にどのような取り組みを今からしていけば，2050年にカーボンニュートラル社会を実現できるか，AR6で検討している．再生エネルギー，大気中のCO_2削減策，持続可能な開発，需要部門など，特定の緩和策の効果を検討するためのモデルをIPCC第3作業部会で，多くの研究論文をもとに作成した．モデルを用いて実際にカーボンニュートラル実現までの経路を再現し，**図2-5**のSSP1-1.9，SSP1-2.6の経路からの離反の程度や問題点を明らかにしている［IPCC 2022］．このときのシナリオを例示的緩和経路 Illustrative Mitigation Pathways（IMPs）と呼んでいる．では，IMPsに用いられた5つのシナリオについて**図2-6**を用いて紹介する．IMPsのシナリオ内容は右上に示している．

　IMPsはカーボンニュートラル社会に到達するため，どのような削減策が望ましいかを分析するのが目的である．図の左端に2019年のGHG排出量が示してある．その右に各IMPsシナリオによりカーボンニュートラルが実現した時期の，排出量および吸収量が記載されている．IMP-GSとIMP-Negはかなり

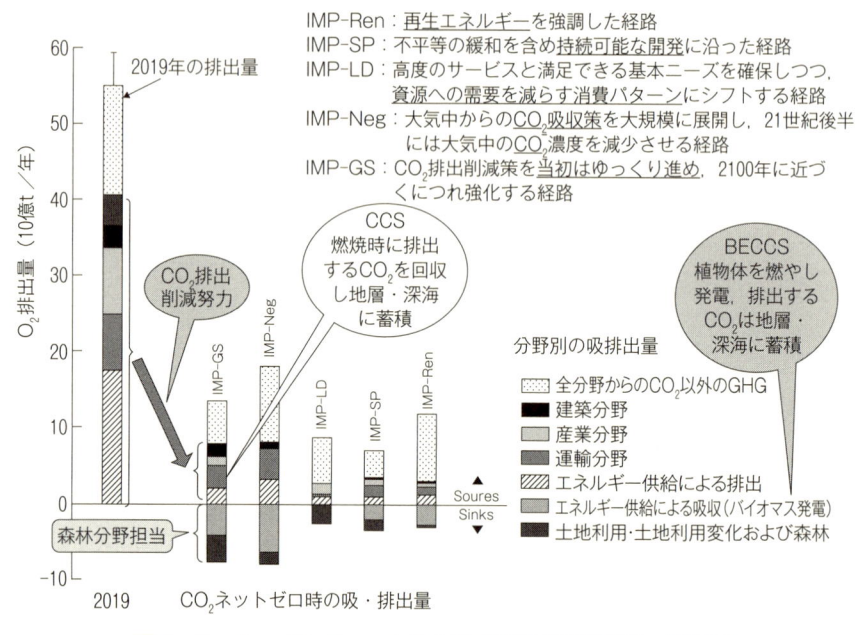

図2-6　カーボンニュートラル達成時の分野別排出・吸収量

(出所) IPCC: 6th Assessment Report of Intergovernmental Panel on Climate Change WG1 2021.

の吸収量を前提にカーボンニュートラルを達成している．他の3つのIMPsは
カーボンニュートラル達成時のCO₂排出量が少なくなっているので，吸収量へ
の期待度は小さい．IMP-GSとIMP-Negは2100年代前半は2℃目標のSSP1-
2.6経路に近い減少経路を示した．IMP-GSは今世紀末にはカーボンニュート
ラルに近づく．IMP-Negは2060年過ぎにカーボンニュートラルとなり，その
後は炭素隔離技術を多用し，多くのCO₂を大気中から吸収する経路を進む．他
の3つのIMPsは1.5℃目標のSSP1-1.9と同様の経路を進む．2050年にカー
ボンニュートラルを達成するのはIMP-LDだけであり，IMP-Renは数年遅れ，
IMP-SPは2070年頃にカーボンニュートラルを達成する．

　カーボンニュートラル達成後も，CO₂以外のGHGの温室効果を相殺するた
め，続けて大気中のCO₂を吸収する必要がある．IMP-Neg以外のIMPsシナ
リオは，大気中からのCO₂吸収は既存の森林の光合成およびBECCS[1]に依存す
る．なお，工業的に大気中のCO₂を大量に吸収することは，現時点では技術的・

コスト的にしばらくは期待できない．この5つのIMPsの結果から，2050年にカーボンニュートラルを実現するにはIMP-LDが最も確実である．ただし，SSP 1–1.9が2050年以降に示している大気中のCO_2量を隔離する能力は，IMP-LDには備わっていない．そこで，IMP-Negと連携して気候変動対策を実施する必要がある．また，IMP-Renは再生エネルギーの利用という点ではIMP-LDと同じような方策を取っている．また，IMP-LDの社会経済面における方策はIMP-SPと共通する部分が多い．

2　需要部門でのCO_2削減

IMPsによる緩和策の検討から，需要削減行動がカーボンニュートラル社会を目指す上で有力な手段として提示された．それを受けAR6は初めて需要削減による気候変動対策を一つの章として取り上げている [IPCC 2022]．需要部門は日々の家庭で使用するエネルギー源の選択から，移動手段の選択，そして食材，使用済みの物品を廃棄物にするか再利用するかの選択まで，市民が需要部門の削減効果を左右する様々な決断を促している．一時的ではあるがCOVID19がもたらしたシャットダウンにより，人々のライフスタイルは大きく変わり，世界でのエネルギー関連のCO_2排出量は7％減少した [IPCC 2022]．このように，需要部門における市民の行動はGHG排出量に大きな影響を与える．とくに，パリ協定の1.5℃目標の経路から年々のGHG排出量がずれてきており，供給サイドが担当する技術開発や資源の効率的な利用だけでは，目標達成は難しい段階になっている．このため，需要の削減はコストがかからず成果が早く現れることから，需要サイドの主役である市民自身がGHG排出量削減に取り組むことが，期待されている [Mundaca et al. 2019]．政策担当者も市民社会を気候変動対策の中核に位置づける働きかけをすべきであろう．

需要部門でGHG排出削減量を減らす可能性が高いのは，建築，陸上輸送，食品の3分野である．2050年までに世界の需要部門の取り組みにより，CO_2排出量の40〜70％は削減できると推定されている．需要部門の活動に大きなGHG排出削減量が期待できるのは，建造物関係の6.8 $GtCO_2$/年，陸上輸送4.6 $GtCO_2$/年，食料関係8.0 $GtCO_2$-eq/年，そして産業分野4.4 $GtCO_2$/年である [IPCC 2022]．

3 市民の日常生活とCO_2排出削減

需要部門において市民による判断がCO_2の削減量や吸収量を左右する代表例を取り上げ，検討してみる．

食料

・バランスが取れ健康的であり，食材が持続可能な農業生産による食生活に移行する．食品廃棄を避け，過剰な消費を避ける．

・反芻動物であり膨大な放牧地で飼育される肉牛の飼育頭数を削減するため，人工肉を用いるか検討する．不要となった放牧地はバイオマスエネルギー用の早生樹林への転換が期待されている［IPCC 2019］．

家庭用品

・寿命が長く修理可能で集約的な使用に耐える製品を使用する．

・リサイクル，再利用，再生，そしてプラスティックやガラスなどを材料として再使用できるネットワークの確立と，CO_2低排出原料および脱炭素製品のブランド化．

・効率のよい材料の製品やサービスへのアクセス，エネルギー効率がよくCO_2発生量が少ない材料へのアクセスによるグリーン調達．

陸上輸送

・テレワークやテレコミュニケーションおよび徒歩や自転車による能動的な移動．

・公共交通，シェアできる移動手段，コンパクトシティ，包括的な開発計画．

・電気自動車，より効率的な自動車への乗り換え．

住まい

・省エネを意識する社会習慣を身に付ける．ライフスタイルと行動の変容

・コンパクトシティ．

・広すぎない合理的な床面積，屋上緑化，クールルーフ，都市緑地などに配慮した建築設計．

都市計画

・エネルギー効率の高い建物エンベロープと設備，再エネへのシフト．

上記に挙げた行動項目は，住まいを除けば市民の判断で実施できる行動である．ただ，十分なエネルギーや物資に支えられている日常が，気候変動緩和の

プログラムに参加することにより，変わってしまうのではと危惧する可能性も少なくない．そのため，需要の削減に市民が前向きに参加するには，生活の質の部分は一定の水準で社会が支えるような仕組みが必要である．

おわりに

1節ではCO_2がもっとも気温上昇に貢献しており，しかも過去からの累積排出量が気温上昇に影響を与えてる点が，大気中での化学反応で消失する他のGHGと異なっていることを説明した．このため，将来の気温上昇を避けるためには，今世紀半ばにはカーボンニュートラル社会を実現する必要性を説明した．

2節では気候変動関連のシナリオに社会経済の長期的な動きを示すSSPシナリオが追加され，どのような社会経済の仕組みがカーボンニュートラル社会の実現に望ましいかを検討できるようになった．その結果，持続可能な概念に基づき人間開発や人類の福祉を意識した社会経済の推進が，カーボンニュートラル社会を実現する可能性を高めることが解った．ただ，世界のCO_2排出の経路はSSP 1の経路から離れてしまっており，早急に大気中のGHGを減らす経路への変更が求められている．

3節ではIMPの分析結果を用いて，カーボンニュートラル社会の実現には需要部門の果たす役割が大きいことを説明した．企業には社会的責任（CSR）に沿って経営を行うことが，ISO26000で定められている．このため，多くの企業は低炭素エネルギーへの切り替えなど，気候変動への取り組みもこの延長線上で実施している．しかし，需要量を縮小させるということは，企業自身の生産活動を縮小することに繋がるので，企業単独では取り組み難い．そこで，消費者である市民が主体的に適切な規模まで消費を切り下げる取り組みが必要となる．需要部門での気候変動対策はカーボンニュートラル社会の実現に重要な役割を果たすことから，多数の市民が各々のできる範囲で気軽に参加できる環境づくりが重要となる．

注
1）BECCSはバイオマス発電と発電後の排気ガスからのCO_2をCCSにより隔離・貯蔵する技術．

参考文献

〈邦文献〉

米本良平［1994］『地球環境問題とは何か』岩波書店.

〈欧文献〉

Brockway, P. et al. ［2017］ "Energy Rebound as a Potential Threat to a Low-Carbon Future : Findings from a New Exergy-Based National-Level Rebound Approach," *Energies*, 10(1), 51.

Candell, J. G. et. al. ［2007］ "Contributions to accelerating atmospheric CO_2 growth from economic activity, carbon intensity, and efficiency of natural sinks," PNAS, 104(47).

Department of Economic and Social Affairs Population Division of United Nations ［2022］ World UN, World Population Prosipects（https://population.un.org/wpp/Download/ Standard/Population/, 2024年7月10日閲覧）.

IPCC ［2018］ *Global Warming of 1.5°C. An IPCC Special Report on the impacts of global warming of 1.5°C above pre-industrial levels and related global greenhouse gas emission pathways, in the context of strengthening the global response to the threat of climate change, sustainable development, and efforts to eradicate poverty*（https://www. ipcc.ch/site/assets/uploads/sites/2/2019/06/SR15_Full_Report_High_Res.pdf, 2024 年7月10日閲覧）.

IPCC ［2013］ Climate Change 2013 The Physical Science Basis（https://www.ipcc.ch/site/ assets/uploads/2018/02/WG1AR5_SPM_FINAL.pdf, 2024年7月10日閲覧）.

IPCC ［2019］ Climate Change and Land（https://www.ipcc.ch/site/assets/uploads/2019/ 11/SRCCL-Full-Report-Compiled-191128.pdf, 2024年7月17日閲覧）.

IPCC ［2021］ Climate Change 2021 The Physical Science Basis（https://www.ipcc.ch/rep ort/ar6/wg1/downloads/report/IPCC_AR6_WGI_SPM.pdf, 2024年10月17日閲覧）.

IPCC ［2022］ Climate Change 2022 Mitigation of Climate Change（https://www.ipcc.ch/r eport/sixth-assessment-report-working-group-3/, 2024年7月10日閲覧）.

IPCC ［2023］ AR 6 Synthesis Report Climate Change 2023（https://www.ipcc.ch/report/ ar6/syr/, 2024年7月10日閲覧）.

Le Quere, C. et al., ［2020］ "Temporary reduction in daily global CO_2 emissions during the COVID−19 forced confinement," *Nat. Clim. Change*, 10(7), 647−653.

Mundaca, L., D. Ürge-Vorsatz, and C. Wilson ［2019］ "Demand-side approaches for limiting global warming to 1. 5°C," *Energy Effic.*, 12(2), 343−362.

Quere, C. et al. ［2020］ "Temporary reduction in daily global CO_2 emissions during the COVID−19 forced confinement," *Nat. Clim. Change*, 10(7), 647−653.

Riahi, K., van Vuuren, D. P. and Kriegler, E. et al. ［2017］ "The Shared Socioeconomic Pathways and their energy, land use, and greenhouse gas emissions implications : An overview," *Global Environmental Change*, 42, 153−168.

Seto, K. C., Davis, S. J. and Mitchell, R. B. et al. ［2016］ "Carbon Lock-In : Types, Causes, and Policy Implications", *Annu. Rev. Environ and Resources*, 41(1), 425−452.

Steffen, W., Rockström, J. and Richardson, K. [2018] "Trajectories of the Earth System in the Anthropocene," *Proc. Natl. Acad. Sci.*, 115(33), 8252–8259.

WECD [1987] *Our Common Future*, Oxford.

（天野　正博）

コラム2
気候変動問題における IPCC（気候変動に関する政府間パネル）の役割

IPCC の設立

地球温暖化に対し1980年代後半から研究者が危機感を抱き，1988年6月のトロントでのサミット後に開催された研究者，政策担当者が一堂に会したトロント会議での成果を踏まえ，気候変動分野における専門家の国際組織として，1988年11月に国連環境計画と WMO（世界気象機関）は IPCC を設けた．IPCC の組織構成は図1に示したように，3つの作業部会がある．WG1は気候システム・気候変動の自然科学的根拠について評価する．WG2は気候変動が社会経済・自然環境に与える影響と，それへの適応方策について評価する．WG3は気候変動を緩和するための様々な方策について評価する．作業部会とは別にタスクフォースがあるが，ここでは UNFCCC で決められた GHG の排出量，吸収量を各国が計測，報告できる計測・報告方法の策定，普及，改善を行う組織である．このタスクフォースは神奈川県葉山町に設置されている．

IPCC の気候変動分野における役割

IPCC の主な活動は，気候変動分野における最新の科学的知見を発表された論文の研究成果を，各専門の研究者が評価し報告書にまとめ，発表された科学的成果を政府の担当者が気候変動関連の政策に活用しやすいよう支援する役割である．IPCC で

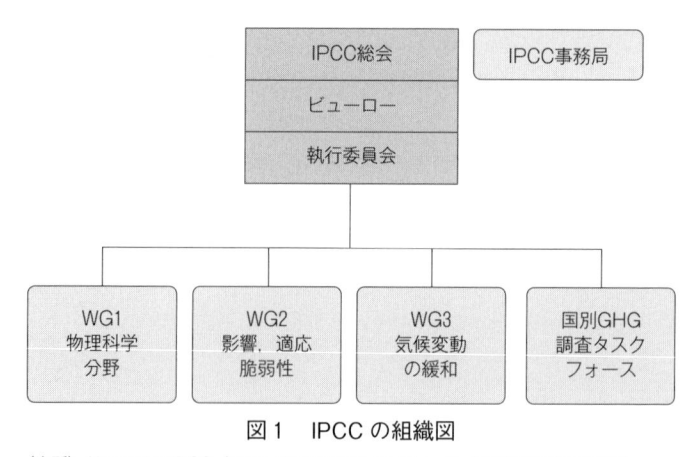

図1　IPCC の組織図

（出所）About the IPCC（https//www.ipcc.ch/about/，2024年10月24日閲覧）．

は 5 ～ 8 年間隔で評価報告書を公表しているが，各部会の報告書は 2 ～3000頁の厚いものになる．そこで，数十頁の政策担当者向けの要約版を作成している．この要約版については各国でレビューを受けた後，IPCC 総会において行単位で認定作業を行っている．

　京都議定書では第 2 次評価報告書が，パリ協定では第 5 次評価報告書が，そして検討中の2030年に向けた協定の見直しには第 6 次評価報告書が，重要な役割を果たしている．

（天野　正博）

第3章

気候変動問題，世代間衡平，持続可能性

はじめに
——パリ協定と排出ギャップ——

　2015年に採択され，早くもその翌年に発効した国連気候変動枠組条約のパリ協定は，地球の平均気温上昇を，1.5度を努力目標とし2度より十分に低く抑えるという長期目標に世界が合意するものである．それは，同条約の目的である「気候系に対して危険な人為的干渉を及ぼすこととならない水準において大気中の温室効果ガスの濃度を安定化させる」ために，科学者が2000年代から求めてきた数値目標であった．しかし，政治文書としてそれが国際公約化されるのは，1992年の同条約の採択から約四半世紀を経たパリ協定を待たねばならなかった．

　パリ協定までの四半世紀にわたる気候変動外交は，苦難の連続であった．国連気候変動枠組条約は，その策定段階から発展途上国と先進国が対立し先進国内も意見が割れ，採択すらも危ぶまれていた．その発効後，具体的な数値目標に初めて合意した京都議定書もまた策定に難航し，採択から8年を要してかろうじて発効したものの，当時の最大の温室効果ガス排出国であった米国が離脱し，その第1約束期間（2008年から2012年）の成果は当時の世界の温室効果ガス排出量のわずか1％程度の削減にとどまった．さらに2009年のコペンハーゲンでの締約国会議では，2010年代の数値目標の合意に失敗した．このような気候変動外交の歴史を振り返ると，パリ協定での長期目標の合意は奇跡的といっても過言ではない．パリ協定は，気候変動問題にとって画期的かつ歴史的な国際合意であった．

　パリ協定では，その合意に先立って，各国に対して2030年（または2025年）の温室効果ガスの排出削減目標の策定を求め，同協定においてその見直しを5年

ごとに行うことを定めている．各国の温室効果ガス排出削減に関する約束文書
は，「国が決定する貢献（Nationally Determined Contribution. NDC と略称される）」と
呼ばれている．

　図 3-1 は，パリ協定に提出された155カ国の NDC を集計した世界の排出削
減計画経路（以下，NDC 経路と呼ぶ．）と，パリ協定の長期目標を最小費用で，し
たがって経済への負担を最小限にとどめて実現するための温室効果ガスの排出
経路（以下，1.5度経路と呼ぶ）[1]が示されている．NDC 経路と1.5度経路との間に
は乖離があり，それは年を経るごとに拡大する．この乖離が，排出ギャップと
呼ばれるものである．気候変動が人類に致命的な影響を与えないためには，排
出ギャップの早期解消が不可欠である．このため国連は，パリ協定において，
各国に一層野心的な排出削減政策が求めた．

　この国連の要請に応えて，2021年の第26回締約国会議では，120カ国以上が
新規提出を含む排出削減目標の見直しを表明した．また，この時点で2050年ま
でのカーボンニュートラルを宣言した国は，144カ国に上った．2024年現在，
パリ協定に批准している195カ国及び地域機関のすべてが NDC を実行し，な

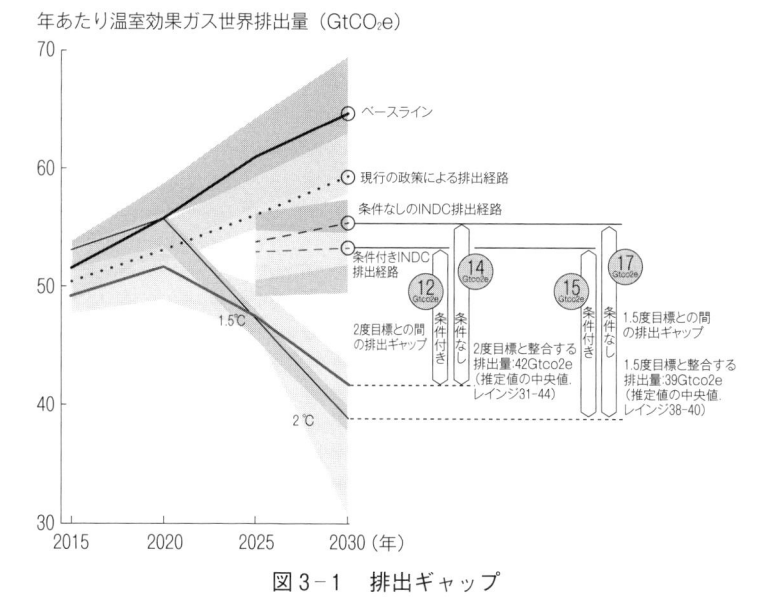

図 3-1　排出ギャップ

（出所）UNEP [2016：xvi]．

かには4度もの計画見直しを行っている国もある.

　しかし，国連環境計画（United Nations Environmental Programme. 以下，UNEP と略称する.）が毎年発表している Emissions Gap Report を確認すれば明らかなように，依然として排出ギャップは埋まっていない. その2023年レポートは，各国が現行の NDC を延長する場合，それを完全に履行しても，今世紀末の気温上昇は2.9℃になると予測している [UNEP 2023：XXII]. また，国連気候変動枠組条約の2023年の締約国会議では，パリ協定に基づいて5年ごとに世界の気候変動対策の進捗状況を評価するグローバル・ストックテイクの最初の評価が示されたが，そこでは次の懸念が示されている.「パリ協定の気温目標を実現する排出削減経路に従うには，これまで以上に著しい排出削減が必要であり，排出ギャップ解消に緊急に取り組む必要があることを認識している」[United Nations 2023：4].

　排出ギャップを解消することは果たして可能だろうか. また，排出ギャップを埋めるために効果的な政策はあるだろうか. この重大かつ喫緊の課題に取り組む足掛かりとして，本章では，排出ギャップをつくる2つの経路である NDC 経路と1.5度経路に関連する経済学上の2つの議論を紹介する. それは，世代間の衡平と持続可能性に関するものである.

1節　世代間利他性と世代間衡平の乖離としての排出ギャップ

　排出ギャップの問題を難しくしているのは，気候変動問題の超長期性である. 気候変動は，問題が顕在化するまで長年月を要する一方，いったんそれが生じると数千年にわたって続く. この超長期性は今日の気候変動対策の遅れを招いた主要因である. すなわち，18世紀の産業革命以来大気中に温室効果ガスが蓄積されてきたにもかかわらず，それによる気候変動はごく最近まで気づかれなかった. 超長期性はまた，現在の排出削減努力が効果を現すまで長期間を要することを意味している. 気候変動に関する政府間パネル（Intergovernmental Panel on Climate Change. IPCC と略称される.）によれば，仮に人為的温室効果ガスの排出を直ちにゼロにしても，海面水位の上昇は数千年にわたって続くとされている [IPCC 2021：21].

　このように，われわれは将来世代に対して取り返しのつかないことをしている. しかし，それはわが事ではない. われわれ自身にとっての気候変動問題は，

気候変動が現在引き起こしている諸災害である．その対策は「適応」政策と呼ばれる．適応政策が，現在世代と直近の将来世代のための政策であるのに対して，排出削減に代表される「緩和」政策の成果の大部分は，われわれ自身ではなく，われわれが直接会うことのない遠い未来の世代に与えられる．したがって，われわれは，将来世代を救うための緩和政策と，現在世代を救うための適応政策の間で，限られた予算や資源を分配しなければならない．このことが気候変動問題の超長期性の重要な含意である．

　さらに言えば，われわれ現在世代が直面している深刻な社会問題はほかにも数多く存在する．すなわち，貧困，紛争，失業，経済の停滞，高齢化，人口減少，インフラ施設の老朽化等である．それらわれわれ自身に直接関わる問題の解決にも多くの資源を割かねばならない．一方で，排出ギャップ解消のためには莫大な投資が必要である．IPCC は，緩和政策に必要な毎年の資金を2.3兆から4.5兆米ドルと見積もり，また，現状との比較で約 3 〜 6 倍の投資の増加が必要としている［Kreibiehl et al. 2022：1573］．それは日本の GDP に匹敵する途方もない投資である．

　われわれが使える資源には限りがあり，それは同世代の困難な状況にいる人々のためにも利用可能である．それを，山積する様々な社会問題の中から，特に気候変動問題の緩和対策のために，何世代も先の人々のために，われわれはどれだけ使おうとするだろうか．

　この世代間資源配分問題に対する端的な答えが，NDC 経路である．それはわれわれが将来世代のために「しようとしていること」を表している．その動機は，われわれの将来世代に対する配慮，すなわち世代間利他性である．

　では，もう一つの経路である1.5度経路は何を示しているのだろうか．それは，われわれが将来世代に対して「すべきと考えていること」を表している．つまり，われわれ現在世代は将来世代をどのように扱うべきかという世代間衡平の倫理を示している．排出ギャップは，このわれわれの世代間利他性と世代間衡平の乖離を意味しているのである．

2節　気候変動の経済学における排出ギャップ

　この世代間利他性と世代間衡平の乖離の問題は，経済学において100年以上続く社会的割引率をめぐる論争と関係している．ここで社会的割引率とは，社

会の最適経路を求めるために経済学において用いられるパラメータのことである.

　20世紀初頭から始まる厚生経済学は，最大多数の最大幸福を社会の目的とする功利主義を採用して，各個人の効用（満足水準を数値化したもの）の合計を社会厚生（社会の望ましさ指標）とみなし，それを最大化した状態を社会最適と考える．この考えを世代間問題に応用すると，すべての世代の効用を合計したものを最大化する経路が社会の最適経路となる[2].　問題は，各世代の効用をそのまま合計するか，あるいは投資の収益性評価のように将来世代の効用を割引いて評価するかのいずれが適切かである.

　今日の経済動学分析の基礎をつくった Ramsey [1928] は，社会の最適経路を求めるためには，各世代の効用をそのまま合計する社会厚生に基づくべきと主張した．この「べき論」は世代間衡平の倫理を反映している[3].

　一方で，経済学の主流では，割引のある社会厚生が，実証分析だけでなく規範分析においても用いられてきた．ここで，実証分析とは経済現象を説明するものであり，規範分析とは社会経済の状態や政策の成果を社会的望ましさの観点から評価するものである.

　実証分析において割引が用いられる理由は，実際にわれわれは将来に得られる効用を割引いていること，また，割引のあるモデルによってわれわれの行動がうまく再現できるためであり，したがって経済予測や政策評価に利用できるためである．一方，それが規範分析に用いられる理由は，利他性に起因して，将来世代の幸せから得られるわれわれ自身の効用を表現していると解釈されるためである．つまり，世代間利他性を含むわれわれ現在世代の効用を最大化することを社会の目的と考えることによって，割引のある社会厚生が正当化される．これは「われわれがしようとする」世代間利他性を表現するものである[4].

　このように割引しない社会厚生と割引のある社会厚生には，その解釈に大きな違いがある．ただし，割引の有無が重大な違いをもたらすのは，長期の問題においてであり，多くの経済計画や公共政策は5年や10年程度のプロジェクトであるため，これまで割引の有無が問題となることは実践上，少なかった．しかし，気候変動のような世代を超える問題が発現すると，割引は無視できない問題となる．たとえば，標準的な割引率である3％を用い，1世代を30年とすれば次世代の効用は半分以下の約41％に割引かれてしまう．さらに，超長期性を有する気候変動問題においては，割引は深刻な結果をもたらす．すなわち，

100年先の効用は約5％にまで割引かれ，200年先の効用については約0.3％に割引かれる．つまり，現在1単位の効用を得るために200年先の人々が300単位の効用を失うとしても，割引のある社会厚生はそれを社会的に望ましいことと見なす．Ramsey [1928] が指摘するように，この事実に気づかない者がいれば，それは想像力が欠如しているとの批判を免れないであろう．

　図3-2は，Nordhaus [2008] による，温室効果ガス排出経路を示している．そこで「最適経路」と示されているのは，割引のある社会厚生を最大化するDICE（Dynamic Integrated Climate and Economy）モデルの最適経路である．一方，Stern と示されているのは，世代間衡平を尊重する Stern [2007] による，割引かない社会厚生にもとづく最適経路である．したがって，DICE モデルは世代間利他性に基づくわれわれのしようとしていることを表現し，Stern モデルは世代間衡平に基づくわれわれのすべきことを表現している．そして両者の顕著な乖離は，世代間利他性と世代間衡平の乖離を表している．

　DICE モデルの最適経路は図3-1の NDC 経路と酷似している．このことはNDC 経路が経済学的な最適経路に準ずるものであることを意味している．通常，各国の複雑な戦略関係によって妥協的な結果しか得られない国際問題にお

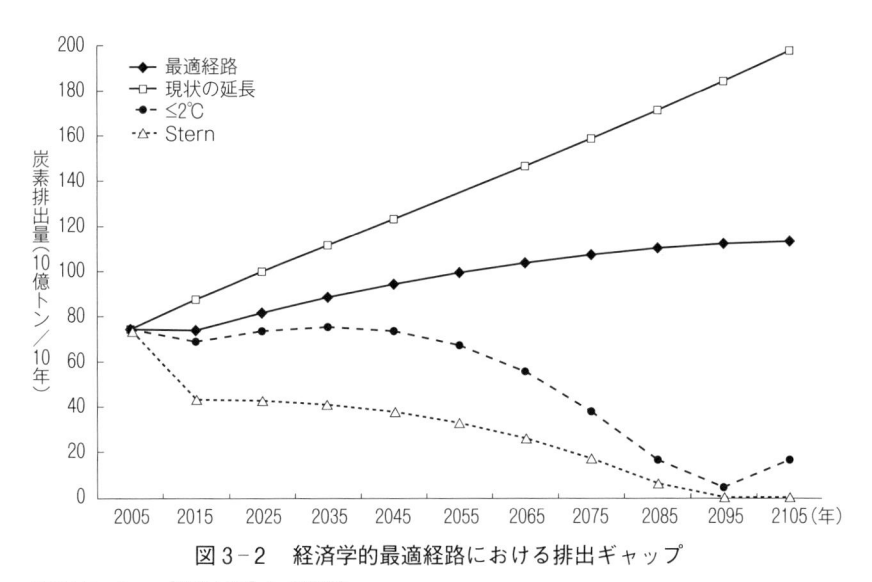

図3-2　経済学的最適経路における排出ギャップ

出典：Nordhaus [2008：102]（一部省略）.

いて，最適経路に準ずる合意がパリで得られたことは，稀有の，そして賞賛すべきことである．しかし，両者から予想される気温上昇は1.5度目標には全く届かない．International Energy Agency［2015：4］は，当時のNDC経路が世紀末に2.7度の気温上昇をもたらすと警告している．一方，DICEモデルの最適経路は2.61度の気温上昇を予測している[5]．

次に世代間衡平の経路に目を向けると，Sternの経路が1.5度排出経路に準ずるものであることがわかる．ただし，2つの世代間衡平経路は異なる倫理に基づいている．すなわちSternの経路は，割引なく等しく扱われた各世代の効用の合計によって社会的望ましさを評価する功利主義の倫理であり，一方，1.5度排出経路は，将来世代のために「気候系に対して危険な人為的干渉を及ぼすこととならない」ことを求める環境主義の倫理である．このことが示唆するのは，世代間衡平の倫理はひとつではないということである．そこで，人々が支持する世代間衡平の倫理とは何なのかが問われることになる．この論点は4節と5節で議論される．

気候変動の経済学において示された排出ギャップには次の2つの含意がある．第1にそれは世代間利他性と世代間衡平のギャップとして解釈されるが，より具体的に割引率の選択問題として把握できることである．ギャップを解消するには，われわれの世代間利他性を強化することが求められる．それはわれわれの将来世代の幸せに対する割引をいかにゼロに近づけることができるかという問題ととらえることができる．

第2の含意は，われわれが実際に割引を用いているという事実を無視できないことである．多くの人が割引のない社会厚生を採用するSternの経路は道徳的に正しいと認めるはずである．しかし，われわれの行動はそこまで道徳的でない．このような場合，Nordhaus［1999］が例示しているように，割引のない社会厚生を最大にする経路と同等に気温上昇を抑制し，かつ各世代の効用をより高める経路が存在する．道徳と行動の間の不一致が存在するとき，道徳を直接実現することは社会にとって必ずしも望ましくないのである．

3節　カーボンプライシングと炭素の社会的費用

1.5度経路は，Sternの経路と異なり，現実の経済の動きを反映したモデルを用いて，気温目標を最小費用で実現する．このため1.5度経路は，その目的

を実現し，かつどの世代の効用も他の世代の効用を低下させることなしには高めることができないという意味で最適な経路である．このように誰かの効用も低下させることなしには誰の効用も高めることができない状態は，効率的と呼ばれる．経済学の専門用語としての「効率性」は，経済学における中心的な価値概念である[6]．

　これまで見てきた割引のある社会厚生を最大化する経路と1.5度経路は，ともに効率的な経路である．実際のところ効率的な経路は無数に存在する．そのうち割引のある社会厚生を最大化する経路は，適切な政策がとられるならば，社会が市場メカニズムを通じて自動的に選択することが期待される点で特別な効率的経路である．ただし気候変動問題においては，パリ協定の長期目標を満たすことができないという問題を抱えている．一方，1.5度経路は，「気候系に対して危険な人為的干渉を及ぼすこととならない水準において大気中の温室効果ガスの濃度を安定化させる」という特別な目的を満たす効率的経路である．

　これらの効率的な経路の実現のための政策手段として，経済学では市場に基づく方法が提案されてきた．具体的には炭素税や炭素排出の取引可能な許可証制度の導入であり，いずれもその目的は温室効果ガスの排出に適切な価格をつけることである[7]．そうした価格の下，競争的な市場で温室効果ガスを取引することで，市場メカニズムを通じて効率性を実現することを意図している．この温室効果ガスにつけられる価格はカーボンプライスと呼ばれている．

　ここで問題となるのは適切な価格とは何かである．経済理論に従えば，最適経路上で1トンの二酸化炭素（あるいはそれと温暖化効果の点で等価な他の温室効果ガス）の追加的排出が引き起こす将来のすべての被害を，各時点での資本の限界生産性を割引率として現在価値に換算し集計した「炭素の社会的費用」が，適切な価格となる．

　図3-3は，Nordhaus [2017] による炭素の社会的費用の推定をグラフ化している．図には，割引のある社会厚生を最大化する DICE モデルの最適経路（実線），パリ協定長期目標に相当する効率的経路（太破線），そして割引のない社会厚生を最大化する Stern の経路（太実線）のそれぞれの社会的費用が示されている．その費用が右上がりとなっているのは，気候変動による被害が年とともに大きくなることを示している．排出ギャップに対応して，DICE モデルと他の2つの炭素の社会的費用の間には顕著なギャップがある．これは排出ギャップを解消するには，大幅な排出削減を直ちに行う必要があることに対応

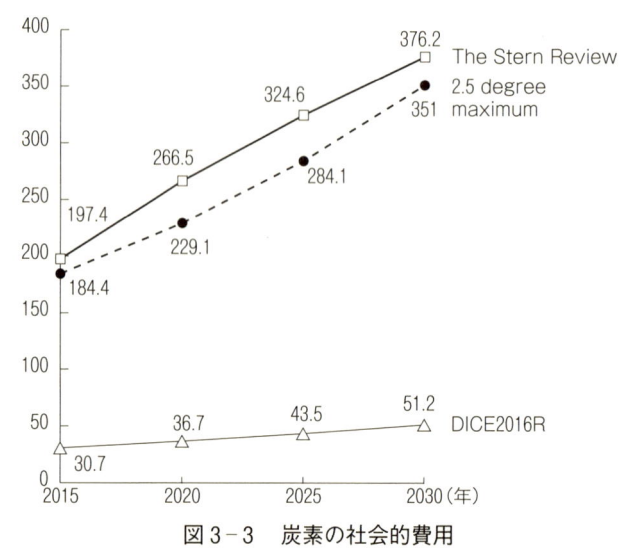

図3-3　炭素の社会的費用

（出所）Nordhaus [2017：Table 1] より作成.

するものであり，2020年の値では，DICE モデルに対して他の２つの炭素の社
会的費用は約７倍の大きさがある.

　この莫大な差は改めてパリ協定の長期目標の実現が困難な課題であることを
認識させる. さらに，各国の実際のカーボンプライスを見れば，われわれの世
代間利他性に基づく最適経路，すなわち割引のある社会厚生を最大化する
DICE モデルの最適経路の実現も現状では決して容易ではないことがわかる.
世界銀行は毎年カーボンプライスに関する報告書 State and Trends of Carbon
Pricing を発行している. その2020年版によれば，DICE モデルの炭素の社会
的費用36.7米ドル/tCO$_2$以上の炭素価格が設定されている国は６カ国にとどま
り，最も高いスウェーデンの炭素税119米ドル/tCO$_2$でも２度目標に対応する
炭素の社会的費用229.1米ドル/tCO$_2$の半分に過ぎない. さらに，カーボンプ
ライスが10米ドル/tCO$_2$以下の国が約半数を占め，その平均は２米ドル/tCO$_2$
にとどまっている [World Bank 2020]. このように現状は，NDC 経路と1.5度経
路という排出ギャップの解消とともに，NDC 経路の計画と実行の乖離もまた
重大な課題であることを示している.

4節　平等主義と無知のベール

　第2節では，排出ギャップの解消のために，われわれの世代間利他性の強化が必要とされていると述べた．もうひとつのアプローチは，世代間衡平の倫理に対するわれわれの支持を強化することである[8]．ただし，第2節でみたように，世代間衡平の倫理は一つではない．したがって，どの世代間衡平の倫理を選ぶかが問題となる．そして，その選択にあたっては，当該倫理が人々に支持されるだけの理由をもっているか，また，その問題点は何かを知っておくことが重要である．

　すでにみたように，割引のない功利主義は，それに基づく最適経路が効率的ではない．すなわち，各世代をより幸せにし，かつ気候変動に対して同じ効果のある緩和政策がほかに存在するという問題がある．より原理的な問題として，なぜ各世代の効用を単純に足し合わせることができるのかという問題もある．足し算をすることは，どの各世代の効用を1増やしても，その合計である社会厚生は1増えることを意味する．しかし，衡平性の観点からは，恵まれない世代の効用を1増やすことは，恵まれた世代の効用を1増やすよりも望ましいと考えるべきではないだろうか．

　Rawls [1971] の無知のベールから導出される平等主義は，この批判を免れる倫理である．Rawls は，自分がどのような境遇で生まれるか，どのような選好を持って生まれるか，どのような才能を持つか，そして，世代間衡平の文脈では，どのような世代に生まれるかが，全くわからない無知のベールに覆われた仮想的状態（原初状態と呼ばれる）を想定し，そこで人はいかなる社会を望むだろうかを問う．原初状態に置かれた人々は同質であり，このため，その選択は誰にとっても望ましいものとなる．よって人々はそのような社会を持つことに合意する．

　Rawls によれば，そこで人々は平等な自由を選ぶが，唯一容認される不平等として，格差原理，すなわち社会で最も恵まれない人々に利することを認める．この格差原理から，最も効用の低い人の効用を高めることのみが社会厚生を高めるとするマキシミン（maximin）基準が得られる．マキシミン基準に従って社会を改善するならば，他の人よりも効用が低い人はいなくなる．同時に，他の人よりも効用が高い人もいない．つまり，すべての人の効用が等しくなる．マ

キシミン基準は平等主義を含意する.[9]

　マキシミン基準を世代間問題に応用すると, 最も効用の低い世代の効用を高めることのみが社会厚生を高めることになる.[10] このような世代間平等主義に基づく経済分析は, 70年代から80年代にかけて数多く行われた [Pezzey and Toman 2002]. それは, 社会が資源枯渇と環境破壊によって衰退に向かうことを予測したローマクラブの「成長の限界」[Meadows et al. 1972] に触発されたものであった. 将来が現在より悪くなるという「成長の限界」が描く世界においては, 平等主義は, 将来世代のためにわれわれは現在の生活を反省すべきであるという, われわれの道徳的直観的に沿う宣託を与えてくれる.

　一方, 伝統的な割引のある功利主義社会厚生を採用すると, 将来世代の効用が現在よりも低下する経路が最適となる場合がある. それは資本の限界生産性が割引率よりも低い場合である.[11] 1970年代の経済は化石燃料資源に強く依存し, 急速に石油消費が増大していたことから, 石油をはじめとする天然資源の枯渇とそれによる社会の衰退が差し迫る脅威と考えられていた.「成長の限界」は, この懸念を当時最新のコンピュータ科学によって予測したものだった. 石油のような枯渇性資源の再生産率はゼロであり, それに強く依存する経済では資本の限界生産性はゼロに近くなる. そのような社会に, 割引のある功利主義社会厚生が社会最適の基準として採用されると, 現在よりも将来が悪くなる経路を最適経路としてしまう. しかしそれはわれわれの道徳的直観と合わない. このため, マキシミン基準への関心が集まったのである. ちなみに1972年の世界の一次エネルギー消費に占める化石燃料の割合は94%であった. 2020年の割合は83%であり, 依然として化石燃料への依存度は高い.[12]

　平等主義の美徳はしかし, 将来世代が現在世代よりも良くなることが可能な場合には失われる. そのような場合, 平等主義は現在世代を最も恵まれない世代とみなして優遇し, 将来世代のための貯蓄=投資を不要と指示するのである. 気候変動の文脈では, われわれはもっと炭素を放出してよいということになる. これがマキシミン基準によって表現される平等主義の世代間倫理への応用の問題点である.

　1987年に, 「成長の限界」に匹敵する, あるいはそれ以上に影響力を持つ地球環境問題に関するレポートが出版された. それは, 国連に設けられた環境と開発に関する世界委員会 (World Commission on Environment and Development. 以下WCED と略称する.) の最終報告書 Our Common Future [WCED 1987] である.

今日のSDGsにつながる価値概念である「持続可能な開発」は，このレポートによって広く知られるようになった．レポートの中心的な主張は，われわれが環境保全に配慮し天然資源を賢明に利用するならば，遠い将来世代に至るまでわれわれの生活は持続的によりよくなるというものである．この将来に対する世界観の下では，平等主義は世代間衡平の倫理として魅力的ではない．つまり，平等主義にもとづく世代間倫理は，将来の見通しによって魅力的にもなればそうでないこともあり，特に持続可能な開発の実現を考える人々からは支持されづらい．

　平等主義に関するもうひとつの留意点として，無知のベールから導かれるものは平等主義だけではないことを指摘しておく．

　Harsanyi [1953] は，Rawls [1971] 以前に無知のベールのアイデアを用いて，功利主義を導いている．Harsanyi は，無知のベールをどのような境遇に生まれるかわからないというリスクととらえる．そして，標準的な不確実性下の行動仮説である期待効用仮説に依拠して，その状況で人は効用の期待値をより大きくする社会を望むだろうと推論する．さらに，どの世代に生まれる可能性も等しくあると考えると，その期待効用は（割引のない）功利主義社会厚生のそれと同型となる．結果として，功利主義が無知のベールのもとで選ばれる[13]．

　このように無知のベールは平等主義以外の倫理もまた導く．たとえば，Akao (forthcoming) は，次節で議論する強い持続可能性を無知のベールから導いている．

5節　持続可能性

　前節では衡平性に関する経済学の代表的な価値基準である功利主義と平等主義を検討した．そして両者はいずれも，世代間問題に適用すると，それぞれ固有の問題があることがわかった．そこで本節では視点を変えて，1.5度経路がいかなる価値基準によって正当化されるかを検討する．

　1.5度経路とは1.5度目標を最小費用で実現する経路である．最小費用の背後にある価値基準は，目的を最小費用で実現することを望ましいとする cost effectiveness である．その妥当性については，費用概念を単に金銭的費用に限定せず，人々の効用の低下をもたらす全てのものと理解する限り，おそらく異論はないであろう．したがって，問題となるのは1.5度目標を正当化する価値

基準とは何かである．先に結論を述べれば，それは，強い持続可能性である．

　強い持続可能性とは，社会の持続性に深刻な影響を及ぼし，かつ人為によっては代替できないような環境資産 (critical natural capital と呼ばれる．以下，臨界自然資本と称す．) が存在することを認め，そのような臨界自然資本が減少しないときに限って，社会は持続可能であるとする考えを指す [Ekins et al. 2003]．地球気候システムが提供するサービスは，適応政策が示すように，局所的には人為によって代替できる．しかし，その全体を代替することはできない．このことを世界の国々は認識したために，つまり地球気候システム全体は代替不可能な臨界自然資本であることを認めたがゆえに1.5度目標がパリで合意されたのである．その合意は，強い持続可能性に基づいていると言える．

　強い持続可能性の対概念は弱い持続可能性である．それは各世代の効用が以前の世代よりも低下しない場合，社会は持続可能な状態にあるとする．持続可能性とは，持続可能な開発によって実現される状態を意味するから，強弱2つの持続可能性の支持者は，それぞれが支持する持続可能性こそが持続可能な開発を意味すると主張している．では，いずれがより多くの支持を集めているだろうか．

　持続可能な開発のもっともよく知られる定義は，WCED による「開発とは，環境の中でわれわれの生活をよくすることであり，持続可能な開発とは，将来の世代の欲求を満たしつつ，現在の世代の欲求も満足させるような開発をいう．」である [WCED 1987]．[14] この定義のもとに，1992年の地球サミット (国連環境と開発に関する国際会議) から現代の SDGs (2030年の持続可能な開発のためのアジェンダ) に至るまで，世界は持続可能な開発の実現を目指してきた．

　この WCED の持続可能な開発の定義は，欲求の充足について持続可能性を述べるものであり，弱い持続可能性を意味している．すなわち，1.5度目標を例外として，一般に，特に政治的には，持続可能性とは弱い持続可能性を意味してきた．さらに論理的には，強い持続可能性が満たされなければ，無限の将来にわたって世代の効用が持続して増加することは不可能である．つまり強い持続可能性が満たされることは，弱い持続可能性が実現するための必要条件であり，弱い持続可能性の実現は強い持続可能性の実現を意味するから，価値基準としては弱い持続可能性で十分ということになる．しかし，次の例は，両者の関係がそれほど明確ではないことを示している．

　人々の欲求充足について，それを国連開発計画の人間開発指標 (平均寿命，教

育，一人当たり国民所得によって評価される）で見ると，1990年からコロナ禍前の2019年にかけて人間開発指標は0.601から0.737に一貫して増加し，その増加傾向は低所得国から高所得国まですべての国でみられる．つまり，われわれの幸せや幸せを得る能力は世界全体で平均的に向上している．しかし，環境面に目を向けるならば，同期間に二酸化炭素の世界平均濃度は354.3ppmから410.7ppmに一貫して増加し，世界の森林は，その約4％にあたる1億7700万haが失われている[15]．

　この状況は持続可能性を満たしているだろうか．もしこのような環境劣化傾向が続くならば，強い持続可能性は満たされず，その結果，弱い持続可能性も損なわれる．しかし，人間開発指標の増加を支える経済成長は，環境対策へのより多くの投資を可能とし，この環境劣化の傾向を反転させる可能性がある[16]．このため，現在のこの状況が弱い持続可能性を満たしていると主張することも可能である．特に現状を変えたくない人々は，その主張を支持するであろう．弱い持続可能性は，そうした人々に，現状維持の格好の大義を与える．しかし，その間にも環境は劣化し，将来，環境が改善されるかは不確実である．そのことに危機感を持つ人々は，弱い持続可能性ではなく，強い持続可能性を持続可能な開発の指針と見なすべきと主張し，現状は強い持続可能性を満たしていないと訴える．

　このように，論理的には強い持続可能性は弱い持続可能性に包含され，世代間衡平の倫理としては弱い持続可能性だけで十分ではあるが，実際には，強い持続可能性が損なわれているかを判断することは一般に困難である．また，弱い持続可能性は環境劣化容認の大義名分として濫用される恐れがある．このため，弱い持続可能性を批判し，強い持続可能性の重要性を唱道する人々がいる．ただし，強い持続可能性を採用するためには，何が臨界自然資本なのか，どの水準を超えると社会は持続可能性を失ってしまうのかという臨界点が明らかにされる必要がある．気候変動問題は，これらの点に関して世界のコンセンサスを得ることができた環境問題であり，それゆえ，パリ協定において強い持続可能性が採用されたと言える[17]．

おわりに

　カーボンニュートラル社会の実現のためには，排出ギャップの早期解消が不

可欠である．本章では，排出ギャップをわれわれの世代間利他性と世代間衡平の倫理の間の乖離ととらえた．現在のわれわれの世代間利他性（将来世代のためにしようとすること）は，気候変動問題を解決するには不十分である．幸い，われわれは「しようとすること」を超えて，道徳的に正しいことを個人に強制する制度を作ることができる．しかし，そのためには当該道徳への全般的かつ強力な支持が必要になる．気候変動問題においては，それは世代間衡平の倫理であり，具体的には強い持続可能性である．われわれの世代間利他性をいかに強化するか，強い持続可能性に対する支持をいかに強固なものにできるか，これらの問いに答えることはカーボンニュートラル社会の実現のための重要な課題である[18]．

注

1）本章では，1.5度と2度の2つの経路の総称として，パリ協定の長期目標を実現する効率的排出経路を1.5度経路と呼ぶことにする．パリ協定採択当時の報告書では気温上昇2度に抑える効率的排出経路のみが示されていたが，その後，多くの分析や報告書で1.5度目標に対応する経路が併記されるようになった．これは，1.5度目標特別報告書［IPCC 2018］によって，気候変動の影響が2つの目標の間で大きく異なることが知られるようになったためである．なお，パリ協定採択前に提出された各国の削減目標は，NDC ではなく，Intended Nationally Determined Contributions（INDC）と呼ばれている．

2）世代間社会厚生関数は$\sum_{t=1}^{\infty} \delta^{t-1} u_t$と表される．ただし$t$は世代を表し，$u_t$は$t$世代の効用，$\delta \in （0，1］$は割引因子と呼ばれるパラメータである．割引率を$\rho \geq 0$で表すと，$\delta = 1 / （1 + \rho）$である．割引のないケースは$\delta = 1$，$\rho = 0$であり，割引を認めるケースは，$\delta < 1$，$\rho > 0$である．なお，割引率と割引因子は混同しやすいので注意が必要である．また，ここでは効用に対する割引率を議論している．投資対象のように価格の単位で表されるものに対する割引率は，形式的には全く同じではあるが，異なる概念である．すなわち，前者は，将来の効用を等価な現在の効用に換算するためのものであり，後者は，将来の収益を等価な現在の収益に換算するためのものである．

3）同様の主張は，厚生経済学の始祖である A. C. Pigou やケインズ経済学を継承しそのモデルを動学化した R. Harrod にもみられる．Roemer and Suzumura ［2007：xiv］を参照．

4）本章での説明以外に次の2つの割引を正当化する理論がある．第1に，経済学の基本的な価値基準である効率性と，割引を認めない考えの根本にある「われわれ現在世代と将来世代の効用を同等に扱うべき」という2つの倫理を満たす社会厚生関数は存在しない［Basu and Mitra 2003］．つまり，割引を認めないならば，任意の2つの経路のうちいずれが望ましいか，あるいは同等に望ましいかを判断できないという論理的な困難に直面する（赤尾［2012］の解説を参照）．第2に，人類滅亡の可能性を考慮することで，

世代間衡平の倫理を採用しながら，割引のある功利主義社会厚生関数を最大化すること
が正当化される．すなわち，ポアソン過程にしたがって人類滅亡の日が来ることを仮定
すると，割引のない社会厚生関数の期待値を最大化する問題が，割引のある社会厚生関
数の最大化問題に変換される（赤尾・西村［2009］の解説を参照）．割引を拒否する Stern
［2007］も，実際には，このアイデアに従って0.1％の割引のある社会厚生関数を用いて
いる．

5）気候変動問題が社会の関心を集める10年以上も前の論文で，Nordhaus［1975］は2
度または3度の気温上昇は，過去何十万年間の間に経験したことがないことを指摘し，
2度以上の気温上昇によって，地球環境に何が起きるかをわれわれは過去から知ること
ができないことを警告している．したがって，DICE モデルの2.6度の気温上昇をもた
らす最適経路が社会にとって望ましいとは Nordhaus 自身も考えていないはずである．

6）誰の効用も低下させずに誰かの効用を高めることは，社会にとって良いことであると
いう考えを受け入れるならば，そうした良いことができる状態は改善可能という意味で
社会に非効率が残っていると考えることができる．効率的な状態とは，そうした非効率
がすべて解消された状態である．

7）カーボンプライシング政策のみで最適経路が実現できるのは，社会が完全競争市場の
仮定を満たす場合であり，現実の社会はそうではない．一方で，炭素の社会的費用によっ
て炭素が価格付けられていなければ社会は最適経路を実現できない．

8）世代間利他主義の強化と世代間衡平の倫理への支持の強化の2つのアプローチを独立
したものと見なすことができるのは，われわれが，自身の快苦とは独立に従うべき道徳
を心にもつ存在であるためである．このような快苦と道徳の2心性をもつ存在としての
人間の理解は，Binmore［2005］による．また，Boehm［2012］の研究は，この2心性
が進化的な根拠をもつことを示唆する．

9）今日，平等主義はさまざまなバリエーションをもつ．Hirose［2015］は，Rawls のマ
キシミン基準以外に，運平等主義，目的論的平等主義，優先主義，十分主義を紹介して
いる．

10）注2の記号を使うとそれは，$\min_i |u_i|$ と表される．平等主義アプローチとも呼ばれる．

11）資本の限界生産性は，追加的1単位の投資が生産物をどれだけ増加させるかを示す．

12）数値は BP Statistical Review of World Energy による．

13）Rawls の無知のベールは不確実性の一種（ignorance と呼ばれる）であり，マキシミ
ン基準は不確実性下の意思決定ルールのひとつである Wald 基準に対応する．Harsanyi
の功利主義はラプラス基準に対応する．ほかにも ignorance における意思決定ルールに
は，最小最大リグレット（Savage 基準）と Hurwicz 基準がある［Milnor 1954］．この
ように無知のベールの下で合意される正義は一意的ではない．

14）持続可能な開発は，sustainable development の訳語であり，development は開発とも
も発展とも訳される．なお，Nordhaus［1994］が指摘しているように，この持続可能
な開発の有名な定義は，単に世代間効率性について述べているに過ぎず，世代間衡平に
ついては何も述べていない．つまり，将来世代の欲求を満たすために現在世代はどの程
度自身の欲求の充足をあきらめるべきかについては述べていない．WCED の持続可能
な開発の概念を理解するには，この定義に続く一連の文［WCED 1987：66-70］を見る

必要がある．特に次の文は重要である．「持続可能な開発とは，世界のすべての人々の基本的欲求を満たし，また世界のすべての人々により良い生活を送る機会を拡大することを必要とする．」つまり，持続可能な開発は2つの価値基準を含んでいる．第1に，現在世代のすべての人について基本的欲求を満たすべきであること，第2に，のちの世代ほどより良くなるべきであることである．

15) 数値はそれぞれ，United Nations Development Programme [2020]，World Data Centre for Greenhouse Gses（https://gaw.kishou.go.jp/），Food and Agriculture Organization [2020] による．

16) 経済成長による富の蓄積がより強力な環境政策を可能とし，その結果，経済成長と環境改善が同時に実現することは，先進国の二酸化炭素排出量を含むさまざまな汚染物質に関して経験的に確認されてきた．経済の発展段階の初期には，経済成長は環境劣化を引き起こすが，さらに経済成長が進むと経済成長は環境保全をもたらすという経済と環境の関係は，環境クズネッツ仮説として知られている．Grossman and Krueger [1995] に始まる数多くの実証研究がある．

17) 一方，気候変動問題と並ぶ深刻な地球環境問題である生物多様性喪失問題については，生物多様性が臨界自然資本であることは明らかではあるが，その臨界点に関する知識はほとんどない．この点で，本章が述べてきた気候変動問題以上に，生物多様性問題の解決は深刻な困難を抱えている．

18) 排出ギャップの解消のために，人々の選好の変化や道徳の強化を求めること以外に，あるいはそれ以上に重要な方策がある．それは，温室効果ガスの排出削減と地球大気からの除去に関する技術革新を促進することである．成功した地球環境問題であるオゾン層破壊問題は，オゾン破壊物質の代替物質が速やかに開発されたことが問題の解決をもたらした．気候変動問題に関しては，そうした技術革新が困難であるために排出ギャップが生じているのだが，技術革新を促進する政策が決定的に重要であることは変わらない．関連する重要な経済学の結果として，カーボンプライシングは技術革新を誘発するが，Acemoglu et al. [2012] は，それだけでは持続可能性は保証できず，環境保全に対する研究開発への補助金政策が必要であることを理論的に明らかにしている．

参考文献

〈邦文献〉

赤尾健一 [2012]「持続可能な開発と世代間の衡平」，細田衛士編著『環境経済学』ミネルヴァ書房，pp. 281-312.

赤尾健一・西村和雄 [2009]「レジーム・シフトのマクロ経済分析」，浅野耕太編『自然資本の保全と評価』（環境ガバナンス叢書5），ミネルヴァ書房，pp. 51-66.

〈欧文献〉

Acemoglu, D., Aghion, P., Bursztyn, L. and Hemous, D. [2012] "The environment and directed technical change," *American Economic Review*, 102, 131-166.

Akao, K. I. [forthcoming] "Intergenerational Altruism and Intergenerational Equity : The Source of Emissions Gap," in Akao, K. I. and Washizu, A. eds., *Climate change is-*

sues and social sciences : *Towards carbon neutral society*, Springer.

Basu, K. and Mitra, T. [2003] "Aggregating infinite utility streams with intergenerational equity : The impossibility of being Paretian," *Econometrica*, 71, 1557–63.

Batson C. D. [2011] *Altruism in Humans*, Oxford University Press（菊池章夫・二宮克美訳『利他性の人間学』新曜社, 2012年）.

Binmore, K [2005] *Natural Justice*, Oxford University Press（栗林寛幸訳『正義のゲーム理論的基礎』NTT 出版, 2015年）.

Boehm, C. [2012] *Moral origins : The evolution of virtue, altruism, and shame*, Basic Books（斉藤隆央訳『モラルの起源』白揚社, 2014年）

Ekins, P., Simon, S., Deutsch, L., Folke, C. and DeGroot, R. [2003] "A framework for the practical application of the concepts of critical natural capital and strong sustainability," *Ecological Economics*, 44（2–3）, 165–185.

Grossman G. M. and Krueger, A. B. [1995] "Economic growth and the environment," *The Quarterly Journal of Economics*, 110(2), 353–377

Harsanyi, J. C. [1953] "Cardinal Utility in Welfare Economics and in the Theory of Risk-taking," *Journal of Political Economy*, 61, 434–435.

Hirose, I. [2015] *Egalitarianism*, Routledge（齊藤拓訳『平等主義の哲学』勁草書房, 2016年.

IPCC [2018] *Global Warming of 1.5℃ : An IPCC Special Report on the impacts of global warming of 1.5℃ above pre-industrial levels and related global greenhouse gas emission pathways, in the context of strengthening the global response to the threat of climate change, sustainable development, and efforts to eradicate poverty*［Masson-Delmotte, V., P. Zhai, H-O. Pörtner, D. Roberts, J. Skea, P. R. Shukla, A. Pirani, W. Moufouma-Okia, C. Péan, R. Pidcock, S. Connors, J. B. R. Matthews, Y. Chen, X. Zhou, M. I. Gomis, E. Lonnoy, T. Maycock, M. Tignor, and T. Waterfield eds.], Cambridge University Press.

Kreibiehl, S., Yong Jung, T., Battiston, S., Carvajal, P. E., Clapp, C., Dasgupta, D., Dube, N., Jachnik, R., Morita, K., Samargandi, N. and Williams, M. [2022] Investment and finance, in IPCC, 2022 : Climate Change 2022 : Mitigation of Climate Change, Contribution of Working Group III to the Sixth Assessment Report of the Intergovernmental Panel on Climate Change.

Meadows, D. H., Meadows, D. L., Randers, J., and Behrens III, W. [1972] *The Limits to Growth : A Report for the Club of Rome's Project on the Predicament of Mankind*, Universe Books（大来佐武郎監訳『成長の限界』ダイヤモンド社, 1972年）.

Milnor J. W. [1954] "Games against Nature," in Coombs, C. H., Davis, R. L. and Thrall, R. M. eds., *Decision Processes*, Wiley, pp. 49–60.

Nordhaus W. D. [1975] "Can we control carbon dioxide?" IIAS Working Paper 75–63, 49 pp.

───── [1999] "Discounting and public policies that affect the distant future," in Portney, P. R. and J. P. Weyant eds., *Discounting and Intergenerational Equity*, Resource for the Future.

——— [2008] *A question of balance : weighing the options on global warming policies*, Yale University Press.

——— [2017] "Revisiting the social cost of carbon," *Proceedings of the National Academy of Sciences of the United States of America*, 114(7), 1518–1523.

Pezzey, J. C. V., and Toman, M. A. [2002] *The Economics of Sustainability* (1 st ed.), Routledge.

Ramsey, F. P. [1928] "A mathematical theory of saving," *Economic Journal*, 38, 543–559.

Roemer J. and Suzumura, K. [2007] *Intergenerational Equity and Sustainability*, Palgrave Macmillan.

Rawls, J. [1971] *A Theory of Justice*, Harvard University Press （矢島鈞次監訳 『正義論』 紀伊国屋書店，1979年）.

Stern, N. H. [2007] *The economics of climate change : the stern review*, Cambridge University Press.

〈ウェブサイト〉

BP Statistical Review of World Energy （https://www.bp.com/en/global/corporate/energy-economics/statistical-review-of-world-energy.html，2024年 9 月 2 日閲覧）.

Food and Agriculture Organization of the United Nations [2020] *Global forest resources assessment 2020*, Food & Agriculture Org （https://www.fao.org/documents/card/en/c/ca9825en/，2024年 9 月 2 日閲覧）.

International Energy Agency [2015] *Energy and Climate Change : World Energy Outlook Special Briefing for COP21* （https://www.iea.org/reports/energy-and-climate-change，2024年 9 月 2 日閲覧）.

United Nations Environment Programme [2023] Emissions Gap Report 2023 （https://doi.org/10.59117/20.500.11822/43922，2024年 9 月 2 日閲覧）.

United Nations Environment Programme [2016] Emissions Gap Report 2016 （https://www.unep.org/resources/emissions-gap-report-2016，2024年 9 月 2 日閲覧）.

United Nations [2023] First global stocktake, Proposal by the President. Draft decision -/CMA. 5 Outcome of the first global stocktake （https://unfccc.int/sites/default/files/resource/cma2023_L17_adv.pdf，2024年 9 月 2 日閲覧）.

United Nations Development Programme [2020] Human development report 2020 （http://hdr.undp.org/en/2020-report，2024年 9 月 2 日閲覧）.

World Bank [2020] State and Trends of Carbon Pricing 2020 （https://openknowledge.worldbank.org/handle/10986/13334，2024年 9 月 2 日閲覧）.

World Commission of Environment and Development [1987] Our Common Future （https://sustainabledevelopment.un.org/content/documents/5987our-common-future.pdf，2024年 9 月 2 日閲覧）（大来三郎監修 『地球の未来を守るために』 ベネッセ，1987年）.

（赤尾　健一）

コラム 3

気候変動枠組み条約交渉を振り返って

　1992年5月9日，国連が設立した交渉委員会で気候変動枠組み条約が採択された．各国の利害が複雑に錯綜する交渉が，91年2月の交渉開始から僅か15か月余りの交渉で完結した．その背景として，当時既に地球温暖化問題への取り組みが急務との認識が広く共有され，同年6月の地球サミット（リオデジャネイロ）の成功のためにも，その前に交渉をまとめて採択したいとの強い政治的意思が働いたことにある．この交渉妥結は，並行して国連環境計画（UNEP）で進められ，資金問題を巡って停滞していた生物多様性条約交渉妥結の弾みにもなり，「リオ双子の条約」として署名に開放された．以下に交渉過程で争点となった温室効果ガス（GHG）の排出抑制問題と途上国への資金・技術移転問題に関する議論を簡単に振り返ってみたい．なお，筆者はメキシコ代表とともに，これらの争点を含む第1作業部会の共同議長を務めた．

　1．条約では，GHG 排出抑制に関する先進国の義務として，欧州諸国が「概ね2000年までに90年レベルで安定化」を条約上の義務とすべき旨強く主張した．これに対して米国は，「安定化実現の経済的コストは余りにも大きく，先ずは地球温暖化の知見の解明を重視する（現に米国は調査研究に多額の予算を投じている）」旨を主張．日本は「万一安定化ができない場合には条約の信用が失墜するので，安定化を目指した「政策と措置にコミット」し，同時に各国の戦略，計画の通報・審査制度を設けることを提案し，英国など多くの支持を得た．だが，米国は「安定化」の文言に難色を示し，最終的に「2000年のレベルに戻る」ことを目指すこととし，その後は通報・審査制度によって見直しを行っていく線で纏まった．途上国の義務については GHG の排出抑制などに関する一般的義務の明記に止まり，2015年採択のパリ協定交渉過程で改めて提起された．

　2．もう一つの大きな争点は資金と技術移転の問題だった．途上国は，この条約に基づく資金は従来の ODA とは別の「新規かつ追加的なもの」とする，この目的で新しい基金（国際気候変動基金）を設立する，途上国が条約上の義務実施上必要とする全ての増分的費用を先進国が負担する，先進国は先端技術を含めて，優遇的，譲許的，非商業的条件で技術移転を促進し，途上国へのアクセスを認める等を主張して，先進国側と激しく対立した．15か月の交渉期間を通じて，先進国側は「新規かつ追加的な資金」の提供には応じつつも，新基金の設立は拒否して，既存の組織，なかでも前年に UNDP，UNEP 及び世銀3者で設立された地球環境基金（GEF）の活用

を主張し，当面同基金を活用，条約発効後の締約国会議で再協議することで決着した．資金供与額についても一定の歯止めをかける表現となった．

（赤尾　信敏）

コラム4

パリ協定を巡る外交交渉

　地球の平均気温上昇を，摂氏2度より十分に低く抑えるという長期目標に世界が合意したパリ協定は，先進国のみならず開発途上国を含む全ての締約国が賛同した点で，画期的な国際約束となった．しかしながら，その採択のためには多くの問題を克服する必要があった．

　就中，中国，インドなどの大口排出国を含む開発途上国全体の賛同をいかにして得るか，また1997年京都での締約国会議において，先進国の温室効果ガスの具体的数量を伴った削減を法的義務とする京都議定書が採択されたものの，批准しなかった米国を如何にして取り込むかが大きな焦点であった．

　すなわち，開発途上国の賛同を得るためには，先進国からの巨額の資金と技術の供与が必要となり，京都議定書のような排出削減義務を盛り込むことには大反対の中国やインドなどの大口排出国をいかに説得するか，また米国の議会承認を必要としない行政取決めとして処理したいとする意向にどう対処するかなど，交渉は難航が予想された．

　日本は，こうした難題を少しでも事前に軽減すべく，パリCOP21に向けて，多くの開発途上国に対して経済協力や技術移転を約束することにより，その賛同を得るべく努力し，中国やインドなど大口排出国との交渉においても排出削減を受け入れるよう説得を試み，米国に対しては行政取決めとする方向での協力を継続した．日本は影の立役者であった．

　パリCOP21では，ファビウス気候変動担当大臣とトゥビアナ首席交渉官チームの連携プレーで，実に見事な手捌きでパリ協定が採択され，その後，米国，中国，インドを含むすべての締約国が参加する国際約束となった．これは正にフランス外交の成功と言えるものであった．

　結果，排出削減に関して「加盟国それぞれが自主的に決定する貢献」(NDC)を国連事務局に通報し5年ごとに見直しを行うことに合意，またパリ協定を採択するCOP決定において，先進国は2020年までに共同して年間1000億ドルの目標を達成する工程表のもとに資金協力を拡充することが強く促されるとともに，技術移転及び能力構築のための支援を継続することが盛り込まれ，最終的に米国も受け入れられる案文でパリ協定が採択されるに至った．

　外交交渉による多数国間合意は，多くの場合，主権国家による協力と妥協の産物であるが，パリ協定もNDCをベースにしたが故に合意されたものの，全てのNDC

を積み上げても1.5度目標は無論のこと，２度目標でさえ達成できる経路には未達で，野心ギャップが生じる矛盾を孕んだ国際合意であり，資金協力目標の1000億ドルも2020年には達成されず，２年遅れで到達した.

　人類の存続を揺るがす気候変動という地球規模的課題に対処するべく，締約国の政治的リーダーシップによってパリ協定の諸目標が達成されることが強く望まれる所以である.

（堀江　正彦）

第4章

日本の気候変動対策法制と脱炭素社会

はじめに

（1）世界の温暖化対策は待ったなしの状態にある．20世紀以降，化石燃料の使用増大等に伴い，世界の温室効果ガス（GHG）の排出は大幅に増加し，世界の平均気温は既に工業化前に比べて約1.1℃上昇している．国連の気候変動に関する政府間パネル（IPCC）の第6次評価報告書（2021-22年）は，人間の活動が温暖化の原因であることを「疑う余地がない」とし，世界の平均気温は少なくとも今世紀半ばまでは上昇を続けると予測するとともに，極端現象の頻度と強度の高まりなど，人間が引き起こしている地球温暖化は，すでに自然と人間に対する広範な悪影響をもたらしているとした．

　このような気候危機ともいえる状況に対して，2016年11月に発効したパリ協定は，世界の長期気温目標として，「工業化前に比して世界の平均気温の上昇を2℃を十分下回る水準に抑制し，1.5℃に抑制するよう努力する」と定めており（2条1），今世紀後半にGHGの人為的排出と人為的吸収を均衡させるよう迅速に削減する，すなわち，GHGの排出量を実質ゼロにするとしている（4条1）．

（2）2020年10月，菅義偉内閣総理大臣は，所信表明演説において，日本は，2050年までに，GHGの排出を全体として実質的にゼロ（カーボンニュートラル，以下，「CN」という）にすることを目指すことを宣言した．これを承け，2021年の地球温暖化対策推進法（以下では，「温対法」という）改正では，基本理念として，①パリ協定の目標（2℃目標・1.5℃目標）や脱炭素社会の実現など地球温暖化対策の長期的方向性を法に位置付け（2条の2），さらに，②2050年CN（脱炭素化社会）の実現を旨とするという形で規定を置かれた（2条の2）．

　また，同年10月に閣議決定された，第6次エネルギー基本計画（エネルギー政

策基本法に基づく），地球温暖化対策計画（地球温暖化対策推進法に基づく）では，2030年度までに（2013年度比で）46％削減し，さらに50％削減の高みを目指すことが閣議決定された．

（3）諸外国においても，120カ国以上の国々と地域，G7の他の国は2050年目標として同じ目標を打ち出しており，中国も2060年に実質的にGHGの排出をゼロとすることを2020年9月に表明した．もっとも，各国がNDCを達成しても，1.5℃目標の達成には程遠い．気候変動枠組み条約の第28回締約国会議（COP28）では，グローバルストックテイク（GST）決定文書案が採択され，「1.5℃目標を達成するために，2025年までにGHG排出をピークアウトさせ，世界全体で1.5℃目標を達成するために（2019年比で）2030年までに43％，2035年までに60％排出削減する必要性を認識する」旨が記載された．そして，すべての締約国に対し，次期NDCにおいて，すべてのGHG，セクター，カテゴリーをカバーし，1.5℃目標に整合した，野心的な排出削減目標を提示するよう促した．さらに，1.5℃目標達成に向け，各国の判断・事情等を考慮しつつ，グローバルで目指すべき努力として，2030年までに，世界全体での再生可能エネルギー（以下，「再エネ」という）発電容量を3倍及びエネルギー効率の改善率を2倍とすること，エネルギーシステムを化石燃料から移行すること，今後10年間の行動を加速化すること等が含まれる．各締約国は，2035年までのNDCを2025年に提出するように促すとされており，次期NDCの提出の際には，このGSTの成果がどのように生かされたか説明する必要が生じる．

　以下では，日本のGHG排出削減目標と排出状況（1節）について触れ，CN宣言後の気候変動対策に関連する法政策（2節）として，横断的措置（3節）及び再エネの展開（4節）に焦点を当てることにしたい．

1節　日本のGHG排出削減目標と排出状況

（1）2021年に閣議決定された「第6次エネルギー基本計画」（2030年度の電源構成の目標は，再エネ36-38％，原子力20-22％），「地球温暖化対策計画（温対計画）」及び「パリ協定に基づく成長戦略としての長期戦略」を踏まえ，上述した2030年度のGHG削減の目標が定められている．2024年現在，エネルギー基本計画の改定，温対計画の改定やGX2040ビジョン策定に向けた議論が行われている．

（2）日本の GHG 排出状況等

　日本の2022年度の GHG の排出・吸収量は約10億8500万トン（CO_2換算）であり，2013年度比22.9％（産業部門24.0％，業務部門23.6％，家庭部門24.5％，運輸部門14.5％）減少した．2050年 CN に向けて何とかオントラックの状態にある．再エネ，省エネが寄与しているが，産業の海外移転も相当寄与していると見られる．今後の削減の進捗については予断を許さない状況にある．

　日本の一次エネルギー供給は，8割以上を化石エネルギーに依存しており，G 7 諸国の中では最多である．電源構成についても 7 割以上を化石エネルギーに依存している．国全体での年間約26兆円が化石燃料のために海外に支払われている．

2 節　CN 宣言後の気候変動対策に関連する法政策[3]
——2021年温対法改正と諸法の制定・改正——

　2021年の温対法改正により2050年 CN という基本理念が挿入され（2条の2），また，同年に閣議決定された「第 6 次エネルギー基本計画」，「地球温暖化対策計画」及び「パリ協定に基づく成長戦略としての長期戦略」により新たな2030年度目標が定められた結果，様々な法律制定・法改正がなされるに至った．

　気候変動対策に関する法律は，① エネルギー効率の改善等によるエネルギー需要の低減，② エネルギー源の低炭素化，脱炭素化，さらに，③ フロン類，交通，航空など，エネルギー以外の気候変動対策，④ 主要な気候変動対策に対する横断的措置（カーボンプライシング〔以下，「CP」という〕を代表とする）に分けることができるが，2021年以後，①に関して，建築物省エネ法改正（2022年）（中・大規模の非住宅のみに義務付けられている省エネ基準適合を2025年度までにすべての新築住宅・非住宅に義務付ける．また，誘導基準の強化等により ZEH，ZEB 水準に誘導する），③に関して，航空法の改正（2022年）（航空分野全体における脱炭素化を推進していくための国交大臣による航空脱炭素化推進基本方針の策定，（SAF の導入等の取り組みについて記載した）航空会社による航空運送事業脱炭素化推進計画の作成などを内容とする），空港法の改正（2022年）が行われたことを挙げておく（②と④については後述する）．

　①及び②は，エネルギー法と環境法の交錯の例として取り上げられる．両法分野の交錯はかねて存在していたが，重要なのは，2021年の第 6 次エネルギー基本計画において，気候変動に関する2050年 CN 及び2030年度目標が，エネル

ギーの政策目標を決定づける役割を果たしたことである［高村 2024：41］.

3節　横断的措置

2節④の横断的措置として挙げられるのは CP（経済的手法）及び情報的手法である.

1　GX 推進法・政策──経済的手法

（1）　背　景

多くの国が2050年 CN を目指す中で，日本も脱炭素電源への転換を強力に推進する必要が生じた．そうした中，国際社会においては，特に，ロシアによるウクライナ侵略に伴い，エネルギー途絶に直面し，化石エネルギーへの過度の依存がリスクとなることが明らかになった.

こうして，気候変動対策の面からもエネルギー問題の面からも，化石エネルギー中心の産業・社会構造からの転換が必要であり，将来の経済成長等につなげるため，早急にグリーン・トランスフォーメーション（以下，「GX」という）実現に向けて取り組むことが必要と考えられるに至った．このような GX に向けての投資，政府による支援は世界的規模で始まっている.

（2）GX 実現に向けた基本方針

2023年 2 月に閣議決定された，この基本方針は，「第 6 次エネルギー基本計画」，「地球温暖化対策計画」等を踏まえ，気候変動対策についての国際公約及び日本の産業競争力強化・経済成長の実現に向けた取組等を取りまとめたものである.

基本方針に定められた事項は，① エネルギー安定供給の確保を大前提とした GX の取組，② 成長志向型 CP 構想等の実現・実行であった．①は GX 脱炭素電源法，②は GX 推進法に対応する（ここでは②を扱う）.

（3）　脱炭素成長型経済構造への円滑な移行の推進に関する法律（GX 推進法）[4]

（a）法律の概要

本法は2023年 5 月に制定・公布され，6 月に施行された．本法は，① GX 推進戦略の策定・実行，② GX 経済移行債の発行，③ 成長志向型 CP の導入，④

GX 推進機構の設立, ⑤ 進捗評価と必要な見直しを規定する.

　政府は, GX 推進戦略の実現に向けた先行投資を支援するため, 2023年度から10年間, GX 経済移行債 (脱炭素成長型経済構造移行債) を発行する (7条). 条文には定められていないが, 同年度から10年間で20兆円規模とされ, 官民合わせて150兆円とすることが予定されている. エネルギー・原材料の脱炭素化と収益性向上等に資する革新的な技術開発・設備投資等を支援することが考えられている.

　この GX 経済移行債は, 化石燃料賦課金及び特定事業者負担金の収入により, 2050年度までに償還される (8条).

　本法の柱の一つが成長志向型 CP であり, 以下の2つを導入することとした. 上記の GX 経済移行債による先行投資支援と併せて, GX に先行して取り組む事業者にインセンティブが付与される仕組みを創設する趣旨である. もっとも, これらは, 直ちに導入するのではなく, GX に取り組む期間を設けた後で, エネルギーに係る負担の総額を中長期的に減少させていく中で導入する (事業者については, 低い負担から導入し, 徐々に引き上げていく) 内容とされている.

　i 経産大臣は, 2028年度から, 化石燃料採取者等 (2条4項. 実際には, 輸入事業者等が殆どである) に対して, 採取等 (輸入等) する化石燃料に由来する CO_2 の排出量に応じて, 化石燃料賦課金を徴収する (11条).

　ii 経産大臣は, 2033年度から, 特定事業者 (2条5項. 発電事業者) に対して, 一部有償で CO_2 の排出量の枠 (排出枠) を割り当て, その量に応じた特定事業者負担金を徴収する (15条, 16条). 具体的な有償の排出枠の割当てや単価は, 入札方式 (有償オークション) により, 決定する (17条). 本法 (6条) に基づき, 2023年7月に脱炭素成長型経済構造移行推進戦略 (GX 推進戦略) が閣議決定され, これに基づいて政策が実行されつつある.

　(b) 意義・評価

　CP に関しては1980年代末頃から学界で議論がなされてきたが, 本法は GHG に関する経済的手法 (CP) の問題を一挙に解決しようとした面があり, その意味では画期的である.

　1) 本法について, まず, 全般的な評価をしておきたい.

　第1は, 本法の目的規定からうかがわれる本法の性格である. 本法は, 日本における脱炭素成長型経済構造への円滑な移行を推進するため, 上記①〜④の措置を講じることを目的としており, 産業政策と環境政策の政策統合の立法で

ある（環境法の1つということもできる）．ただ，基本理念として「我が国経済の成長に資するものとなることを旨として」脱炭素成長型経済構造への円滑な移行が行われなければならないとしており（3条），経済成長が目的とされている点で，環境基本法の立場とはやや異なっており，同法の下にある法律といえるかについては議論があろう．

第2に，条文には顕れない，本法制定の目的にはいくつかのものがあると考えられる．1つ目は，EUの炭素国境調整（CBAM）規則（REGULATION（EU）2023/956）の採択（2023年5月10日）に対する対応である．簡潔に言えば，EUで炭素国境調整をされる場合には，EUに対象品を輸出する企業にとっては国内でCPを導入するのと同じ負担を受けることとなり，国内での負担を嫌ってCPの導入に反対することに意味がなくなるということである．2つ目は，景気対策であり，税によらない（事業者に対する）CO_2削減インセンティブの付与政策である．本法7条1項はGX経済移行債について「財政法……第4条第1項の規定にかかわらず」としており，民間を直接刺激する第2の公共事業を実現するものである．これは第2の赤字国債ともいえるが，償還財源を確保することで何とか財政規律を保っている．景気刺激策という観点からは，償還のタイムラグは当然ともいえよう．

第3に，（第2点の2つ目にも関連するが）事業者（産業界）の負担に関して本法は特徴のある仕組みを導入した．それは，《（総額における）負担なき経済的インセンティブ》の導入ともいうべきものである．

本法12条は，1号において，各年度の化石燃料賦課金と特定事業者負担金の総額を，石油石炭税（2022年度比での）減少分と，再エネ賦課金（再生可能エネルギー電気の利用の促進に関する特別措置法〔再エネ特措法〕40条1項に規定する納付金）の（2032年度比での）減少分の合計を超えない範囲内に限定する．産業界及び国民の負担を限定する趣旨である．他方，本法12条2号及び同条柱書は，GX経済移行債の発行額の分は，化石燃料賦課金及び特定事業者負担金によって必ず償還させる（ただし，同条1号範囲内で）趣旨である．

化石燃料税ではなく，化石燃料賦課金とした理由としては，特に同条1号との関係で，税率を予め決定することができず，税とすることができなかったことがあげられる．化石燃料賦課金は，産業界に負担させているようで，実は総体的には何も負担させていないということになるが，他方，産業界等に対するGHG削減対策のインセンティブは与えられる（さらに，上記のように，12条1号の

限定額は次第に増加するため，後になるほど化石燃料賦課金及び特定事業者負担金は高額となり，対応を先行させるインセンティブが働く）ため，環境政策としての意味は維持され，かなり効果を発揮する可能性がある．これが上記の《負担なき経済的インセンティブ》という意味である（総体としては産業界に負担を求めていないため，真の CP と呼べるかという問題は生じ得る．この制度について EU の CBAM の適用を免れるか否かは不透明だとの指摘もある）[5]．

　化石燃料賦課金の賦課料率，特定事業者負担金の単価がどうなるかは不明である．同条 2 号により GX 経済移行債の発行額を償還するだけでも20兆円償還しようと考えれば相当の賦課料率，負担金単価になる可能性がある．化石燃料賦課金の賦課料率，特定事業者負担金の単価が上がっていく中で，産業界が排出する GHG が減ると，賦課料率，負担金単価はさらに上がることになり，削減のインセンティブはより高まることが予想される．すなわち，公害健康被害の補償等に関する法律の汚染負荷量賦課金の再来になる可能性もある[6]．

　なお，本法と汚染者負担原則 (PPP) との関係はどうか．EU では，ロシアのウクライナ侵略に伴い一時的に補助金制限のルールを変更し（TCTF (temporary crisis and transition framework)，さらに，2023年 3 月，グリーン及びデジタル移行をさらに促進・加速するために GBER（一般ブロック免除規則）を改定し，グリーンディール産業計画に照らして，構成国がネットゼロ産業への移行に必要な措置をさらに支援する可能性を2025年末まで延長した．これに対し，日本の GX 推進戦略では，(PPP は採用されていないものの) 財政規律への配慮から，償還が予定され総体としての助成は見込まれていないことを指摘しておきたい．

　第 4 に，GX 経済移行債については，投資効果を検討し，それに伴った優先順位をつけることが極めて重要であるが，上記の GX 推進戦略がそれを実施するかは必ずしも明らかではない．財務大臣の諮問機関である財政制度等審議会は2023年 5 月29日，「歴史的転換における財政」という建議をまとめた．そこでは，GX 経済移行債を発行して調達される20兆円規模の資金について，GHG の排出抑制に効果的でない施策に使われることがないよう，使途の明確化や投資効果の検証・開示にしっかり取り組むことが要請された．

2）CP についてやや細かい評価をしておきたい．GX 推進戦略によれば，排出量取引は2023年度から試行され，2026年度から（多量排出事業者について）本格施行され，2033年度から発電部門について段階的に有償オークションを導入する．化石燃料賦課金は炭素排出量に応じた一律の炭素賦課金とし，2028年度か

ら導入される．その詳細についてはなお明確ではないが，現在の方針について
もいくつかの問題が指摘できる［大塚編 2023：442］．

　第1に，2026年，2033年，2028年といった上記の時期でのCPの導入では温
暖化対策としては遅く[7]，これでは2030年度に（2013年度比）46％削減という目標
を達成するには間に合わないことが予想されることである．

　第2に，この構想においては，GX経済移行債の償還財源を，2050年度まで
にCPによって徴収することを考えているが，GX経済移行債は2030年度まで
の対策を考えたものであり，このままだと，2030年代，40年代には大規模支援・
投資をすることができなくなる．その意味で世代間の衡平に適合していない．

　第3に，CO_2ばかりに着目するのでなく，N_2Oなど6ガスに対する賦課金も
徴収する（これは，CO_2に関する賦課金を減額することにつながる）必要があるが，
この点について考慮しているとは考えにくい．

　第4に，制度の進捗を常に点検し評価をする必要があるが，GX推進戦略が
定める5年ごとの見直しでは足りないと考えられる．

2　情報的手法

（1）2023年3月以降，有価証券報告書において気候変動をはじめとするサス
テナビリティ情報の開示が法的根拠（金融商品取引法に基づく企業内容等の開示に関
する内閣府令の2023年改正）をもって求められるようになった．2節④の横断的措
置の例であり，情報的手法の一種である．

（2）温対法のGHG算定・報告・公表制度について，2021年の同法改正によ
り，デジタル化とオープンデータ化が行われた．これも④横断的措置（情報的
手法）である．

4節　再エネの展開

　2節②のエネルギー源の低炭素化，脱炭素化として，再エネの促進について
触れる[8]．なお，再エネの展開については，電力システム（特にその改革）の問題
も関連するが，紙幅の関係から，この点には立ち入らない．

（1）　再エネの導入の推移と導入目標

　第6次エネルギー基本計画，改定温暖化対策計画によると，再エネの2030年

度目標　36–38％（太陽光14–16％，風力5％程度）である．同エネルギー基本計画は，再エネ最優先の原則を打ち出した点に特徴がある．実績としては，2022年度21.7％（資源エネルギー庁総務課戦略企画室）となっている．

（2）　再エネの導入促進──再エネ特措法（電気事業者による再生可能エネルギー電気の調達に関する特別措置法）（2011年制定）とその問題点

（a）再エネ特措法

2011年に制定された再エネ特措法は，固定価格買取制度（FIT（Feed-in Tariff）制度）を導入した（その後，2020年改正により，FIP（Feed-in Premium）制度も導入された）[9]．再エネ発電事業者は，事業計画につき経済産業大臣より認定を受け，発電した電気の買取を義務付けられた送配電事業者（電力システム改革前は旧一般電気事業者）と特定契約を締結する．買取の調達価格・調達期間は，調達価格等算定委員会の意見を尊重して経済産業大臣が毎年度決定する．調達価格は市場価格より高額に設定され，その差額を電力需要家が賦課金として電気料金と合わせて負担する．事業計画の認定要件には，再エネの利用促進，発電事業の円滑な実施等が示され，経産省令に委任された基準には，関係法令（条例を含む）の規定の遵守が示されている．認定要件を満たさない場合については，改善命令，認定の取消の対象となる．

同法の2020年改正では，認定を受けても稼働しない場合の失効制度，解体等積立金の積立てが導入された．

（b）再エネ特措法の問題点

他方，同法による再エネの増加，特に太陽光発電の増加により，各地で様々な懸念点が指摘され，トラブルが発生するに至った．懸念点は，安全面，防災面，景観・環境への影響等に分かれる．また，資源エネルギー庁 HP（情報提供フォーム）への相談内容（2016年10月〜2022年2月）によると，① 適正事業実施への懸念（柵塀・標識の未設置，メンテナンス不足，事業終了後の廃棄等），② 地元理解への懸念（説明会の開催や住民への説明等の対話の不十分），③ 安全確保への懸念（構造強度への不安，パネル飛散等）が上位を占めている．

そして，再生可能エネルギー，特に太陽光発電に対する地域トラブルに対応する目的で，太陽光発電設備等の設置を規制する単独条例の数は，246（都道府県7，市町村239）[10] に及んでいることには注意が必要であろう．

(c) 再エネ特措法の認定事業の実施の流れと関連法令の実効性

　同法施行当初，太陽光発電設備は建築確認及び開発許可の対象外とされ，同法における認定と，土地利用関係の法令とが連結していなかった．

　上記のトラブル防止のため，同法の2016年改正により，事業計画の認定要件に関係法令（条例を含む）の遵守が規定された．しかし，なお問題は残されていた．それは，同法及び電気事業法では，認定段階では関係法令の許認可の取得までは求められていなかった点である．

　そこで，2023年の再エネ特措法改正に基づく施行規則の改正により，土地利用の安全性確保に関する，森林法の開発許可，宅地造成及び特定盛土等規制法の許可，砂防三法（砂防法，地すべり等防止法，急傾斜地の崩壊による災害の防止に関する法律）の開発許可については，認定申請の書類にこれらの許可書の添付が求められるようになった．また，施行令の改正により，太陽光発電による林地開発許可の対象面積が引き下げられた．これにより，認定段階で関係法令（条例を除く）の遵守の一部が求められるようになったといえる．

(d) 本法制定当初の混乱と今後

　本法の制定の結果，太陽光発電が急増したのに対し，その他の再生可能エネルギーはあまり増加していない．風力発電については，環境影響評価の迅速化，ゾーニングの導入，洋上風力発電等の海域の安定的利用が問題とされた．近時，風力発電はやや増加する傾向にある．

　本法の制定当初の状況は，当初の不用意な認定に伴う，再エネ発電に関する未稼働案件の大量発生と，不適正事例の発生によって特徴づけられる．その原因として，次の3つを挙げることができよう．第1に，2011年に行われた再エネに関する政策の大きな変更の際，制度変革に伴う問題の発生（特に認定に伴う様々な問題の発生）に対する配慮が不足していたことが挙げられよう．第2に，適正な事業実施のための（整然とした）規制の遅れを挙げることができる．経産省にとっては従来規制の対象としてきた旧一般電気事業者とは性質の異なる事業者を相手にすることが必要となったのであり，従来のような，自主的取組への期待をもちつつ行政指導によって対応するという姿勢が功を奏しなかったということである．第3に，認定に関する地方自治体の関与の不足があげられる．当初，同法における認定と，土地利用関係の法令とが連結していなかったこと，2016年の同法改正後も，同法及び電気事業法では，認定段階では関係法令の許認可の取得までは求められていなかったことは，第1点及び第2点の顕れであ

るといえよう.

(e) 再エネ特措法2023年改正──GX 脱炭素電源法

本法の2023年改正では，① 再エネ導入に資する系統整備のための環境整備に関する改正，② 既存再エネの最大限の活用のための追加投資促進のための改正，③ 再エネ導入のための事業規律強化のための改正が行われた．③については，再エネ発電事業計画の認定要件として，再エネ発電事業の実施に関する事項の内容を周辺地域の住民に対する事前周知（例えば，説明会の開催[12]）を追加したこと，関係法令等の違反事業者に対して，FIT/FIP の支援を一時留保し，交付金相当額の積立てを命じることができるとしたことが重要である.

(f) 条例の増加

上述したように，再エネ，特に太陽光発電に対する地域トラブルに対応する目的で，太陽光発電設備等の設置を規制する単独条例が増加している．そこでは，届出制，許可制，行政指導，さらに，罰則等の規制が導入されているものが多い.

このような状況自体，検討すべき課題を含んでいるが，さらに，問題となるのは，再エネ特措法の上記の認定基準に，関係法令（条例を含む，とされている）の遵守が含まれている点を理由として，条例違反に基づく不利益処分を課することができるか，である．現在までのところ，このような例はない．法的には，ここにいう「条例」には行政指導条例が含まれることをどう解するか，が問題となる．いわゆる住民同意制を条例に定めるものがあるが，住民同意制は，学説上，施設設置者の財産権又は営業の自由を不合理な理由によって制約する可能性があり，また，申請者に過度の負担を課する点で比例原則違反とされているため［北村 2023：217以下；大塚 2023a：620］，このような条例を関係法令と扱ってよいか，といった課題があるからである.

(g) 2023年改正後の再エネ特措法の課題

2点指摘しておきたい.

第1に，今回，再エネ発電事業計画の認定要件として，地元の事前同意を必要とすることも検討されたが，定められなかった．もっとも，説明会における地域の人とのコミュニケーションにより，相当の効果が期待される．第2に，再エネ導入を地方創生の起爆剤とする地域循環共生圏の発想からは，再エネによって地域に利益を還元することは極めて重要であるが，国法としては規定をおきにくかったと見られる．この点は，ガイドラインで対応されよう.

第1点に関しては，事業者に事前協議をさせ，住民からの意見に対する応答義務を課するとの提案もなされている．さらに検討されるべき課題である．

（3）　再エネの立地促進とゾーニング・環境影響評価

再エネ発電施設は，その立地の際に，土地や海面等の他の利用者や利害関係者との間での調整が必要となる．上記（2）（b）で触れた再エネ促進に対する懸念は，土地利用に対する懸念であり，上記の再エネ特措法2023年改正と，温対法改正（2021年，2024年）により，主に対応されている．

（a）農山漁村再エネ法

2013年に制定された農山漁村再エネ法は，再エネ発電による農山漁村の活性化を目的とし，市町村による基本計画の策定，これに適合する発電事業者の設備整備計画の認定，認定された発電事業者の関係法令に係る手続のワンストップ化，基本計画の作成及び実施に関する協議会による協議と，ゾーニングとしての「再生可能エネルギー発電設備の整備を促進する区域」の設定を特色としている．

（b）温対法改正と地域共生型再エネ

（ア）同様の仕組みは，温対法の2021年改正でも取り入れられた（2022年4月から施行された）．すなわち，地方公共団体実行計画制度が拡充され，市町村が，再エネ促進区域や再エネ事業（地域脱炭素化促進事業）に求める環境保全・地域貢献の取組を自らの計画に位置付け，適合する事業計画を認定することにより地域共生型再エネを推進する仕組み（地域脱炭素化促進事業制度）が創設された．認定された事業者は，関係法令の申請手続のワンストップ化，環境影響評価の簡略化等のメリットがある．促進区域の設定基準は環境省令で定める国が定める基準と，都道府県が地域の自然的社会的条件に応じた環境の保全に配慮して定める基準の2段階からなる．

さらに，同法は2024年に改正された．第1に，従来は市町村のみが定める促進区域等について，都道府県と市町村が連携し広域の促進区域設定を可能にするため，地方公共団体実行計画において，都道府県及び市町村が共同して地域脱炭素化促進事業に関する事項を定められることにした．また，この場合において，複数市町村の区域にわたる地域脱炭素化促進事業計画の認定を，都道府県が行うこととする．第2に，認可手続のワンストップ化特例について，対象となる法令に，宅地造成及び特定盛土等規制法を追加することとした．

　なお，法律ではないが，2020年，環境省により，2030年度目標に向けて2025年度までに少なくとも100か所の「脱炭素先行地域」をつくり，自家消費型太陽光，省エネ住宅，電動車などの重点対策を推進する「地域脱炭素ロードマップ」が示され，2024年 7 月現在，全国36道府県94市町村の73提案が選定され，取組が実施されている．

（イ）2024年 3 月末時点で，市町村の促進区域の設定はわずかに26件であり，区域は建物の屋根や公共用地にとどまるものが多い（太陽光発電がほとんどである）．また，事業計画認定は 1 件のみ（富山県氷見市）である．2021年の温対法改正でせっかく設けられた制度が十分に活用されているとはいい難い．再エネ導入という環境政策によって地方創生を果たしていこうとする，地域共生型の再エネ，さらに地域循環共生圏の考え方の実現が重要である．この発想を実現するためには，様々な施策が必要となる．

　第 1 に，市町村を中心とするゾーニングによる再エネ導入の適地の発見であり，この点は温対法の促進区域制度に反映された．ゾーニングはまちづくりの基礎であり，まちの将来像の形成のために行われるものであることの認識も必要である．そして，地域共生型の再エネの導入は支援し，迷惑施設と捉えられる再エネには厳しく対応するという区分が重要である．

　第 2 に，再エネは地域にとっての資源であり，再エネの導入は（2018年の北海道厚真町を中心とする同胆振地方東部地震による北海道全域での停電時に示されたように）災害時における非常用電源としての活用など地域にとって様々なメリットがあるが，それが，地域の経済循環の発展や地方創生に資することを明らかにし，地域にとってのメリットを実感できるものとすることである．

　第 3 は，地域脱炭素化促進事業制度実現のための人材の育成をはじめとする様々な支援の必要である．

　なお，地域共生型の再エネ導入の観点から，2023年 7 月に制定された宮城県「再生可能エネルギー地域共生促進税条例」が注目される．この条例では，森林開発面積が0.5haを超える再エネ発電設備が課税対象となり，他方，温対法及び農山漁村再エネ法で認定された事業計画による再エネ発電設備やこれに準じて知事が認定したものなどは非課税としている．宮城県には，太陽光発電設備の設置等に関する条例も以前から制定されており，導入促進地域と導入抑制地域をゾーニングによって区分し，経済的手法を用いている点が重要である．

　(c) 再エネ海域利用法と洋上風力発電

(ア) 洋上風力発電については，再エネ海域利用法の下で導入されつつある．第6次エネルギー基本計画及び第4期海洋基本計画 (2023年4月閣議決定) では，2030年までに1000万 kW，2040年までに111浮体式も含む3000万 kW〜4500万 kW の案件形成をすることが目標とされている．

　港湾法及び再エネ海域利用法は，港湾区域や一般海域を長期間占用して風力発電施設の設置を可能にするルールを整備し，再エネ海域利用法は，利害関係者等との協議等を経て再エネ発電施設の立地を促進する区域を設定する仕組みを設けた [大塚 2023a：461]．もっとも，再エネ海域利用法にはいくつかの課題がある．

(イ) 課題の第1は，再エネ海域利用法では，一般海域の長期占用が可能になったが，環境影響評価手続が組み込まれていないことである．個々の洋上風力発電に関する環境影響評価は占用許可後に行われるが，再エネ海域利用法における占用許可は，環境影響評価手続とリンクしておらず，又，同法と環境影響評価法はリンクしていないため，複数事業者が同一海域で同様な事業を対象とした地元での説明や調査を行い，地域における大きな混乱等を惹き起こした．

　第2は，洋上風力発電事業の環境影響は，風車の立地場所等に拠るところが大きいことを踏まえると，事業者よる環境影響評価よりも前の時点で，国が促進区域を指定する前に，現行の環境配慮の仕組みに加えて，より適切な環境配慮をする必要があると考えられる．

　第3に，国連海洋法条約では，実質的な海洋環境汚染及び海洋環境に対する重大かつ有害な変化をもたらすおそれがあると信ずるに足りる合理的な理由がある場合に，環境影響評価 (EIA) の実施を義務づけており，今後，排他的経済水域 (EEZ) に洋上風力 (浮体式が想定される) を設置する際における適正な環境配慮の確保が必要となる．

(ウ) 2024年7月現在，上記の課題に対応すべく，再エネ海域利用法の改正案が国会に提出され，審議未了の状況にある．同法案においては，① 再エネ海域利用法と環境影響評価の手続を接続させ，② 促進区域が指定される前の段階で，環境省が現地調査を実施し (いわゆるセントラル方式)，当該調査の結果を踏まえ，風車の立地制約が必要となる範囲や発電事業の実施における留意点が示された取りまとめ結果を公表し，選定事業者は，同結果等を考慮して，具体的事業計画について準備書及び評価書手続を実施することとしている．③ につ

いては，経産大臣が広域の募集区域を指定した上で，同区域内で事業者から発電事業を実施する区域を自由に申請させたうえで，経済大臣及び国交大臣が審査・仮の許可を与え，一定の要件に合致する場合には，洋上風力発電設備の設置を許可することとしている．

（エ）上記の法案は，従来の課題を解決するものといえるが，より根本的には，洋上風力を含む海域空間の利用調整制度・立地ゾーニングの不在という問題があり，海洋空間計画（MSP）などの計画段階における環境アセス（SEA）の必要性という課題が残されている．

（4）　再エネ導入の義務付け

　東京都の条例（都民の健康と安全を確保する環境に関する条例2022年改正）では，延べ床面積2000m²以上の建物の新築の際には建築主（発注者）に建築物環境計画書の提出を義務付け，より小さい建物の新築の際にはハウスメーカー等が大手（年間都内供給延べ床面積が合計2万m2以上）の場合に限って太陽光発電設備等の設置を求めることとし，年間着工戸数の半数が設置義務の対象となる見込みである（川崎市地球温暖化対策推進条例2023年改正でも同様の仕組みを導入した）．

（5）　再エネの需要の拡大

　再エネの利用の拡大のためには，需要側への対応も重要である．環境配慮契約法に基づく基本方針は，公共機関が電力の供給を受ける契約を締結する際，再エネ電気の調達に努めることとしている．また，省エネ法改正（2022年）により，工場等で使用するエネルギーについて，非化石エネルギーへの転換を求め，特定事業者等に対して転換に関する中長期的な計画の作成を求めた[13]．もっとも，この改正は，省エネ法の元来の目的（エネルギー効率の向上）を逸脱するものではある．非化石エネルギーには水素も含まれるが，水素生成のエネルギー源が何かにより意味が異なってくることに留意すべきである．

（6）　小　括

　再エネに関しては，日本全体として再認識すべき点が2つある．第1は，2050年カーボンニュートラルを達成するためには，再エネのシェアを大幅に高めることが必須であることである．今後，洋上風力（特に浮体式），屋根上太陽光，壁面太陽光に重点を置くことになるが，既存の技術による太陽光発電や陸上風

力についても，今般の再エネ特措法の改正により，ある程度の対応はなされるであろう．洋上風力については年間3拠点の増加が予定されているが，個人的にはさらに加速すべきものと考えている．

第2は，再エネは地域に便益をもたらすものであり，もたらさない状況があるとすればそれを改善しなければならないことである．再エネは地域にメリットを与える点でいわゆる迷惑施設ではなく，そのように捉えられない方向に改善していかなければならない．地域脱炭素促進事業を最大限活用したゾーニングの徹底によってどの地域に再エネを導入しうるかを見究めることが極めて重要である．

お わ り に

2020年以降，日本の温暖化対策はまさに転換期にある．気候制約の緊急性は高まっており，地球温暖化は今や最も重要な環境問題となったといっても過言ではない．

日本にとっても，国内対策を十分に行わないと，産業が世界のバリューチェーンから排除される可能性が出てきており，早急な対応が求められている．冒頭に触れた，温対計画の改定においては，2024年7月現在，そもそもNDCに提出する目標年次をいつにするか，具体的な措置をどのように深堀するか[14]について，真剣な検討が必要になっている．今後の展望として，法政策に関わる点をいくつかあげておく[15]．

第1に，各分野について手法のポリシーミックスは必要であるが，京都議定書の下での自主行動計画を中心とする対策にもかかわらず炭素生産性は諸外国に比べて後れをとってしまったこと（企業の海外進出，及び国内での設備更新の停滞が関連する），電力システム改革を契機として電力業界が変化し始めていること，さらに何といっても2050年CN，2030年度（2013年度比）46%削減という高い目標が掲げられたことに鑑みると，自主的取組を温暖化対策の第一義的なものとし続けるのは困難となった．経済的手法及び規制的手法の活用がますます重要となったといえよう．経済的手法についてはGX推進法が制定された．2050年に向けて日本として重要な点は，いかに少ないコストで対策を実現するかであり，革新的技術だけに頼るのでない制度的な対応が必要である［増井 2024：20］．この点は，実現手法についての判断がバラバラになりがちな日本において特に

留意すべき点である.

第2に，エネルギーについては，電化，電力の非化石化，再エネ，省エネ，水素政策の推進などが特に重要である．再エネについては，系統の強化など，その導入の基礎を構築すること，コストを低減させていくことが重要である（再エネのコストが問題とされることがあるが，──当然のことながら──現在高額であっても，かつての太陽光発電のように徐々に低減することにも注目しなければならない）．火力についてはCPにより，（汚染者負担原則に基づく）環境負荷に伴う公正な負担を負う必要がある．再エネに関しては，各自治体がゾーニングによって適切な対応をすることが望ましく，温対法の改正もこの方向性を打ち出している．（洋上の風力発電については既に触れたが）陸上の風力発電に関しては，環境影響評価が足枷になっているとの指摘があり，この点は規模要件の改正がなされたが（環境影響評価法施行令改正），経産省が電気事業法によって（風力を含めた）発電所のアセスをし，そのための審査等のしくみが環境影響評価の期間が長引く一因になっていること，系統の強化が不十分なことが影響していることなどの問題点についてもきちんと洗い直した上で，再エネの特徴を考慮しつつ再エネ独自のアセス法を構想すべきである．また，太陽光発電パネルの設置に伴う各地での紛争などに鑑みれば，地域紛争解決のための仕組みの導入（例えば，公害紛争処理制度の対象に，太陽光発電パネル設置に伴う土砂崩壊を含める）が必要である．また，再エネを地域に裨益するものとすることは極めて重要であり，そのために温対法が改正されてきたが，さらに，（今後）電力を多く用いるとされるデータセンターを，再エネ施設とセットで導入するなど，産業と再エネを統合することも検討されるべきであろう．

エネルギーミックスに関しては，エネルギー安全保障の観点から，CNをエネルギー自給率を上げる機会として積極的にとらえるべきであり［高橋 2021：1］，安易にブルー水素を用いるべきではない．この点は，国の根本施策として重視すべき観点である．

また，再エネ購入の促進のため，小売の際の電源種の開示は現在努力義務にとどまっているが，早急に義務化すべきであろう．

第3に，産業，業務に対しては，既存の省エネ法（トップランナー方式を含む），建築物省エネ法，フロン抑制法等を活用・強化すること，都市の低炭素化については，エコまち法を強化することが考えられる．運輸については電動車の目標の実現，自動車関連税制における環境税としての性格の強化が有効である．

セクターごとのロードマップ作りが必須である.

　また, 再エネは災害時にも活用できる点にメリットがあり, 特に自家消費型の太陽光発電は系統にも接続する必要がなく導入しやすいため, 企業は自社の敷地や屋根などのポテンシャルをしっかり把握し, それに基づきカーボンニュートラル行動計画の中に再エネ導入を位置づけることが望まれる. 屋根上太陽光の設置は, 業務・家庭部門での対応として有用である (上記の東京都, 川崎市の条例の拡大が必要である).

　もっとも, 電力の非化石化に成功しても, エネルギー起源CO_2以外のGHGに対する費用効果性の高い対応の必要は残る (世界全体では, この部分がGHGの3分の1に上る). 産業から排出されるGHGは2050年にも残るが, これに対しては, 鉄鋼の製造方法の変更 (電炉化, 水素還元), CCUSが選択肢である. 2024年にCCS事業法が制定された[17].

　産業に関しては革新的な技術によるグリーン成長が目指されており, この点は気候変動対策と産業政策との統合 (後述) にも関連する. 官民一体となった投資が重要であるが, 財政規律との関係も踏まえつつ対応する必要はあろう.

　第4に, 業務や家庭における冷暖房, 給湯に関しては, ヒートポンプなどによる, 地中熱のような再生可能エネルギー熱の利用が注目されるが, イギリスなどでは固定価格買取制度が導入されており, 日本においても検討すべきである.

　第5に, 横断的な対応として, 気候変動対策に対するESG投資の重要性は益々増大している. ESGの拡張と, その前提としての企業の非財務情報の開示 (金融商品取引法の下の告示が改正された), タクソノミーを含めたその指標の開発が重要である. 日本では, グリーンな技術を明確に区分することに対して消極的な姿勢が見られるが, (トランジション技術とともに) グリーンな投資を推進するには指標の明確性は必須であり, 他国や他地域の動きに対応しているだけでなく, 日本からも明確な指標を打ち出すことは重要であると考えられる.

　第6に, やはり横断的問題として, 気候変動に関する日本の技術力を生かし, 技術の市場化, 普及をいかに促進するかの検討が必要である. そのためにはアジアの新興国との競争上の公平を確保することも重要となろう (企業秘密や知的財産に対する扱いはその1つである). この点に関しては, 1972年のOECDの勧告以来, 競争上の公平が汚染者負担原則とセットで論じられてきたことを想起する必要があろう. この点は日本は先進国だからということで日本の産業官庁も

競争上の公平の確保をあきらめているところがあり，発想の転換が必要である．EU の CBAM（炭素国境調整）も世界における競争上の公平を確保するための施策とみることもできる．

　第 7 に，気候変動対策の基本的姿勢として，気候変動対策と他の政策の統合的実施（政策統合）が重要である．すなわち，気候変動対策（環境政策）と産業政策の統合，気候変動対策と循環型社会政策（サーキュラーエコノミー政策）との統合，気候変動対策と生物多様性対策の統合（特に，適応策におけるグリーンインフラの重要性），気候変動政策と水管理政策の統合などである．省庁間の連携が極めて重要であることはいうまでもない．

　気候変動対策と産業政策の統合に関しては，環境政策を用いながら同時に産業政策を進める方途を探る姿勢をとることが日本の喫緊の課題である．

　特に経産省には，企業の利害の調整をするだけでなく，大企業の利益と国益とは場合によっては異なることを踏まえつつ，産業政策を環境政策と統合して進めていく方途を探る姿勢を示していただけるよう期待したい．

　第 8 に，脱炭素社会を実現する中で悪影響を受けるセクターに対しては，行政としては，その雇用の確保に努めなければならない．「公正な移行（just transition）」に向けたロードマップ作りの際の省庁の利害を超える対応，科学的対応が必要である（この点については，英国のような気候変動委員会の設置が望まれる）．具体的な措置については，経済産業省だけでなく，厚生労働省の真剣な取組が必須である．

　GX 経済移行債に盛り込まれた官民の資金の活用にあたっては，GHG 削減との関係でのコストエフェクティブな施策を優先する姿勢がなければ，資金の有効な活用はできないことを強く認識する必要がある（これを「賢明な移行（wise transition）」ということができよう）．従来，日本で CP を導入せず，自主的取組や行政指導といった炭素価格によらない対応をしてきたことが，GHG 削減との関係でコストエフェクティブな対策をとらない状況を生んできたことも認識する必要がある．

　また，CN に向けた産業政策の移行の際に，企業間合意が必要となり，競争法に関する修正が問題となるケースも生じるであろう．すなわち，CN が競争法に基づいて推進されるべき場面は当然存在するが，CN 政策が企業間の共同によって実施しやすくなる場面，すなわち，競争法が障害になる場面も生じるであろう．[18] CN のための環境政策において規制や経済的手法が重要となること

はいうまでもないが，それだけでは足りず自主的取組が必要となる場合もある．自主的取組の場合，企業間での情報交換が特に必要となるが，独禁法がその萎縮効果になる場面は想定される．競争法，具体的には独占禁止法の運用に関して，CN についてのガイドラインの策定の必要が指摘されていたが，2024年4月にガイドライン（「グリーン社会の実現に向けた事業者等の活動に関する独占禁止法上の考え方」）が改定され，企業間の情報交換が問題とならない場合，共同廃棄が認められる場合等について明確化された（継続的なガイドライン見直しも想定されている）．CN に伴う移行が相当の規模になることが認識されてきたことは慶賀すべきであろう．

第9に，関係計画の脱炭素化に努めることも重要である．温対法21条8項に規定があるが，都市計画等の施策において同法の地方公共団体実行計画と連携して GHG の削減等が行われるよう「配意」するとされており，「適合」や「調和」よりも弱いことが批判されている [洞澤 2023：28]．今日の気候変動問題の重要性に鑑みれば，この点に関する温対法の改正や都市計画法の改正が検討されるべきであろう（第8点とともに，「諸法の環境法化」，「諸法における環境法的配慮」ということになろう）．ドイツの気候変動法に見られる，公的任務を遂行する行政機関は，その計画において，同法の目的や目標に配慮しなければならないという考え方（13条1項）が重要である．また，適応計画に関しても，その内容を都市計画に反映させること，環境影響評価の評価項目の評価の仕方に影響させることが必要である．ドイツの連邦気候変動適応戦略行動では，計画を5年ごとに策定し，計画に基づく適応措置を実施し，評価報告書を策定し，進捗報告書を策定し，行動計画に反映させるという進捗管理サイクルを設け，また，全国的な気候損害台帳を整備することとしているが，これらの点は，日本でも参考にすべきであろう．また，適応の実施は本来温暖化関連の法律の計画レベルに留まるものではない．ドイツでは気候変動の影響について，自然保護法，水管理法といった個別法や，森林戦略に反映されるものとし，さらに，国土整備法，建設法典，環境影響評価法でも気候変動の影響を考慮要素として，国土利用・計画法における地域空間管理の計画で受け止めるものとしている（特に，建設法典では，計画基本原則に気候変動防止・適応が定められた．1条5項）．このような各分野での対応は日本では遅れていると言わざるを得ない．

第10に，気候変動問題は今や人権問題となり，気候訴訟もこの点に関連している．また，関連して，日本の気候変動対策政策の形成において，市民や若者

の参加が必ずしも重視されておらず，今後改めるべきであろう．

　第11に，産業界では，取引先からの再エネ導入の要請が高まっており，これは今後も増大する可能性が高い．気候変動だけの問題ではないが，2024年5月，EU閣僚理事会での可決承認を経て企業の持続可能性デュー・ディリジェンスに関するEU指令（CSDDD）が正式に採択された．サプライチェーンにおける企業間での統制を用いて，気候変動と生物多様性に対して負の影響を与える行為を抑制することが企図されている．国際環境条約に対する違反を問題とし，抑制の手段としては，民事責任及び罰則とともに，サプライチェーンにおける取引の停止が用いられる．対象となる大企業については，日本企業も域外適用されることになる．ESGとともに，側面から気候変動対策を促進するであろう．国内法制定の必要に関しても議論がなされている［大塚 2024：177；梅津・古賀・塚田・平尾・大塚 2024：1；古賀・大塚訳 2024］．

　第12に，日本からの国際的な対応については，主にJCMによる対応がなされているが，現在，JCMは目標積み上げの基礎とされていない．これを目標積み上げの基礎とし，2030年目標にも組み込むことが必要である．また，JCMに関しては，特にフロン類の回収・破壊については世界のほとんどの国では実施していないので，日本からの各国の対策のリードを強化する必要があること，パリ協定の，国家による通報や報告書についての透明性（パリ協定13条）を途上国が確保するための支援を行うこと（いずれもすでに実施されている）の2点は特に重要である．

　全体として，日本では，従来，自主的取組ないし金融関係でのやむに已まれぬ状況からの気候変動対策は導入してきたが，経済的負担や（産業に関連する）規制は回避してきたという傾向が見て取れる．GX推進法は，この点に対処しようとするものといえるが，上述したように，CPの導入時期が遅いこと，GX経済移行債は2030年度までの対策を念頭においており，このままだと，2030年代，40年代には大規模支援・投資をすることができなくなること等の問題がある．さらに，各分野の対策を総合的計画的に推進し，以上のことを実現するために，気候変動対策基本法の制定が望まれる[22]．

注
1）この点は，2024年4月のG7トリノ気候・エネルギー・環境大臣会合コミュニケでもコミットされた．そこでは，排出削減対策が講じられていない既存の石炭火力発電の

フェーズアウトについても記されている.

2）本計画に位置付けられる主な対策・施策としては，再エネについては，改正温対法に基づく自治体の太陽光等の促進区域の設定，風力等の導入拡大に向けた送電線の整備，利用ルールの見直し等，省エネについては，住宅や建築物の省エネ基準の義務付け拡大，家電などの省エネ基準の引き上げ等が盛り込まれている．新築住宅で平均20％の省エネをすることとし，新築戸建住宅の６割で太陽光発電設備を設置することが見込まれている．産業・運輸等については，2050年に向けたイノベーション支援として，２兆円基金による水素・蓄電池など重点分野の研究開発等の支援，データセンターの30％以上省エネに向けた研究開発・実証支援，電動車の充電設備，水素ステーションの導入支援（2035年までに電動車100％に），ノンフロンの冷凍冷蔵機器の技術開発・導入支援（2030年度のHFC排出量の目標値は2013年度比55％減）が挙げられる.

3）簡潔に要点をまとめたものとして，特集「エネルギー環境法入門」『法学教室』（521号，2024年）38頁以下．CN宣言前後の気候変動対策の特徴と評価について，大塚編［2023：52以下］.

4）詳しくは，大塚［2023］.

5）『エネルギーと環境』（2707号，2023年）２頁以下.

6）大塚［2020：717］参照.

7）一方井［2024：37］，松下［2024：16］もこの点を指摘する.

8）エネルギーについてはその供給について電化を進め，電力の供給を脱炭素化することが重要である．第６次エネルギー基本計画策定前のGHG2030年度目標（2013年度比26％削減）を前提とした，高度化法の非化石電源比率（44％）は，同計画に基づく現在の2030年度目標（同46％削減）では59％となるが，同法の非化石電源比率の目標は改定されていない．火力発電については，省エネ法に，火力電源の効率基準が定められており，間接的にCO_2の排出削減を促しているが，効率基準を遵守しなかったからといって直ちに強制力のある履行措置がとられるわけではない［島村 2024：43以下；大塚 2017：1］.また，エネルギーや原材料としての水素については，2024年に，水素社会推進法が制定され，低炭素水素等を国内で製造・輸入して供給する事業者やこれをエネルギー・原材料として利用する事業者が提出する計画を認定し，認定事業者に対する支援や特例を与えることとされた.

9）太陽光発電施設などに対して出力抑制が求められることが増加したところ，FIT制度では，電力の需要と関係なく固定価格での買取が保証されているため，再エネ発電事業者には需要に合わせて電力供給量を増減させるインセンティブがなく，市場価格と再エネ発電事業者の収入が連動する仕組み（FIP制度）が必要であると考えられたのである.

10）一般財団法人地方自治研究機構調査（2023年７月６日現在）.

11）大塚［2023b：174］参照.

12）再エネ導入に当たり，説明会などによる事前周知の必要性が高いことはかねて指摘されていた［内藤 2019：70］.

13）また，同改正では，再エネ出力制御時への需要シフトの促進等のため，従来の「電気の需要の平準化」を「電気の需要の最適化」に見直した.

14）次々と新しい技術が出てくる中で，個票の位置づけをどうするか，具体的な新たな問

題として，データセンターによる電力需要増大にどう対処するか，住宅について建売戸建て住宅，非住宅建築物における ZEB の件数（割合）が少ないこと（それぞれ4.6%，0.7%．2022年度）や，さらに既存建築の対策をどうするか，洋上風力や営農型の太陽光発電，さらにペロブスカイトの太陽光発電にどこまで期待できるか，さらに，バス・トラックなどの商用車の脱炭素化の道筋をどうつけるか，地域脱炭素の更なる展開をどうするか，昼間に電気を使うといった行動変容をどう行うか，日本の NDC に反映できない JCM 対策についてどうアピールするかなど，様々な問題が山積している．当然のことながら，エネルギー政策（エネルギー基本計画）との連携も重要である．

15）1年半前の時点の検討について，大塚編［2023：419以下］．

16）業務，家庭に関しては，電化が目指されているが，燃料については，水素化，メタネーション，燃料アンモニア，バイオマス活用が考えられている．

17）大塚［2023c：185］参照．

18）この問題について柳［2024：32］．

19）大塚編［2023：438］はその一例である．

20）ドイツにおける気候変動適応法政策について，勢一［2023：333以下］参照．

21）大塚［2020：141；2024：177］，島村［2022：49］，島村・杉田・池田ほか［2021：1］，「特集 気候危機と法」『法学館憲法研究所 Law Journal』28号（2023年）の各論文．

22）その内容については，大塚編［2023：440以下］参照．なお，海外における気候変動の緩和及び適応に関する法制について，大塚編［2023］参照．

参考文献

一方井誠治［2024］「日本の産業政策の問題点と改善すべき方向」，気候変動を憂慮する市民と科学者の有志連合『日本の気候変動・エネルギー政策の課題と提案』．

梅津英明・古賀祐二郎・塚田智宏・平尾禎秀・大塚直（司会）［2024］「〔座談会〕わが国における環境デュー・ディリジェンスのあり方」『L&T』104．

大塚直［2017］「電力に対する温暖化対策と環境影響評価：近時の電力システム改革が環境法・環境政策に与える影響への対処」『環境法研究』6．

――――［2020a］『環境法（第4版）』有斐閣．

――――［2020b］「気候訴訟に関する覚書――その可能性と困難性」，中村民雄編『持続可能な世界への法』成文堂．

――――［2022］「法・制度と持続可能な発展――世代間衡平を中心として」，大塚直・諸富徹編『持続可能性と Well-Being――世代を超えた人間・社会・生態系の最適な関係を探る』日本評論社．

――――［2023a］『環境法 BASIC（第4版）』有斐閣．

――――［2023b］「再生可能エネルギーの適正な導入に向けて（覚書）」『環境法研究』16．

――――［2023c］「CCS 事業法制の検討」『環境法研究』16 信山社．

――――［2023d］「GX 推進法・GX 脱炭素電源法」『ジュリスト』1590．

――――［2024］「新たな環境リスク問題と民事法による対応―気候訴訟と環境デュー・ディリジェンス」『早稲田法学』99（3）．

大塚直編［2023］『気候変動を巡る法政策』信山社．

北村喜宣［2021］『自治体環境行政法（第 9 版）』第一法規.

古賀祐二・大塚直訳［2024］「翻訳『企業の持続可能性デューディリジェンスに関する欧州議会及び閣僚理事会の指令』」『環境法研究』19　信山社.

島村健［2022］「SDGs と気候訴訟」『ジュリスト』1566.

───────［2024］「電力市場のグリーン化のための法制度」『法学教室』521.

島村健・杉田峻介・池田直樹・浅岡美恵・和田重太［2021］「日本における気候訴訟の法的論点──神戸石炭火力訴訟を例として」『神戸法学雑誌』71（2）.

勢一智子［2023］「ドイツにおける気候変動適応法制の動向」，大塚直編『気候変動を巡る法政策』信山社.

高橋洋［2021］『エネルギー転換の国際政治経済学』日本評論社.

高村ゆかり［2024］「気候変動法とエネルギー法の交錯」『法学教室』521.

内藤悟［2019］「太陽光発電設備をめぐる地域における行政実務の現状と課題」『論究ジュリスト』28.

洞澤秀雄［2023］「カーボンニュートラルに対する都市計画・土地利用計画の寄与」『環境法政策学会誌』26.

増井利彦［2024］「脱炭素社会の実現に向けてトップダウンのシナリオとボトムアップの取組の融合を」，気候変動を憂慮する市民と科学者の有志連合『日本の気候変動・エネルギー政策の課題と提案』.

松下和夫［2024］「迷走する日本の気候・エネルギー政策」，気候変動を憂慮する市民と科学者の有志連合『日本の気候変動・エネルギー政策の課題と提案』.

柳武史［2024］「環境と競争法──2024年改定グリーンガイドラインの比較法的検討」『L&T』104.

（大塚　直）

（2024 年 7 月脱稿）

コラム 5

環境・人権（企業の持続可能性）に関するデューディリジェンス

　近時の法的な環境対応として注目されるのが，環境（企業の持続可能性）に関する
デューディリジェンスである．これに関する EU 指令（CSDDD）の目的は，企業の
ガバナンスとマネジメントシステムの中に持続可能性を統合し，企業のバリュー
チェーンにおける人権と環境への悪影響に係る包括的な緩和プロセスを導入し，ビ
ジネスの意思決定のなかに人権，気候，環境の影響を組み込んでいくことにある．
この点については，2011年 6 月16日の国連人権理事会による「ビジネスと人権に関
する指導原則」（国連指導原則）では人権のみを対象としていたのであるが，欧州にお
いては，環境をも対象とすることが目指されている．CSDDD は，国際条約を通じ
た各国の立法・行政による環境対策という従来のルートとは別に，世界のサプライ
チェーン（SC）を通じた民間ベースの（契約を通じた）環境対策の実施のルートを作り
出すことになる．国内でみれば，行政機関を通じた対策だけでなく，行政機関を通
じない民間ベースでの対策も実施することであり，民民の契約の中に環境配慮を義
務付けることでもある．

（大塚　直）

トピック

議事録を通じた制度認識理解

——原子力損害賠償支援機構法における一般負担金に着目して——

は じ め に

　ある原子力事業者の運営する原子力発電所で大規模事故が発生して，被害に対する膨大な損害賠償責任が生じた後で，事故を起こしていない原子力事業者すべてに損害賠償に充てられる資金拠出を求める仕組みを作ることが合理的であるか否かについては見解が分かれるところである．このような仕組みに対して，遡及的に保険料を徴収する保険システムと認識するならば，経済的合理性を有するものと評価することになるが，原子力事業者間の相互扶助と認識するならば，これは合理性を越えた助け合いの仕組みと理解されることになる．2011年3月11日（平成23年3月11日）の福島第一原発事故後に制定された原子力損害賠償支援機構法（現在の原子力損害賠償・廃炉等支援機構法）が東京電力以外の原子力事業者に支払いを求めた一般負担金が，まさにこのような議論の対象になるものである．この法律の国会での審議過程でも，2つの認識のすれ違いが見てとれる．本稿では，一般負担金に関する異なる認識を議事録「第177回国会　東日本大震災復興特別委員会（衆議院）第11号と第13号」，「原子力委員会原子力損害賠償制度専門部会（第7回）議事録」を通じて明らかにする．

　特別負担金は事故を起こした東京電力のみが支払うものであり，一般負担金は東京電力を含めた全ての原子力事業者が負担するものである．一般負担金の性質についての認識の相違が生まれた最大の理由は，「事故を起こした東京電力以外の原子力事業者にお金を課すことの意味」についての共通認識の形成に至らなかったことである．

政府の認識

　政府は，一般負担金を相互扶助の仕組みと説明している．海江田万里経済産業大臣（以下，海江田大臣と表記）の「第177回国会　東日本大震災復興特別委員会（衆議院）第11号[1)]」での発言である．

> 私どもは，今度のこのスキームをまさに相互扶助のスキームと位置づけております．その意味におきまして，この一般負担金も，まさにお互い融通し合う，お互い助け合うということで，こういう形ですべての原子力発電を行っている電気事業者に対してこの一般負担金をお願いをしたところでございます (p. 18)

上記の発言からもわかる通り，政府の認識は相互扶助である．しかし，以下のような様々な認識を生む事態を招く．

汚染者負担原則に基づく認識

　この立場は，汚染者負担原則に基づく立場と言える．簡潔に述べれば，「事故を起こした当事者が負担をすべきである」という考えに基づいていると言える．事故を起こした当事者である東京電力のみ課されている特別負担金には異論はないが，一般負担金には異論があると言う立場である．異論とは何か．「第177回国会　東日本大震災復興特別委員会（衆議院）第13号[2]」における河野太郎委員（以下，河野委員と表記）の発言を確認する．

> いやいや，申請された金額が幾らなのかというのはわかるじゃありませんか．それを東京電力に払わせれば，東京電力はけちをつけてそれを値切ろうとするから，やれ申請額が決まらないということになります．だから，支払いがどんどん滞るんじゃありませんか．／それならば，まず国が一義的にきちんと賠償金をお支払いして，それを東京電力に後から求償するのが筋じゃありませんか．当事者に払えと言ったら，当事者はそれを値切るに決まっているじゃありませんか．（p. 2）

　河野委員の発言のポイントは，国が仮払いし，その後東京電力に求償（仮払い分に関する費用請求）をするという点にある．すなわち，事故当事者以外の原子力事業者に費用負担を求めることは考えられないとする立場である．

一般負担金を保険や共済の考え方にもとに認識

　一般負担金を保険や共済の仕組みであるとする認識が出てきた．ポイントは，「同じリスクを有した者同士でカバーしあう」という認識を一般負担金に見出している点である．「第177回国会　東日本大震災復興特別委員会（衆議院）第11号[3]」のおける西村康稔委員（以下，西村委員と表記）の発言を見る．

> もう一方の一般負担金についてであります．／五番目のパネルにかえていただいて，政府から提出，提案をされている今回の法律のスキームがあります．これによりますと，東電がいわゆる特別負担金という形で今回の事故の賠償に当たる，そのための交付国債，国から援助を受けたものについて一定の負担をしていく．／しかし，他方，右下にあります他の電力会社，これは東電も含まれていると思いますが，一般負担金，今後事故があったときには相互扶助，ある

　いは保険的なものとして事故があったときに備えとして負担金を払うというふうに理解をすればわかりやすいんですが，これまでの説明によりますと，この他社の，他の電力会社の負担金も今回の賠償に充てるという，いわゆる奉加帳方式，護送船団方式で他の電力会社にまで負担を求める．(p. 18)

　西村委員は，「保険的なもの」と表現している．その表現から見ても，一般負担金を保険として理解しようとしている姿勢がうかがえる．「共済」の考え方を「第7回原子力委員会原子力損害賠償制度専門部会[4]」での遠藤典子委員（以下，遠藤委員と表記）発言をみてみよう．

　もう一点問題があるとしますと，事業者が払っている一般負担金との整合性があります．一般負担金は，将来起こり得る事故のために，過去にさかのぼって積み立てているという，共済的な仕組みをとっているわけですけれども，(中略)／ですので，ここの設計というのは非常に難しくて，やはりどちらかというと，私は保険的なものよりも共済的な相互扶助機能を高めていく方が良いのではないかなという立場におります．(p. 44)

　「過去にさかのぼって積み立てている」という表現は，米国などに存在する原子力事故賠償責任に関する仕組み，遡及的に保険料を徴収するシステムを想起させる表現である．このシステムは，原子力発電所の運転のリスクをカバーする保険の保険料の支払いをどこかで原子力事故が発生するまで延期する構造を持っており，原子力リスクをコストとして捉えて原子力事業者が事業の費用として支払うのは道理にかなうという考え方に通ずる．

　遠藤委員と西村委員，両名の発言の共通点は，将来の事故に備えて今から積み立てるために一般負担金が存在しているという点にある．そのことを保険・共催という語を用いて「説明しているだけで本質は同じであると言える．

一般負担金に関する構図の難しさに関する認識

　「第7回原子力委員会原子力損害賠償制度専門部会」では，高橋滋委員（以下，高橋委員と表記）と大塚直委員（以下，大塚委員と表記）が，一般負担金に関する理解の難しさを語っている．高橋委員は．学術の視点（行政法）からありえない制度だと述べている．その内容が以下で示されている[5]．

　一般負担金の制度も同じで，大塚委員がおっしゃったように，地域独占，あるいは，原子力事業者が限られている中でこの制度ができているわけです．賦課額についてフレキシブルに対応できます，という仕組みは行政法的に言ってお

かしいいい（原文のママ）と思います．行政法的に見ると，私企業にこれだけ予見
可能性がなく経済的な負担を課す制度はあり得ないです．(p. 47)

　高橋委員が指摘したありえない制度と判断した根拠は，「なぜ，事故当時者以外に
金銭を請求するのか」への明確な回答が法律の仕組みから見いだせないことを示し
ている．高橋委員には遡及的に保険料を徴収するシステムのような発想への理解が
ないことが，このような発言の背景にあると思われる．大塚委員は，事故後に制度
を作るのが難しく，席に仕組みを作るのが大切であると指摘している．同時に，事
故の後に事故当事者以外に金銭を請求することの難しさも述べている[6]．

　　様々な啓発される議論が出てきた感じがしますけれども，一つ気にしているの
　　は，この相互扶助の制度というのは，事後的に一般負担金みたいなものを，今
　　後の事故があったときに作るのは非常に難しいかなということです．今の機構
　　法の一般負担金がそのまま維持できると思っているわけではないので，そこは
　　高橋委員と似ているつもりですけれども，ただ，ドイツとかアメリカとかの制
　　度は若干参考になるかとは思いますけれども，相互扶助の方式を採用するとい
　　うことであれば，一般的な制度を作っておかないと，事後的に，事故が起こっ
　　てから，その事故の賠償のために，ほかの電力会社に協力していただくのは，
　　もう諦めざるを得ないのではないかということを，申し上げておきたいと思い
　　ます．(pp. 47-48)

　大塚委員と高橋委員の発言は，「事後に制度を作ったことの意味」，「なぜ，事故当
時者以外に金銭を請求するのか」を政府が明確に答弁しなかったことで生じた認識
である．

多様な認識はなぜ生まれたのか

　海江田大臣の認識である「相互扶助」による合理的な理解，すなわち，相互扶助
をベースにした制度構造認識をしている委員が見当たらない．すなわち，政府見解
を適切に言語化できているとは言い難い状況が生じていると指摘できる．
　「なぜ，事故当事者以外の原子力事業者に負担を求めるのか」，「事前の準備の視点
ならば一般負担金は理解できても，事後に制度を作る意味は何か」に対する政府見
解がないことが様々な認識を生む原因になっていると言える．様々な認識が生まれ
ることは，制度に対する適切な理解を遠ざける結果にもなりかねないとも言える．
そもそも，「相互扶助」という言葉も多義的である．〈リスク分散が念頭にあるのか〉，
〈みんなで助けましょうの考え，いわゆる共助の考え〉が念頭にあるのかが判断がつ

かないからだ.

　結果として，一般負担金に関して，時間が経過すれば適切な理解が進むどころか，構造理解より手前で終始してしまった.加えて，制度に対して多様な認識（解釈）が生まれ，混乱するだけになってしまった.

お わ り に

　一般負担金に関する認識の錯綜は，カーボンニュートラルにおいて，様々な示唆を与えている.それは，リスクある行為をするときにリスクを認識できる制度を作ることの重要性，リスク発生後に制度を作る事に関する適切な認識形成がなされないことである.

　制度の構造や設計者の認識を理解するために議事録を活用することが有効であるかをこのコラムを通じて理解いただけたら幸いである.

注

1 ）衆議院　第177回国会　東日本大震災復興特別委員会第11号（平成23年7月12日（火曜日））（https://kokkai.ndl.go.jp/minutes/api/v1/detailPDF/img/117704858X01120110712，2024年6月28日閲覧）.

2 ）衆議院（2019.5.21更新）第177回国会　東日本大震災復興特別委員会　第13号（平成23年7月14日（木曜日）（https://kokkai.ndl.go.jp/minutes/api/v1/detailPDF/img/117704858X01320110714，2024年6月28日閲覧）.

3 ）衆議院　第177回国会　東日本大震災復興特別委員会第11号（平成23年7月12日（火曜日））（https://kokkai.ndl.go.jp/minutes/api/v1/detailPDF/img/117704858X01120110712，2024年6月28日閲覧）.

4 ）原子力委員会原子力損害賠償制度専門部会第7回議事録（平成28年3月2日）（https://www.aec.go.jp/kaigi/senmon/songai/siryo07/gijiroku.pdf，2024年6月28日閲覧）.

5 ）原子力委員会原子力損害賠償制度専門部会第7回議事録（平成28年3月2日）（https://www.aec.go.jp/kaigi/senmon/songai/siryo07/gijiroku.pdf，2024年6月28日閲覧）.

6 ）原子力委員会原子力損害賠償制度専門部会第7回議事録（平成28年3月2日）（https://www.aec.go.jp/kaigi/senmon/songai/siryo07/gijiroku.pdf，2024年6月28日閲覧）.

（吉田　朗）

第5章

脱炭素化
——企業の視点——

はじめに

　本章では，カーボンニュートラル社会への移行を推進する上での企業の役割に焦点を当てる．人間社会は，その機能を常に天然資源の利用に依存してきた．人間は，木材，土壌，水，動物などの生態系サービス（生態系サービスの詳細な説明については，Dasgupta［2021］を参照）を，生命と社会的相互作用を維持する食料，燃料，シェルター，その他の配分資源に変換している．人間がこの変換を行うために使用するプロセスは，「テクノロジー」に大別される［Arthur 2010］．今日，会社は，人間が生態系サービスを社会維持に必要な配分資源に変換するための技術を行使する社会組織の主要な形態である．端的に言えば，現代社会は，企業がインプットをアウトプットに変換することにその存続を依存しているのである．

　本章の目的上，この企業活動の一般的な説明に関して重要な点は，生態系サービスを配分資源に変換する過程で，企業は気候変動の原因となる温室効果ガス（GHG）を排出するということである．この貢献は，例えば，工業生産プロセスにおける化石燃料ベースのエネルギーの使用といった直接的なものと，例えば，消費者による製品の使用や，上流のサプライヤーが行う影響を決定する設計上の選択の結果といった間接的なものの両方がある．その結果，より安定した気候への転換は，現代企業のビジネスのあり方を変えることが条件となる．たとえ明日，気候変動に対する実行可能な技術的解決策が発明されたとしても，それらの技術が社会全体に使用され，普及するには，企業がそのような解決策をビジネスモデルに組み込むことが不可欠であることに変わりはない．カーボンニュートラルをサポートするために，ビジネスがどのように変化できるかを研究することは，より広く社会の脱炭素化を促進する潜在的な障害や要因をよ

りよく理解するのに役立つだろう.

　また,企業の役割に注目することで,カーボンニュートラルを達成するために必要な変革のシステム的性質についても,よりよく理解することができる.より広範な社会構造の中で,企業は,政府や経済全体の要因というマクロレベルと,現在生きている80億人以上の人々が日々行っている意思決定というミクロレベルとの中間に位置している.企業活動は,社会のミクロレベルとマクロレベルの両方に影響を与え,また影響を受けている.したがって,企業活動と気候変動との関係に注目することで,社会のレベルを超えたつながりを理解しやすくなり,より広範な社会システムの中で変化を促進する方法について,より効果的なアイデアを得ることができる.

　カーボンニュートラル社会の実現における企業の役割を強調するため,本章の次のセクションでは,カーボンニュートラルの簡単な定義を示し,企業活動が気候状況全体にどのように寄与しているかを明らかにする.以降の章では,カーボンニュートラルを達成するために企業が変える必要のある側面を,1つずつ取り上げる.

1節　気候変動と企業活動

1　カーボンニュートラルの定義

　企業活動と気候変動の関係を理解するためには,カーボンニュートラルが社会レベルでどのような意味を持つのか,一般的なイメージから始めるとよい.気候変動の文脈では,水ではなくGHG排出物で満たされた(非常に大きな)バスタブ[Sterman 2012]を想像することができる(図5-1).このバスタブには,地球大気中のGHG排出量の総ストックがいつでも入っている.自然現象は,毎年ほぼ同量のGHG大気から排出および除去している.

　気候にとっての問題は,人間の活動が大気中に温室効果ガスを追加的に排出することである.2019年,人間活動は世界で500億トン以上のCO_2eを排出した.これらの排出は,排出の原因となる部門を考慮することで,企業活動と関連付けることができる.今日,GHG排出の最大の原因となっているのはエネルギーシステムであり,2019年の世界総排出量の38%を占めている(Minx, et. al.).これらの排出は,主に化石燃料を燃焼させ,現代社会の動力源となる電気と熱を生成することから生じる.交通システムは,道路,鉄道,航空によって人や

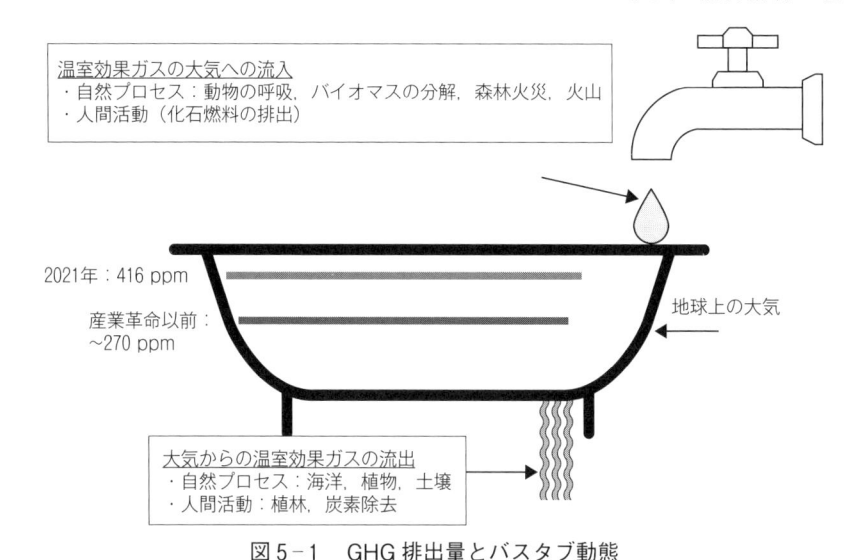

図 5-1　　GHG 排出量とバスタブ動態

（注）カーボンニュートラル社会では，温室効果ガスの大気への流入量と大気からの流出量が等しくなる．
（出所）筆者作成．

物を移動させ，世界の排出量の約17％を生み出している．化学物質やセメント
を生産する工業プロセスや廃棄物の管理は，排出量のさらに27％を占めている．
建築物は，エネルギー供給業者から購入するのではなく，自らエネルギーや熱
を生産することで，もうひとつの排出源となっている．最後に，農業，林業，
その他の土地利用（AFOLU）は，土壌，牧草地，糞尿の管理，バイオマスの燃
焼がすべて GHG を排出するため，世界全体の GHG 排出量の残り12％の原因
となっている．図 5-2 は，すべてのセクターからの年間排出量が過去半世紀
にわたって増加していることを示している．

　自然のサイクルで年間処理される温室効果ガスの量に比べれば，人為的な温
室効果ガスの排出量は特別多いわけではない．気候にとって問題なのは，私た
ちの浴槽の蛇口が，排水口が排出する量よりも多くの温室効果ガスを大気中に
排出していることである．その結果，浴槽の中の温室効果ガスのレベルが上昇
しているのだ．つまり，地球大気中の温室効果ガスの総量が増加しているのだ．
産業革命以前は，大気中の温室効果ガスの濃度は270ppm 程度だった．現在，
そのレベルは400ppm 以上に上昇している．現在，450ppm を超える濃度は，

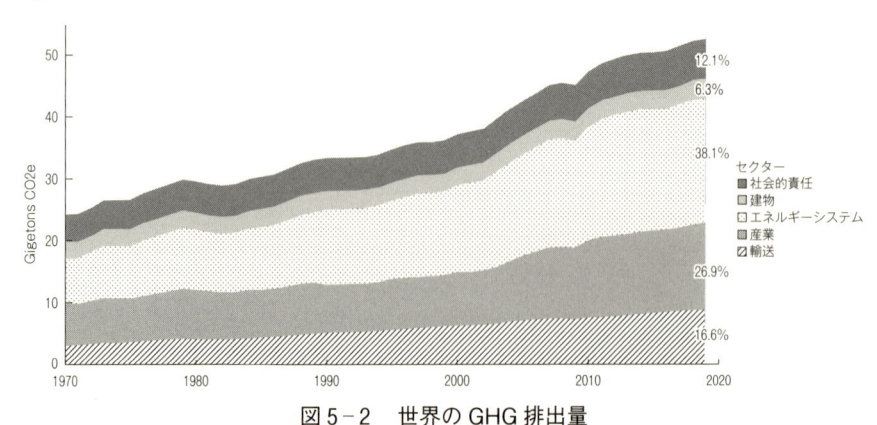

図5-2　世界のGHG排出量

（出所）Crippa, Monica；Guizzardi, Diego；Muntean, Marilena；Schaaf, Edwin；Lo Vullo, Eleonora；Solazzo, Efisio；Monforti-Ferrario, Fabio；Olivier, Jos；Vignati, Elisabetta (2021)：EDGAR v6.0 Greenhouse Gas Emissions. European Commission, Joint Research Centre（JRC）［Dataset］(http://data.europa.eu/89h/97a67d67-c62e-4826-b873-9d972c4f670b, 2024年8月9日閲覧).

地球の平均気温を2度以上上昇させる危険閾値であるというのが科学的コンセンサスである.

　つまり, 人為的な温室効果ガスの大気中への流入は, 同量の流出と釣り合わなければならない. 言い換えれば, カーボンニュートラルには流入と流出の合計がゼロになることが必要である. 現在, カーボンニュートラルに関する議論は主に, 大気中へのGHG排出量の流入, つまり浴槽へのGHG排出量の流入をどのように削減するかに焦点を当てている. しかし, GHG排出量を削減しても, 大気中にGHGが蓄積する速度が遅くなるだけである. 社会が化石燃料の燃焼やその他の排出活動を継続することによって蛇口を開いたままにし, 企業活動からのGHGの流入が, 技術や土地管理の取り組みによる流出を上回っている限り, 大気中のGHGの量は増え続け, 気候変動の影響は悪化し続けるだろう.

　したがって, 意思決定者は温室効果ガスの流出にも注意を払う必要がある. これまで, 植林は大気からのGHG流出を増加させる主な手段であった. 植林活動により, 年間約20億トンのCO_2e が削減されると推定される. しかし, 人為的な排出と除去の間にはかなりのギャップがある. 大気中への流入を防ぐためのCO_2の回収・貯留や, 大気中からのCO_2の直接回収などの新技術が現在開発されているが, バランスを回復するためにGHG排出の流出を有意に増加さ

せるまでには，長い道のりがある．

2　事業活動と外部性

　もっとも基本的な意味で，企業はインプットをアウトプットに変換する組織プロセスである．インプットはサプライヤーから購入するものである．例えば，ある飲料メーカーが，ペットボトルメーカーからペットボトルを購入し，地元の水道事業者から水を購入して，ペットボトルの水を生産する．顧客は，のどが渇いたときに，自動販売機やコンビニエンスストアでこの水のボトルを購入するかもしれない．ペットボトルと水という別々のインプットを，顧客がのどの渇きを満たすために購入できる単一のアウトプットに変換することで，飲料メーカーは，企業，サプライヤー，そして（飲んだ後にのどの渇きが減った）消費者のために価値を創造する．外部性は企業の存続に不可欠なコストや収益に織り込まれないため，経営上の意思決定が環境に及ぼす影響は，同じ意思決定が財務に及ぼす影響に比べ，企業の意思決定にとってはるかに重要度が低い．そ

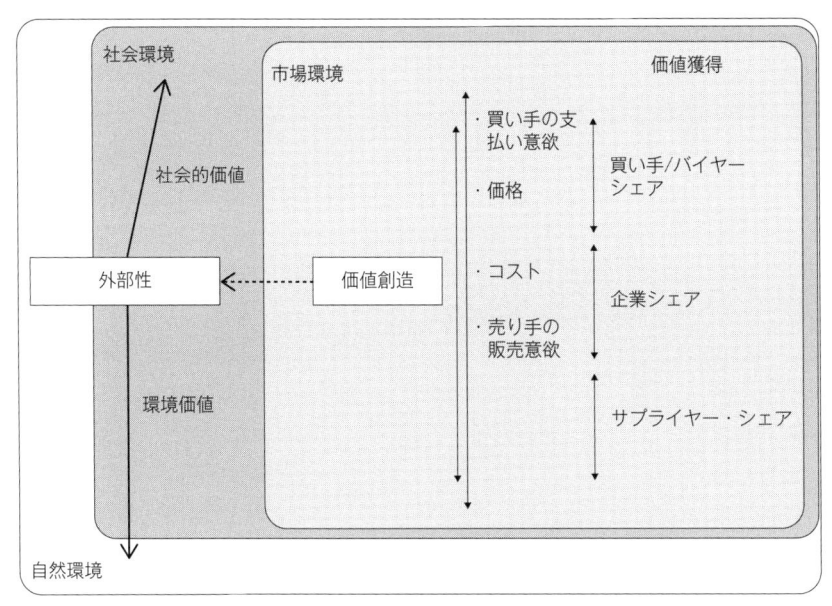

図 5-3　価値創造と外部性

（出所）筆者作成.

こで，カーボンニュートラル社会を達成するために企業がなすべき 3 つの変化
について，以下に述べる．

2 節　情　　報

　企業が事業を継続するには，コスト以上の収益を上げる必要がある．そのた
め，財務情報はビジネス上の意思決定の中心となる．企業は収益とコストを注
意深く監視する．財務情報が重要であるもう一つの理由は，政府が一般的に，
適切な情報が企業によって収集され，関連する利害関係者と共有されることを
保証するために，会計および報告要件を課していることである．

　企業活動が自然環境に与える影響について，企業が収集・分析する情報はは
るかに少ない．政府は企業に対し，有害汚染物質の排出など，環境に有害な活
動に関する情報の収集と報告を義務付けている．温室効果ガス排出量の報告義
務を導入し始めている国もあり，現状は流動的である．しかし，一般的に企業
は，自社の環境パフォーマンスを綿密にモニターするインセンティブに欠けて
いる．例えば，飲料メーカーは，使用するペットボトルのコストと品質が売上
と利益にどのように影響するかを知る必要がある．ボトルの選択が廃棄物の発
生やマイクロプラスチック汚染，あるいは海に浮かぶゴミの島に与える影響は，
より無視されやすい．

　企業活動が自然環境に与える影響を軽減するためには，企業がそのような情
報を収集し始めることが不可欠である．自分の行動がその問題に関連したパ
フォーマンスにどのような影響を与えるかを明確に理解できなければ，問題に
対処することが難しくなるのも事実である．したがって，環境への影響を削減
するための重要なステップは，その影響を測定し，情報を収集する方法を開発
し，採用することである．

　ビジネス上の意思決定が環境に与える影響を測定することは，財務業績に関
する影響を測定することよりも難しい課題である．どんな事業活動でも，天然
資源の枯渇，生物多様性の損失，廃棄物や汚染の発生，そしてもちろん気候変
動など，自然環境にさまざまな影響をもたらす．可能性のある影響が特定され
たら，特定の活動を実際の影響に変換するための科学的手法が必要となる．こ
の変換は，特定された影響のそれぞれについて必要である．最後に，企業自身
の活動に関するデータを収集することは，少なくとも理論的には可能であるが，

多くの重要な影響は，企業が直接コントロールできないところにある．一杯の
コーヒーを販売することが環境に与える影響の多くは，コーヒー豆を栽培する
農家の意思決定にある．そのため，環境アセスメントを実施するための関連情
報を収集することは，もう一つの課題である．

　このような課題に対応するため，ライフサイクルアセスメント（LCA）と呼
ばれる手法が過去数十年にわたって開発されてきた（LCA の詳細については，例
えば Hauschild et al. [2018] 参照）．LCA は 4 つのステップからなる．第 1 は，分
析範囲を設定することである．このステップでは，測定対象となる事業活動（業
務，組織）を定義し，各活動についてどのような環境影響（気候変動，オゾン層破
壊，毒性など）を測定するかを特定する．次に，第 2 段階として，環境影響を生
み出すビジネスプロセスからのインプットとアウトプットの量を測定する．こ
れには，排出量（CO_2，NO_x，PCB など），廃棄物の発生量（プラスチックや繊維くず
の発生トンなど），生態系サービスの利用量（水量，森林利用，土地利用など）が含ま
れる．このステップは，ライフサイクルインベントリ（LCI）と呼ばれる．

　第 3 段階であるライフサイクル影響評価では，LCI で測定された量に，測定
された量が影響する環境影響カテゴリーごとの換算係数を乗じることで，実際
の環境影響に変換する（範囲を設定する際に決定する）．例えば，ある企業は，従
業員が顧客を訪問するために移動することが気候変動に与える影響に関心があ
るかもしれない．すべての顧客訪問が自動車で行われる場合，会社は，従業員
が顧客を訪問する際に走行したキロ数を測定することができる．そして，換算
係数を用いて，走行距離（量）を環境影響（ここでは kg 換算）に変換する．例え
ば昨年，従業員が顧客を訪問するために合計 1 万 km を走行し，気候変動影響
への換算係数が例えば0.2kg CO_2e/km であった場合，この特定の活動（顧客を
訪問するための運転）がこの特定の環境影響カテゴリー（気候変動）に与える影響
は，2000kg CO_2e となる．このステップを，測定した全活動量と全影響項目に
ついて繰り返す．最後のステップでは，分析結果を解釈し，社内の関連意思決
定者や社外の適切な利害関係者に報告する．

　LCA の目標は，環境影響を低減するための行動を導くために，環境影響の
合理的な把握を提供することにある．正しい LCA を作成するために，起こり
うるすべての影響を正確に記述することではない．インターフェイス社 CEO
のレイ・アンダーソン（コラム 6 参照）は，LCA から得られる正確な数値は，
それ自体では特に意味がないと指摘する．重要なのは，LCA で得られた知見

の規模や経時的な傾向，そして LCA が浮き彫りにする企業の潜在的な改善点である［Anderson and White 2011］.

　企業は，企業の環境パフォーマンスを測定するために，カーボンフットプリントと呼ばれる LCA のバージョンを使用することができる．カーボン・トラスト［2018］は，カーボンフットプリントを「個人，組織，イベント，製品によって直接的，間接的に引き起こされる温室効果ガス（GHG）の総排出量」と定義している．LCA は，特定の製品やサービスの生産に関連する全体的な環境負荷の指標を提供するために，様々な環境影響を測定する．カーボンフットプリントは，気候変動という 1 つの環境影響のみに焦点を当てる．

　企業のカーボンフットプリントの算出プロセスは，LCA と同じ一般的なステップを踏む．ここでスコープを設定するには，2 つの次元で境界線を設定する必要がある．1 つ目は，企業のどの部分を分析に含めるかである．現代の企業は，複数の事業を運営し，さまざまな子会社を持ち，世界のさまざまな地域で事業を展開している．理想的なのは，組織のあらゆる部分のフットプリント全体を測定することである．しかし現実的には，これは困難で時間がかかり，コストもかかることが多い．さらに，情報をどのように利用するかという企業の最終目標によっては，不要な場合もある．

　スコープの 2 つ目の側面は，企業活動の上流と下流のどこまで分析を拡大するかということである．すべてのカーボンフットプリントには，企業が直接責任を負う排出量の測定値が含まれる．これらは，2 つのタイプに分類される．スコープ 1 の排出量には，企業が所有または管理する排出源から発生する直接排出が含まれる．スコープ 1 の排出源の例としては，会社施設周辺で物資を移動させるトラックやトラクターからの排出，セメント製造のような排出を引き起こす物理的・化学的プロセスからの排出がある．スコープ 1 排出源には，天然ガスや石油を使用して蒸気を発生させるボイラーなど，会社が直接生産する電気，蒸気，熱，その他の動力も含まれる．重要なことは，スコープ 2 の排出は，会社が他の事業体から購入するエネルギーに起因する排出とは異なるということである．地域の電力会社から購入した電力は，スコープ 2 に該当する．購入したエネルギーは，排出された温室効果ガスが会社のエネルギー使用の意思決定の直接的な結果であっても，会社自身は排出を生み出していないため，スコープ 2 に該当する．スコープ 1 やスコープ 2 に含まれない製品やサービスの生産，使用，廃棄の過程で発生する排出は，スコープ 3 の排出とみなされる．

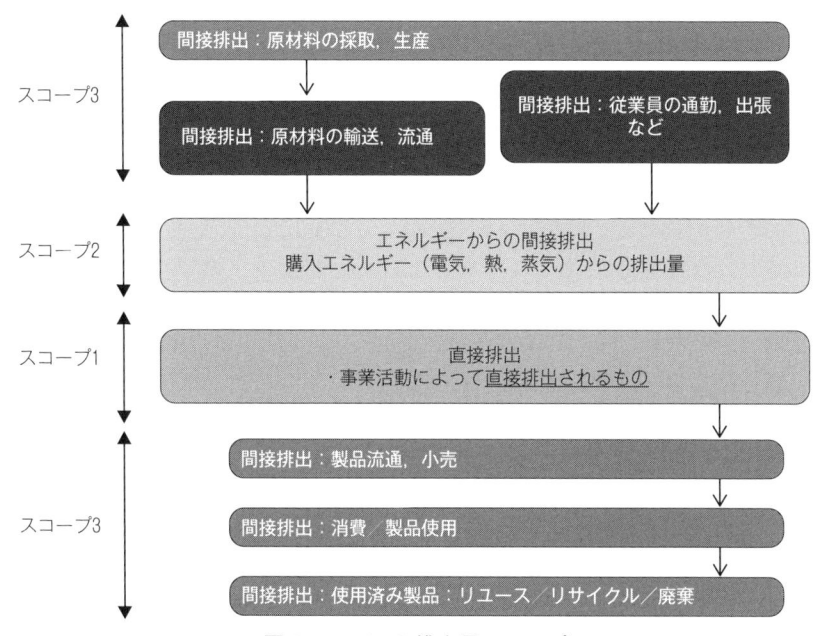

図5-4　GHG排出量スコープ

（出所）筆者作成.

図5-4は，様々なスコープに含まれる活動の説明である.

　カーボンフットプリントのスコープを設定する際の大きな課題は，スコープ3の排出量がある場合，それを分析に含めるかどうかを決定することにある.すべての企業は，サプライヤーからインプットを購入しており，これらのサプライヤーは，自らの事業活動を通じてGHG排出を必然的に生み出している.GHG排出を生み出すインプットが企業の製品に使用される場合，その製品の生産は，スコープ1やスコープ2の測定には含まれないGHG排出につながる.さらに，企業は製品を顧客に販売している. 例えば，飲料メーカーは，最終消費者が購入する可能性のあるコンビニエンスストアにボトル入りの水を販売している. そのような店舗の照明や暖房のために，企業の下流で温室効果ガスが排出される. このような企業の供給者や顧客からの排出は，スコープ3排出量の測定に含まれる.

　スコープ3排出量の測定は困難である. サプライヤーが自社のサプライヤーを持つ場合，スコープ3排出量の測定は，原材料の抽出に至るまで上流にまで

及ぶ可能性がある．飲料水メーカーのペットボトルを作るために使用される油を抽出すると，スコープ3の排出が発生する．同様に，店舗でペットボトルを購入した顧客は，そのペットボトルを車で自宅に持ち帰り，リサイクルに出す前に氷を入れて飲むかもしれない．すべてのスコープ3排出量は，企業の直接的な管理外にあるため，カーボンフットプリントにスコープ3排出量を含めるには，サプライヤーと顧客が情報を収集する能力と，情報を共有する意思の両方を持つ必要がある．さらに，サプライヤーと顧客が，取引の連鎖の上流と下流で会社から離れれば離れるほど，その情報を得ることはさらに難しくなる．

このような困難が，カーボンフットプリントにスコープ3の排出量を含めるかどうかが，企業によって大きく異なる一因となっている．現在の温室効果ガス報告の傾向として，カーボンフットプリントにスコープ3排出量を多く含めるよう，企業に対する圧力が高まっているにもかかわらず，企業は通常，スコープ3排出量のどの部分を含めるかに関して，かなりの自由度を持っている．結局のところ，何をカーボンフットプリントに含めるかは，企業がその情報をどのように利用し，誰と結果を共有するかによって決定される．LCAと同様，カーボンフットプリントの質は，その意図する用途をいかにうまくサポートするかに起因するものであり，理想形をいかに忠実に測定するかに起因するものではない．

カーボンフットプリントの第2段階では，GHGインベントリを実施する．ここでは，温室効果ガスの排出につながる事業活動が測定される．このような活動には，特に購入した電力のメガワット時，使用したガソリンのリットル数，出張するエグゼクティブの飛行距離などが含まれる．これらの数値を手に，カーボンフットプリントプロセスは影響評価の段階に進む．カーボンフットプリントは，CO_2eの単位で測定される．しかし，測定される事業活動ごとに，様々な温室効果ガス（CO_2，CH_4，N_2Oなど）の排出量は異なり，排出量あたりの気候変動への影響もそれぞれ異なる．これらの影響は，GHGインベントリのGHG（CO_2以外）の排出量に換算係数を乗じることで把握できる．その結果，気候変動への影響という観点からは，換算したGHGの排出量に相当するCO_2の排出量が得られる．

各事業活動に関連する温室効果ガス排出量については，排出量を影響量に変換する作業を繰り返し，合計してカーボンフットプリントの数値を算出する．ここでも，この数値はCO_2eの量として報告され，測定期間中におけるその企

業（第一段階で設定されたバウンダリーによって定義される）の気候への総影響を示す．この企業レベルのフットプリントは，その企業が全体的にどのような活動をしているかを示すものである．また，事業部，地域，部門など，組織内のより詳細なレベルでフットプリントを測定することも有用である．よりきめ細かな測定は，企業の脱炭素化努力の重点をどこに置けばより効果的かを特定するのに役立つ．また，GHG 排出量削減のためのインセンティブを企業内のユニット間で設計する際にも有効である（次項参照）．

　カーボンフットプリントの最終段階では，分析結果を整理し，社内外のステークホルダーに報告する．社内では，階層レベルや特定の部門を越えて，会社全体の従業員が結果を利用することができる．この場合も，社内のさまざまな立場の従業員が行う業務に関連して，粒度レベルが異なれば，その有用性は高くも低くもなる．社外的には，企業の脱炭素化への取り組みに関係する NGO や政府機関，地域コミュニティ，さらには企業の製品やサービスを多様化するためのエコラベルの取り組みの一環として，結果を共有することができる．

　多くの人は直感的に企業の最大の排出源を探し，脱炭素化の努力の焦点をその分野に絞るべきだと考える．しかし，温室効果ガス排出を削減するための努力は，企業の事業戦略に沿ったものであることが重要である．企業が事業を継続するためには，コストを上回る収益が必要であることを思い出してほしい．GHG 排出を削減するための様々な取り組みには，様々なコストがかかる．例えば，GHG 排出量 1 トンを削減するために必要なコストは，企業が実施する対策によって異なる．図 5-5 は，いくつかの対策にかかるコストの範囲（推定世界平均に基づく）を示している [IEA 2020]．驚くべきことに，効率改善など，削減した排出量あたりのコストがマイナスとなる対策もある．負のコストの対策を採用することは，排出量を削減するだけでなく，実際に企業の経費を節約することになる．このようなコスト面を考慮することで，企業がカーボンフットプリントのどの要素に対策を講じるかが決まる．コラム 6 は，ある企業がカーボンフットプリントから得られる情報をどのように活用し，ビジネスを変化させたかの一例である．

3 節　インセンティブ

　企業のカーボンフットプリントを把握するために必要な情報を収集すること

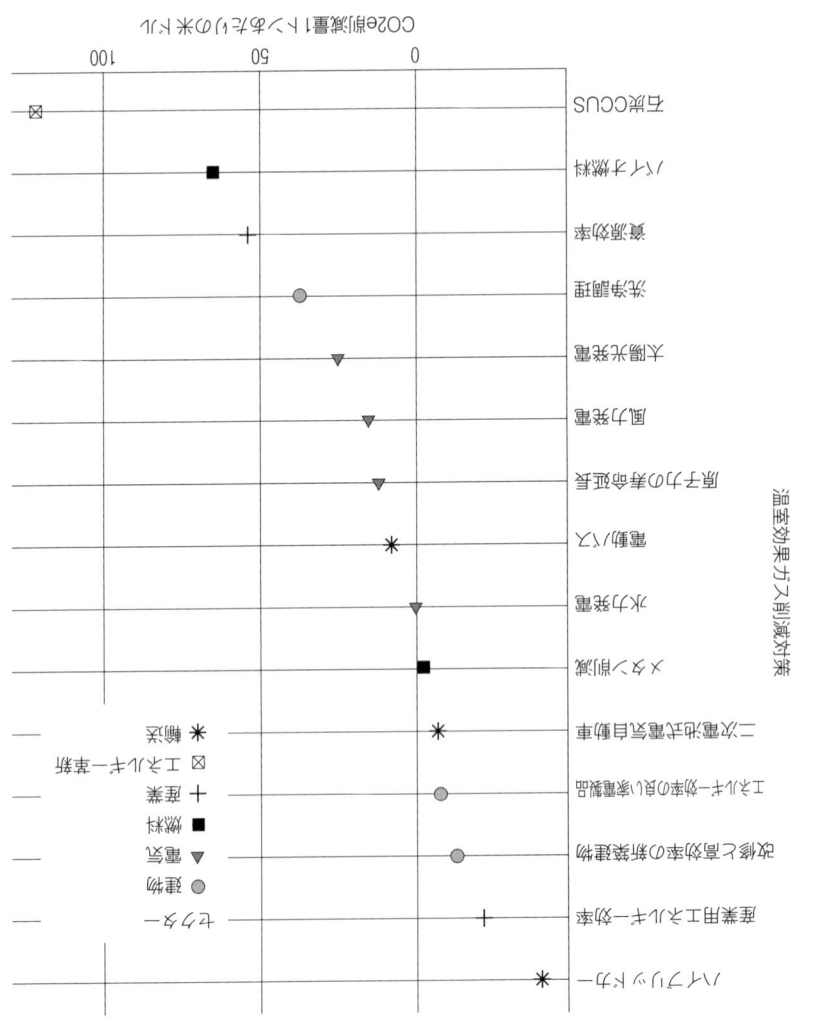

CO2e削減量1トンあたりの米ドル

図 5-5 GHG排出量削減費用

(出所) International Energy Agency. World Energy Outlook 2020. Paris (https://www.iea.org/reports/world-energy-outlook-2020, 2024年8月9日閲覧).

は，企業の脱炭素化を推進するための必要条件である．しかし，それだけでは十分ではない．脱炭素化へのインセンティブも必要である．自社の事業活動が気候変動にどのように寄与しているかを懸念する理由がない企業は，そもそも温室効果ガス排出量の情報を収集する努力をする可能性は低い．さらに，排出量を削減するためにカーボンフットプリントから得られる知見に基づいて行動するには，環境目標を事業継続に主眼を置いたものと統合する必要がある．本セクションでは，脱炭素化の取り組みを推進する上で，企業内のインセンティブが果たす役割に焦点を当てる．まず，規制やビジネス上の要求が明確でなくても，今日，企業が温室効果ガス排出量を削減する意欲を高めているいくつかの理由を探る．次に，環境と伝統的なビジネス目標を一致させるために使用できる，社内カーボンプライシングと呼ばれるツールについて説明する．

1　脱炭素の理由

競争の激しいビジネス環境では，企業はコスト削減と増収に強いインセンティブを持つ．なぜなら，これらの要因は，従業員の報酬だけでなく，企業の存続にも直結するからである．企業は，特定の目標（企業の存続を含むが，これに限定されない）を達成するために設計された，目的を持ったシステムであるため，新しい目標や異なる目標を企業に組み込むことは難しい．排出量を削減するために変更を加えるには，そもそも企業を成功に導いた組織構造やプロセスを変更する必要がある．さらに，企業は複雑なシステムであるため，組織の一部分を変更すると，他の部分がどのように相互作用し，どのように働くかに影響を及ぼす．この難しさが，カーボンニュートラルの達成を公約している企業の多くが，脱炭素化の達成目標を数十年先の未来に設定することで，十分な時間を確保している重要な理由である．それにもかかわらず，今日の企業が温室効果ガス排出量の削減に意欲的なのには，いくつかの理由がある．

ほとんどの企業にとって，GHG 排出の主な原因はエネルギー使用である．ほとんどのエネルギーは化石燃料の燃焼によって生み出されるため，エネルギーの削減は排出量の削減にもつながる．エネルギーの削減は，組織の効率を高めるだけでなく，ある単位生産量に対するエネルギーを削減することで，生産コストも削減する．図 5-5 は，排出量を削減するイニシアチブの多くが，コストも削減していることを示している．エネルギー効率の改善には，多くの場合，新しい設備や生産ルーチンへの投資が必要となる．そのような投資にか

かる先行コストは，長期的にはプラスの財務的リターンをもたらす場合であっても，温室効果ガス削減に対する意思決定にバイアスをかける可能性がある．したがって，効率改善は財務的な企業目標に合致しているにもかかわらず，このような排出削減の動機付けの源泉は，予想されるほど顕著ではない．

　脱炭素化の第二の動機は，低炭素製品に関わる市場機会を活用することである．企業顧客や最終消費者の中には，気候変動に関心を持ち，気候変動に対処するための行動を取りたいと考えている人もいる．しかし，実際にカーボンフットプリントの低い商品により多くの対価を支払うことを望む顧客の数は，限られる傾向にある．ほとんどの場合，環境市場の機会は，成長してはいるものの，小規模でニッチな市場セグメントにとどまっている．顧客の嗜好が低炭素製品への嗜好にシフトし続ければ，こうしたニッチ市場が主要市場に成長し，やがては従来の製品に取って代わる可能性もある．このように，現在の機会は限られているにもかかわらず，一部の企業は，将来の事業競争力は脱炭素化の方法を見つけることにかかっていると考えている．将来的な市場の可能性や顧客需要構造の変化に対する確信が，こうした企業に GHG 排出量を積極的に削減する動機を与えている．

　リスク削減は，企業が脱炭素化を進めるもう一つの理由となる．企業は，気候変動に関連するいくつかの種類のリスクに直面している．将来，各国政府が温室効果ガス排出に対してより厳しい規制を導入する可能性は，規制リスクを生む．現在，世界の温室効果ガス排出量の4分の1近くが政府の規制によってカバーされている[1]．この対象範囲は，排出量に対する暗黙の価格とともに，気候変動対策を求める世論の圧力が高まるにつれて，今後も拡大する可能性が高い．規制が採用されるまで待っていたのでは，企業がより強い排出制限を遵守するための時間と柔軟性が制限されてしまう．早期に対策を講じることで，企業は自らのペースで，より事業戦略に沿った対策を講じることができ，このリスクを軽減することができる．第二のリスクは，潜在的な市場の変化に起因する．競合他社がより低炭素の製品を開発した場合，企業は，自社の気候変動に対する見解に関わらず，競争上不利な立場に立たされる可能性がある．同様に，顧客の嗜好は常にトレンドに左右されるものであり，社会における気候変動問題の重要性の高まりは，顧客需要の変化を裏付けるものである．最後に，今日，気候変動はすでに，台風，より深刻な山火事，より頻繁な干ばつや洪水などの異常気象を引き起こしている．こうした事象が企業の資産に直接損害を与え，

サプライチェーンの混乱を引き起こす可能性は，企業に物理的なリスクをもたらす．どのような場合でも，こうしたリスクを軽減しようとする企業は，事業活動の脱炭素化に意欲的に取り組むべきである．

最後に，事業や財務業績とは無関係の理由で動機づけされる企業もある．多くのビジネス関係者は，環境への影響を減らすことが倫理的に責任のある行動だと考えている．企業のオーナーやCEOがそのような信念を持っている場合，倫理的理由の影響は特に動機づけとなる．コラム6では，インターフェイス社が，創業者であるレイ・アンダーソンの決断により，環境保護のリーダー的存在になった経緯を紹介している．アウトドア・アパレル・メーカーのパタゴニアは，自然環境を積極的に支援していることで有名だ．その第一の原動力は，創業者イヴォン・シュイナードの，環境的に優れたアプローチが可能であると考えた場合にビジネス上の大きなリスクを取ることを厭わない姿勢にある．そして，彼の考えは，脱炭素化や環境負荷低減のための革新的な方法をめぐる企業文化の発展にも大きな役割を果たしてきた（コラム7参照）．今日，このような倫理的動機が，企業が環境負荷を削減する最も重要な要因となっているのだろう．しかし，企業顧客の間で脱炭素化の重要性が高まり続ければ，他の要因の相対的な重要性も高まる可能性がある．

2　脱炭素のインセンティブを与える：内部炭素価格

企業は，GHG排出量を削減する動機付けを得ると，その環境目標を，事業継続という最優先の必要性とどのように統合するかという課題に直面する．例えば，マイナスのコストを伴う効率化活動を実施する場合のように，これらの目的が一致することもあるが，少なくとも短期的には，トレードオフを必要とすることが多い．事業の収益性と企業の存続の間には密接なつながりがあるため，特定の事業意思決定がコストや収益にどのような影響を及ぼすかは，事業の選択のほとんどに影響を及ぼす．しかし，同じビジネス上の意思決定から生じる自然環境への影響は外部性であるため，意思決定者に対する影響力ははるかに小さい．倫理的な理由から脱炭素化を追求する企業であっても，財務的な考慮は依然として重要である．環境保護に積極的な企業が倒産し，市場には汚染企業だけが残ることになれば，気候問題の解決にはつながらない．このため，ビジネス上の意思決定が気候に与える影響を，企業の意思決定アーキテクチャに統合するメカニズムが重要な役割を果たすことになる．

　政府の炭素税や排出量取引制度などを通じて GHG 排出コストが内部化された場合，企業は他の事業コストを削減するのと同じように排出量を削減するインセンティブに直面することになる．しかし，このような政府の取り組みは，気候変動に対処するという課題に対して現時点では不十分である．IMF は，カーボンプライシングの枠組みの対象となる排出量の，世界平均価格は，2022年に 6 ドルだったが，意味ある変化を促進するには2030年までに75ドル以上にする必要があると推定している．²⁾

　しかし，企業が政府の行動を待つ必要はない．インターナルカーボンプライシング（ICP）とは，実質的に炭素税を自らに課すことで，企業が温室効果ガス排出の社会的コストを内部化する仕組みのことである．意欲のある企業は，ICP を利用して GHG 排出量を削減することができ，現在，その利用は増えている．

　ICP を利用する企業は，排出される CO_2e の単位当たりの価格を，適正と判断する水準に決定する．何をもって適切な価格とするかは，企業の状況や目的によって異なる．将来の政策に対する企業の期待，企業が排出量削減を目指す量とペース，ステークホルダーの期待などの要因は，すべて価格決定に影響する．例えば，ある企業は，将来，自社の事業活動に20米ドルの炭素税が課されると考え，それが適切な価格であると判断するかもしれない．マイクロソフトは，カーボンプライシングをいち早く導入した企業であり，効率改善や再生可能エネルギーの購入などの活動を通じて，排出量を削減するために年間どれだけの支出を行っているかに基づいて，最初の炭素価格を設定した[DiCaprio 2013]．重要な点は，価格を設定することで，企業は，自社の事業活動が気候に害をもたらし，その害のコストが社会に外部化されているという現実を認識しているということである．価格を設定し，それを適用することで，企業は，他のビジネス上の意思決定の原動力となる財務計算と同じように，そのコストを内部化しているのである．

　企業が ICP を経営上の意思決定に組み込むには，主に 2 つのメカニズムがある[WBCDS 2015]．一つはシャドープライスと呼ばれるものである．シャドープライスを利用する企業は，設備投資，戦略立案，リスク計算を必要とする新規プロジェクトに ICP を適用する．これは，まず新規プロジェクトに関連する GHG 排出量を見積もり，その値に社内で決定した炭素価格を乗じることで行われる．この総コストは，プロジェクトの価値や期待リターンを見積もる際

に適用される．そして，その結果は，将来のプロジェクトや投資に関する会社の意思決定に影響を与えるはずである．ICP を適用した結果，企業が期待するリターンに対して，潜在的なプロジェクトのコストが高すぎる場合，企業は，排出量を削減するために潜在的なプロジェクトをどのように修正するか，あるいは，プロジェクトを完全に断念するかを検討すべきである．

　ICP を適用するための第二の仕組みは，直接料金制と呼ばれる．直接課金制度では，社内の事業単位が一定期間の温室効果ガス排出量を計算し，ICP を使ってその排出コストを計算する．このコストは，その部門の営業費用として扱われる．個々のユニットからの「支払い」は，社内で一元的に集められ，会社の炭素削減努力の支払いに充てられる．GHG 排出コストが他の営業費用と同様に扱われることで，企業は他の費用と同様に排出削減のインセンティブを得ることができる．

　どちらのアプローチにも利点と欠点がある．直接料金制度は，現在の企業活動に適用されるため，企業活動の脱炭素化により強いインセンティブをもたらす．しかし，実施するのは難しくなる可能性がある．戦略的な観点からは，企業（そして人間も！）は一般的に，これまで「無料」だと思っていたものにコストを課すことを好まない．多くの企業は，ICP を導入することで，競合他社と比較して自社が不利になるのではないかと心配する．技術的には，直接課金制度の実施に必要な，より詳細なレベルでの排出量を決定することは困難である．また，直接課金制度は企業の意思決定に即座に影響を与えるため，特に実施によって従業員や部門間の勢力図が変わる可能性がある場合には，社内からの大きな抵抗に直面することもある．

　シャドープライスは，企業にとって比較的実施しやすい．意思決定から生じる将来の排出量を計算することは，事業単位で行うよりも難易度が低い傾向がある．また，シャドープライスは，現在の事業ではなく，将来の投資に適用されるため，即時的な変更を必要とせず，したがって抵抗も少ない．このような促進的な特徴は，シャドープライスが，戦略的意思決定者が一般的なビジネス上の意思決定を行う際に，少なくとも GHG 排出量について考え始めるよう，より容易に，より少ない争点で導くことを意味する．しかし，シャドープライスを比較的容易に利用できることは，欠点も生む．多くの企業は，ICP を非常に低く設定しているため，意思決定に全く意味を持たない．さらに，価格が計画された行動や投資の方針を変更することを示唆する可能性がある場合でも，

企業が価格を修正したり，単に ICP の結果を無視してプロジェクトを進めたりすることははるかに容易である．このような理由から，シャドープライスは ICP の最も顕著な形態である．しかし，このことはまた，企業の行動に有意義な変化をもたらす ICP の真の可能性が，現在のところほとんど手つかずのままであることを意味している．

4節　脱炭素活動の実施

　企業は通常，いくつかの活動を組み合わせることで，排出量を削減している．企業内部では，使用するエネルギーの総量を削減し，そのエネルギーを利用する効率を高めることに重点を置く傾向がある．例えば，データセンターは，現代社会を支えるインフラの重要な構成要素である．しかし，データセンターはエネルギーを大量に消費し，世界の電力消費量の１％を使用している［Jones 2018］．この課題に対処するため，アルファベットは，温度の自動調整や空気の流れの管理の改善による冷却要件の緩和，電気の使用効率の測定や配電の最適化のためのセンサーとソフトウェアの開発など，新しいアイデアを開発および実装することで効率を向上させてきた．

　社外的には，化石燃料ベースのエネルギー源を自然エネルギーに切り替えることは，企業の二酸化炭素排出量を削減する最も効果的な方法のひとつである．しかし，ほとんどの企業は，エネルギーを自社で生産するのではなく，購入している．この切り替えを行うには，多くの場合，他の企業も自社の事業を変更する必要がある．エネルギー供給会社にとって，太陽光発電や風力発電のような再生可能エネルギーへの投資は高額になる可能性がある．また，再生可能エネルギーに対する顧客の需要がどの程度あるかわからない場合，リスクも大きい．エネルギー消費企業が再生可能エネルギーによるエネルギー量の増加を促進する一つの方法は，エネルギープロバイダーによって生み出された再生可能エネルギーを使用することである．再生可能エネルギーを直接購入することで，企業は GHG 排出量を直接削減することができ，同時に再生可能エネルギーの発電容量を増やし，その容量に対する需要を提供することで，再生可能エネルギー市場の発展に貢献することができる．データセンターの世界的なエネルギー需要を再生可能エネルギーに合わせることで，アルファベットは世界最大級の再生可能エネルギー購入企業になった．

　温室効果ガス排出量を削減するための活動の1つとして，今日企業が一般的に使用しているのが，カーボンオフセットの購入である．カーボンニュートラル社会を表す用語は重要である．「ニュートラル」という言葉は，温室効果ガスの大気中への排出が継続されても，その排出がシステム内の他の場所での除去によって補われる限り，許容するものである．カーボン・オフセットの背景にある考え方は，そうしなければ大気中に排出されるはずだった温室効果ガスの追加排出を防ぐ新しいプロジェクトを支援するために資金を支払うことで，企業は自らの事業活動から発生する排出量を「相殺」できるというものだ．

　企業にとってカーボンオフセットを魅力的なものにする2つの要因は，気候変動との戦いにおける企業の限界を浮き彫りにしている．第一は，購入企業に対する組織や業務の変更要求が最小限に抑えられることである．多くの批判者は，カーボンオフセットを購入できることで，企業が実際に温室効果ガス排出量を削減する意欲を失わせると指摘している．オフセットを購入する企業は，実際に直接排出する温室効果ガスの量をまったく減らすことなく，ネット排出量の削減を自由に主張することができる．新たな排出を防ぐことには価値がある．しかし，バスタブに例えれば，気候変動問題に取り組むには，大気中への排出の流入を減らす必要がある．

　オフセットが人気がある第二の理由は，その安価な傾向だ．2018年，CO_2換算1トンをカバーするオフセットの平均価格は3米ドルだった[3)]．この価格は，意味のある脱炭素化を推進するために必要な排出量の推定コストに近づいていない．さらに，価格が安すぎるものは何でもそうであるように，質の問題が生じ始める．オフセットの場合，科学的な調査によって，オフセット・プログラムが実際に主張する削減量を達成していないことが次第に明らかになってきている．例えば，最も一般的なオフセット・プロジェクトの1つは，森林破壊の防止である．しかし，最近の研究 [West et al. 2023] では，そのようなオフセット・プロジェクトのほとんどが，実際には森林破壊を削減していないことが判明した．このような調査結果は，企業がオフセットを通じて脱炭素化を実現する能力に疑問を投げかけるものである．また，多くのオフセット・プロジェクトの検証の難しさは，それを利用する企業にも問題を引き起こす．2023年，アップルはアップル・ウォッチがカーボンニュートラルであると主張した．しかし，アップルはすぐに利害関係者からの反発に遭い，中立性の主張が林業をベースとしたオフセットの利用に大きく依存していることを指摘された[4)]．この話が

ニュースメディアに取り上げられると，アップルが環境面での信頼性を示そうとしたときには明らかに念頭になかった否定的な評判が生まれた.

現在のオフセットプロジェクトの多くには，問題点もあるものの，カーボンニュートラルという考え方は，依然として有効かつ重要なものである．航空やセメント製造など，今日の社会にとって重要な活動の多くは，少なくとも短期的には脱炭素化が困難である．脱炭素社会の実現には，再生可能農業や大気中の温室効果ガスの直接回収など，炭素除去活動への投資が必要になるだろう．IPCC が作成した，地球温暖化は産業革命前の水準より2℃上昇に抑えられるというシナリオには，すべてこのような「マイナス排出」活動の役割が含まれている．現在のところ，このような活動はカーボンオフセットよりも桁違いに高価である．例えば，最近開発された直接大気回収技術によって大気から1トンの CO_2e を除去するコストは，600米ドル以上と推定されている[5]．このような重要な技術の市場開発を促進することは,企業にとって,現在のオフセット・プログラムの利用から，実行可能なマイナス排出源への移行をより一層重要なものにしている.

注

1）"Green light," *The Economist*, October 7, 2023.

2）Black, S., Parry, I. and Zhunussova, K., "More Countries Are Pricing Carbon, but Emissions Are Still Too Cheap," IMF, 2022（https://www.imf.org/en/Blogs/Articles/2022/07/21/blog-more-countries-are-pricing-carbon-but-emissions-are-still-too-cheap, 2024年7月12日閲覧）.

3）The Economist, "Cheap cheats," September 19, 2020.

4）Bryan, K., "Apple's "carbon neutral" claims are facing increased scrutiny," Ars Technica, 2023（https://arstechnica.com/apple/2023/10/apples-carbon-neutral-claims-are-facing-increased-scrutiny/, 2024年7月12日閲覧）.

5）The Economist, "A giant sucking sound," May 27, 2023.

参考文献

Anderson, R. C. and White, R.［2011］*Business lessons from a radical industrialist*, Macmillan.

Arthur, W. B.［2010］*The nature of technology: What it is and how it evolves*, Penguin UK.

CDP［2021］Putting a price on carbon（https://cdn.cdp.net/cdp-production/cms/reports/documents/000/005/651/original/CDP_Global_Carbon_Price_report_2021.pdf?16189

38446，2024年10月14日閲覧）．

Dasgupta, P. [2021] *The economics of biodiversity : the Dasgupta review*, Hm Treasury.

DiCaprio, T. [2013] *The Microsoft carbon fee : theory & practice* (https://download.micro
soft.com/documents/en-us/csr/environment/microsoft_carbon_fee_guide.pdf，2024
年 7 月12日閲覧）．

Hauschild, M. Z., Rosenbaum, R. K. and Olsen, S. I. [2018] *Life cycle assessment*, Springer.

International Energy Agency [2020] *World Energy Outlook 2020*, Paris （https://www.ie
a.org/reports/world-energy-outlook-2020，2024年 7 月12日閲覧）．

Jones, N. [2018] "How to stop data centres from gobbling up the world's electricity," *Na-
ture*, 561(7722), 163–166.

Sterman, J. D. [2012] "Sustaining sustainability : creating a systems science in a frag-
mented academy and polarized world. Sustainability science," in Weinstein, M. P. and
Turner R. E. eds., *The emerging paradigm and the urban environment*, Springer, 21–
58.

The Carbon Trust [2018] *Carbon Footprinting*.

West, T. A., Wunder, S., Sills, E. O., Börner, J., Rifai, S. W., Neidermeier, A. N., Frey, G. P.
and Kontoleon, A. [2023] "Action needed to make carbon offsets from forest conser-
vation work for climate change mitigation," *Science*, 381(6660), 873–877.

（ジョエル・マレン）

コラム 6

カーボンフットプリントを活用する

──インターフェイス社──

　製品やサービスの製造，使用，廃棄が環境に与える影響のほとんどは，設計段階で決定される．環境配慮設計（DfE：エコデザイン，グリーンデザイン，ライフサイクルデザインとも呼ばれる）とは，LCA から得られた情報を用いて，環境影響を低減するための製品設計を決定する製品設計へのアプローチである．タイルカーペットメーカーのインターフェイス社は，LCA から得られた情報を製品の再設計に活用し始めた．Hensler［2014］は，同社が気候変動に対処するために行ったいくつかの DfE の選択について述べている．LCA によって，タイルカーペットの生産段階が，地球温暖化係数（GWP）の点で気候変動に最も寄与していることが明らかになった．これらの活動の中で，タイルカーペットに使用される糸の生産が GHG 排出の最大の原因であった．この影響を低減するため，インターフェイス社は，品質を維持しながらタイルに使用する糸の量を減らす新しい方法を開発した．同社は，GWP を削減する極細糸を特徴とする全く新しい製品ラインまで開発した［Hensler 2014］．バッキングと乾燥工程等，その他の分野における設計の革新は，インターフェイス・タイル・カーペットが気候変動に与える影響をさらに削減した．

　カーボンフットプリントから得られる知見は，社内だけでなく社外にも活用できる．インターフェイスは，カーボンフットプリントから得られた情報を，環境製品宣言（EPD）と呼ばれる形で開示している．EPD は，企業の製品やサービスが環境に与える影響に関する情報を，潜在的な顧客や最終消費者，NGO など外部のステークホルダーに伝えるための公式フォーマットである．EPD を作成するためには，企業はまず国際標準化機構（ISO）のガイドラインに従って LCA を実施しなければならない．その後，収集した情報を指定の EPD フォーマットで報告し，第三者によって検証され，最終的に公式 EPD として登録・公表される．企業はしばしば，自社のカーボンフットプリントや LCA の詳細な情報を部外者と共有することに消極的であり，ステークホルダーが企業の真の環境影響を知ることで悪い反応を示すことを恐れている．しかし，インターフェイス社は EPD を活用することで，社外のステークホルダーに対し，自社の環境パフォーマンスについて高い透明性を示した．この透明性により，同社は利害関係者からの信頼を高めることができただけでなく，2000年代に低インパクト・ゼロエネルギー・ビルへの需要が高まり始めた際にも，競争力のあるポジショニングを支えることができた．

参考文献

Hensler, C. D. [2014] "Shrinking footprint : A result of design influenced by life cycle assessment," *Journal of Industrial Ecology*, 18(5), 663–669.

（ジョエル・マレン）

コラム 7
脱炭素の動機づけ
——パタゴニア社——

　アウトドアウェア・デザイナーのパタゴニアは，半世紀におよぶ事業活動のなかで，環境負荷の低減に関して世界で最も革新的かつ積極的な企業のひとつである．パタゴニアの使命は常に環境問題への取り組みを重視してきた．しかしその努力にもかかわらず，シュイナードは自社がまだ「気候変動に十分に真剣に取り組んでいない」と感じていた．2018年，シュイナードはパタゴニアのミッションを "私たちの故郷である地球を救うためのビジネス" と変更した．この変更によってシュイナードは，気候危機への取り組みに集中するよう，従業員にさらに強い動機付けを与えることを望んだ．その結果，パタゴニアは再生農業への進出を果たした．農業のやり方を変えることで，大量の二酸化炭素を大気から農業土壌に取り込むことができる．再生農業はまた，農薬や肥料の使用を削減し，農業家族を支援する．

　どういうわけか，この使命の変更でさえシュイナードには十分ではなかった．2022年9月，シュイナードは気候変動に対処するため，おそらく世界がいまだかつて経験したことのないほど積極的な企業努力を発表した．シュイナードは会社の議決権のない全株式を，気候危機への取り組みを専門とする非営利団体ホールドファスト・コレクティブに寄付した．基本的にこれは，パタゴニアの将来の利益（競争力と革新性を維持するための再投資後）をすべて気候変動との闘いに寄付することを意味する．シュイナードはこの動きを「株式を公開するのではなく目的を達成する」と表現し，「その結果地球はいまやパタゴニアの唯一の株主となった」と述べた．同時に，議決権のある株式はすべて，パタゴニアが確立した環境的価値観に沿った経営を監督することを任務とする非営利団体に寄付された．

　シュイナードは，会社売却や上場企業化といった代替戦略では，環境問題にビジネスで取り組むという社内の強いモチベーションが低下してしまうことを懸念していた．シュイナードは，将来の会社の利益をすべて環境に寄付する一方で，会社のガバナンスを会社の価値観に明確に特化した組織に委ねることで，会社が気候変動対策に割り当てられる資源を最大化することができ，同時に自然環境を支援する活動を続けるという社内のモチベーションも維持することができた．彼はまた，事業の成功を追求することと，その活動によって自然環境にもたらされる害を減らすことを一致させるという，コーポレート・ガバナンスのためのエキサイティングな新しいアイデアを実行に移した．

（ジョエル・マレン）

第6章

グローバル気候変動ガバナンスの発展と挑戦

は じ め に

　気候変動に対する国際的取り組みは，1992年に採択された国連気候変動枠組条約（UNFCCC）によって本格始動し，京都議定書（1997年採択），そしてパリ協定（2015年採択）へと発展してきた．UNFCCC は究極目的として，安全な水準での温室効果ガス（GHG）濃度の安定化を掲げた．その究極目的を具体化する形で，パリ協定は，工業化以降の気温上昇を2℃より十分低く抑え，さらに1.5℃に抑制することめざし努力を追及する，という長期気温目標（2℃目標および1.5℃目標）を設定した．しかし，30余年が過ぎたが，GHG 排出量の上昇傾向は続いており［Global Carbon Project 2023］（図6-1），大気中の濃度も上昇の一途を続け，2023年は観測史上最も暑い年となった［World Metrological Organization 2023］．

　気候変動についての最新の科学的知見を定期的にとりまとめ，政策担当者に科学的基礎を提供することを目的としている気候変動に関する政府間パネル（IPCC）の最新報告書によれば，地球温暖化を1.5℃上昇に抑制するためには，これからの10年の間に急速かつ大幅，そして即時的な GHG 排出量削減が必要となる［Lee et al. 2023］．具体的には，世界の二酸化炭素（CO_2）排出量を2030年には2019年比で48％削減，2035年は同65％削減，2040年には同80％削減といった規模での削減が必要となる．そして，2050年頃には人為的な排出量と人為的な除去量をネット（正味）でほぼゼロにすることが求められる（図6-1）．

　このような迅速かつ大幅な排出削減が求められていることを念頭に置きつつ，本章では，国家間の取り決めに加え，非国家主体や小規模な国々の協力を取り込みながら，排出削減の拡大に向けた努力がこれまでにどのように進められてきたのかを，グローバル・ガバナンスの観点から考察する．ここでは，グローバル・ガバナンスを「中央政府の存在しない国際社会において，一国にとどま

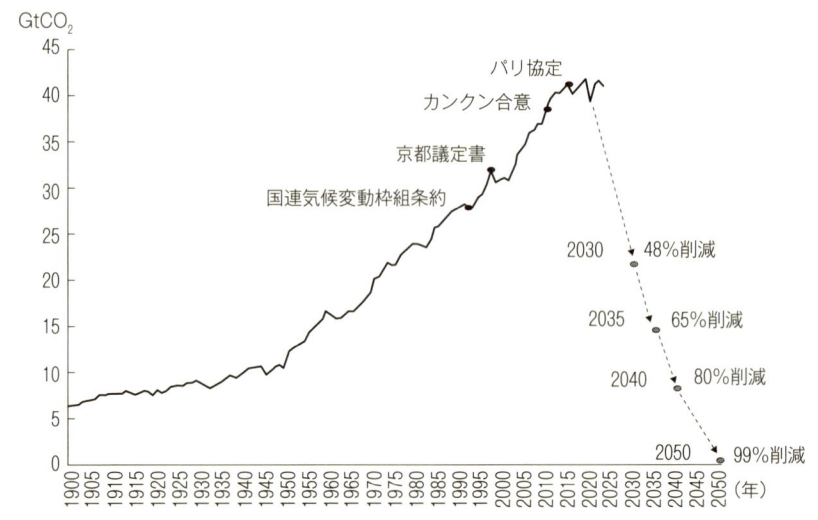

図6-1　世界の二酸化炭素排出量の推移と1.5度目標に向けた排出削減規模（2019年比）（エネルギー起源，工業プロセスおよび土地利用変化）

（出所）Global Carbon Project［2023］及び Lee et al.［2023］をもとに筆者作成．

らない問題を解決するために，国境を越えた公共の利益を提供する制度，政治過程のシステムおよび活動」と定義する［山本 2008；西谷 2021］．このガバナンスが気候変動問題という問題領域において形成されたものがグローバル気候変動ガバナンスとなる．

　グローバル気候変動ガバナンスにおいて，国連型の多国間主義に基づく国際交渉はコンセンサス方式であり，その進展は遅く，また，パリ協定の採択という大きな成果を上げたものの，実際の排出削減効果は長期気温目標の達成には不十分なものにとどまっている．こうした中，国連型多国間主義の限界も意識されるようになる．そうした中，地方政府や民間企業，金融機関などの非国家主体によるグローバル気候変動ガバナンスへの関与が増大してきている．さらに，国連型多国間主義に基づく国家間制度と重複する形で，より参加規模の小さい複数国間の協力体制（ミニラテラルまたはプルリラテラル）や二カ国間協力（バイラテラル），さらには，国家と非国家主体の間のパートナーシップに基づくイニシアティブ，プログラム等がさまざまな分野で増大している．つまり，関与する行動主体が多様化し，さまざまなレベルでの協働・協力の取り組みが併存

するという，ガバナンスの多元化，多層化が進んでいる．これらの取り組みの間には階層的，あるいは一方的な支配関係があるわけではなく，それぞれの取り組みの間の整合性を保つための緩い連携がみられるという多中心的ガバナンスの特徴がみられる［Jordan et al. 2018］.

　このような多中心的なガバナンスは，国家間のルールに基づいた国家間制度（国際レジーム）のみならず，国家に加え，民間企業や NGO などさまざまな非国家主体を巻き込み，また，単にルールだけではなく，さまざまな方法（イニシアティブ，プログラムや排出削減行動の実践など）を通して機能する．そこで，グローバル・ガバナンスの観点から脱炭素化の潮流を追うために，本章は，第 1 節で国家間制度における規範やルールの変化を検討した後，第 2 節でグローバル気候変動ガバナンスの多中心化について，非国家主体の関与増大の背景およびプロセス，およびミニラテラル・イニシアティブの増加の背景について考察する．

1 節　国家間制度におけるガバナンス形態の変化

1　UNFCCC から京都議定書，そしてカンクン合意へ

　グローバル気候変動ガバナンスを構成する国家間制度において，各国の排出削減をいかにして促進するかについての規範やルールは，現実の社会経済の変化や科学的知見の進展によって変化してきた．規範とは，いかなる状態が望ましいのかということを示すものであり，行為体の行動の適切性の基準となる［山本 2008］．そして，その望ましい状態を達成するための原理，つまり解決しなければならない課題の事実関係や因果関係についての科学的な知識・事実が不可欠となる．科学的知見のとりまとめは，IPCC が行っている．ルールとは，その規範を基礎に行為体の行動を律するものである．グローバル気候変動ガバナンスにおいては，UNFCCC，京都議定書，パリ協定が規範やルールを形成する上で中心的な役割を果たしている．

　グローバル気候変動ガバナンスにおける国家間制度の構造上の特徴として，問題の所在，原則などの一般的合意を枠組条約において形成し，具体的なルールを議定書・協定で規定していくという方式が挙げられる．UNFCCC，京都議定書，パリ協定は，それぞれ別の国際条約であるが，UNFCCC が文字通り枠組条約として究極的目的を規定し，京都議定書，パリ協定は UNFCCC のも

とで法的文書として採択され，それぞれが UNFCCC の究極目的の達成に向けたものとして位置づけられている．ただし，このような国際条約の積み重ねが，国家間制度におけるガバナンス形態の発展の唯一の方途であるわけではない．UNFCCC の最高機関として設置されている締約国会議（COP）は，この条約の目的を達成するために必要な事項を検討し，決定する権限が与えられている．COP で採択される成果文書（COP 決定）は，国際条約とは異なり，原則として法的拘束力を持たず，また，締約国に対して新たな権利義務を設定するものではない．しかし，常に進展する科学的知見や対策技術に対応し，締約国間での利害を調整しつつ，新たな規範やルールを創設・実施していくことを可能としている．この COP のもとでの継続的な合意形成が，国家間制度のもとでのガバナンス形態の発展の本質的な特徴といえる［田村 1999］．具体的な発展について，以下で見ていく．

　UNFCCC は，その前文において，「地球の気候の変動及びその悪影響が人類の共通の関心事であることを確認」し，「人間活動が大気中の温室効果ガスの濃度を著しく増加させてきていること，その増加が…地表及び地球の大気を全体として追加的に温暖化することとなり，自然の生態系及び人類に悪影響を及ぼす恐れがあることを憂慮」するとしている．これは，「人間活動による排出によって，温室効果ガス…の大気中濃度が大幅に上昇している．これらの増加は温室効果を増大させ，平均して地球表面のさらなる温暖化をもたらす」という1990年に公表された IPCC 第一次評価報告書の科学的知見を踏まえたものであった．

　さらに，UNFCCC は大気中の GHG 濃度を，気候系に対して危険な人為的干渉を及ぼすこととならない水準で安定化させるという究極目的を掲げている．しかし，当時，危険なレベルとは如何なるものかについての科学的な知見は十分でなく，政治的な合意も形成されなかった．この点については，温暖化による気温上昇を一定レベルに抑えるという気温目標という形で，2℃目標・1.5℃目標を国際条約の中で規定したのはパリ協定であった．しかし，後述するように，その前後に COP 決定として採択されたカンクン合意やグラスゴー気候合意が，それぞれ，長期気温目標の導入や国際規範化という点で大きな役割を果たしている．

　また，UNFCCC は，究極目的の達成に向けた行動の指針のひとつとして「共通だが差異ある責任（CBDR）」原則を定めた．締約国を，附属書I国（1992年時

点での経済協力開発機構（OECD）加盟国および旧ソ連・東欧諸国）とそこには含まれない非附属書Ⅰ国に分類し，条約上の義務の履行について差異化を行った．排出削減に関しては，附属書Ⅰ国のみに対して，「GHG排出量を2000年までに従前の水準に戻すことを目的として，排出抑制等の政策・措置を講ずる」という曖昧な表現の努力目標を設定した．しかし，このような曖昧な努力目標では排出量増加傾向に変化がないことも明らかになり，附属書Ⅰ国に対してより厳格な削減目標を課す京都議定書へとつながった．

　京都議定書は，「UNFCCCの究極目的を達成するため」のものとされ，それ自身の目的を規定していない．また，CBDR原則を反映し，附属書Ⅰ国に対して法的拘束力のある排出削減目標を課した．2008年から2012年の5年間を第一約束期間として，その間の各附属書Ⅰ国のGHG排出量を基準年（1990年）に対する割合として目標を定めた．各国の排出削減目標は国際交渉を経て，合意された．さらに，排出削減目標の不遵守に対しては，達成できなかった削減量の1.3倍を次の約束期間で削減することや，遵守達成計画を作成することが求められるなど，懲罰的な規定が設けられた[1]．他方，非附属書Ⅰ国，つまり発展途上国は削減目標義務を負わなかった．しかし，米国議会において，米国が法的拘束力のある排出削減目標を負う一方で，発展途上国は削減義務を負わないことへの反発が高まり，米国は京都議定書の国内での締結作業を行わず，参加を見送った．

　こうして，京都議定書は，当時の世界最大のGHG排出国である米国は参加せず，第2位の中国や将来的に排出量が急増することが見込まれた他の発展途上国は参加しつつも削減義務を負わない，という形で2005年に発効した．そのため，京都議定書の第一約束期間が終わる2013年以降の国際枠組みにおいて，いかにして米国や中国などの発展途上国を巻き込みながら，各国の排出削減・抑制を促進させていくのか，という課題に関心が集まった．そして，2007年にインドネシア・バリで開催されたCOP13で「バリ行動計画」が採択され，新しい国際枠組みについての対話の場が米国や発展途上国を巻き込む形で設置され，2009年のデンマーク・コペンハーゲンCOP15での採択を目指した交渉が開始された[2]．しかし，大きな期待を背負って開催されたCOP15では，コペンハーゲン合意が主要国主導で作成されたが，最終段階になって，その作成過程が不透明であったとの反発が一部の締約国から噴出し，交渉はまとまらなかった．そして，その翌年のメキシコ・カンクンCOP16において透明性に配慮し

た議事運営が行われ，コペンハーゲン合意をベースにしたカンクン合意がCOP決定として採択された[3].

カンクン合意は，UNFCCC の究極目的を達成するための長期的な協力行動のビジョンとして，2℃目標を盛り込んだ．そして，2℃目標の達成のために，「2050年までの世界規模での大規模削減」と「早期のピークアウト」を目指すとした．また，1.5℃を含めた長期気温目標の強化を検討する必要性も認識された．さらに，すべての締約国に対して排出削減目標・行動を求めており，これまでの「約束する附属書 I 国」と「約束しない非附属書 I 国」という二分構造を越えた合意となっている．ただし，附属書 I 国と非附属書 I 国に対しては，それぞれ別のルールが適用され，二分構造に基づく差異化は残った．具体的には，附属書 I 国は定量的な排出削減目標を提出することが求められたのに対し，非附属書 I 国は，排出削減の数値目標である必要はなく，排出削減行動として政策措置などを提出することも認められた．また，それぞれ異なる測定・報告・検証（MRV）プロセスの対象となった．

各国の排出削減目標・行動に関して注目されるのは，カンクン合意のもとでは，京都議定書交渉時のように，国際交渉により各国の削減目標を決める方式ではなく，各国が自発的に誓約し，その実施を約束するという形式をとったことである．これは，国内法を超える目標を国際的に約束することが難しい米国の意向が反映されたものであった．同時に，発展途上国（非附属書 I 国）の約束を取り付ける観点からも現実的なアプローチとして受け入れられた．

さらに注目されるのは，附属書 I 国の排出削減目標に関して，IPCC の第4次評価報告書で示される水準に合致するよう，各附属書 I 国がその野心レベルを引き上げることを求めていることである．この背景には，カンクン合意が2℃目標という野心的な長期気温目標を掲げつつも，各国が自主的に持ち寄る排出削減目標を合算しても，長期気温目標達成に必要な排出削減量に足りないことが，国連環境計画（UNEP）の『排出ギャップ報告書』によって明らかになっていたことがあった [UNEP 2010]．加えて，カンクン合意では附属書 I 国が持ち寄る排出削減目標の理解促進・比較可能性担保のための取り組みも謳われた．

このようにカンクン合意は，各国の排出削減目標をどのように促進するのかという考え方において大きな転換点となった．附属書 I 国と非附属書 I 国という二分構造は残ったものの，すべての国が排出削減目標・行動を持ち寄る形で提出することとなり，それらは実施状況の確認，比較可能性や透明性を高める

ためのプロセスの対象となった．また，2℃目標という長期気温目標に合意しつつも，各国が持ち寄る排出削減目標では十分でないことを認識し，附属書Ⅰ国に対してのみであるが，目標の野心引き上げを求めた．しかし，そのための具体的なルールや仕組みはなく，カンクン合意のもとで実際に附属書Ⅰ国が排出削減目標の野心レベルを引き上げることはなかった．この長期気温目標と各国の排出削減目標との間のギャップ（排出ギャップ）をいかにして埋めるのかは課題として残り，パリ協定の野心引き上げメカニズムにつながった．

2　パリ協定の野心引き上げメカニズム

　パリ協定は，長期気温目標として2℃目標および1.5℃目標を設定した[4]．この長期目標の実現に向けて，なるべく早い時期に世界のGHG排出量を頭打ちさせ，今世紀後半までに人為的な排出量と吸収量を均衡させる，つまりネット（正味）での排出量をゼロにすることを求めている．他方，京都議定書とは異なり，パリ協定は各国がそれぞれの国情に基づき「自らが定める貢献」（NDC：国別削減目標）を策定し，提出することを義務付けつつも，削減目標の「達成」については法的義務を課さない形をとった．この組み合わせは，非常に野心的な長期目標の設定と普遍的な参加という点でのパリ協定の成功要因となった．UNFCCCの198締約国のうち，パリ協定の締約国は195となり，この195締約国すべてがNDCを提出している[5]．その一方で，現時点で各国が提出している国別目標案を合算しても，1.5℃抑制はおろか2℃抑制にも届かないというギャップが生じてしまっていた．

　この排出ギャップをどのように埋めるのかは，パリ協定が実効性を持てるかどうかに直結する課題であった．そこで，パリ協定では，カンクン合意の教訓を踏まえつつ，交渉時点では多くの国が野心の高い排出量削減にコミットすることが国内政治的にも難しいことを見越し，将来，段階的に各国の取り組みの野心を引き上げていくメカニズムが考案された．この野心引き上げメカニズムは，前例のない画期的なものであった（図6-2）．野心引き上げメカニズムは，世界全体が脱炭素化に向けて5年毎に行動を強化していくことを求めており，各国が国内対策強化を進める上でのペースメーカーとしての役割を果たすことになる．

　この仕組みは，次の3つの要素からなる（図6-3）［Tamura et al. 2016］．それぞれの要素が機能し，要素間の連携が強化されていくことで，野心引き上げメ

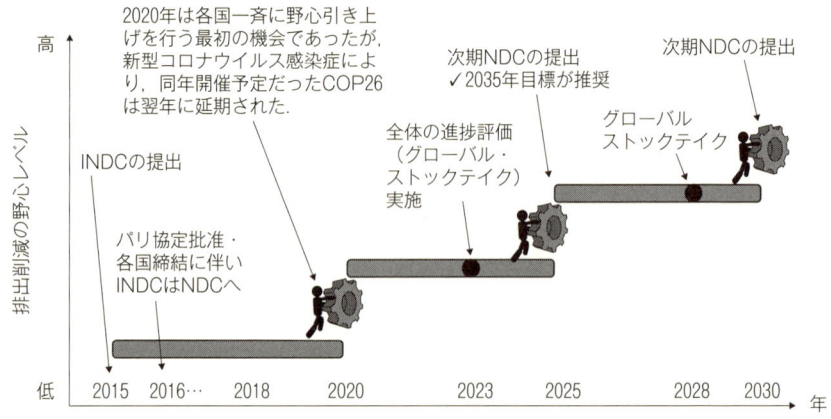

（注）INDC（Intended Nationally Determined Contribution）: 自国が決定する貢献草案（約束草案のこと）
NDC（Nationally Determined Contribution）: 自国が決定する貢献（国別削減目標のこと）

図6-2　パリ協定の下での国別削減目標（NDC）の野心引き上げプロセス

（出所）筆者作成.

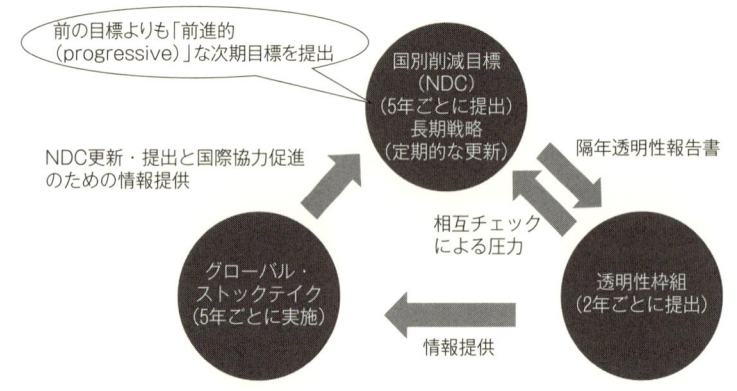

図6-3　パリ協定の国別削減目標（NDC）の野心引き上げプロセス：3
　　　　要素

（出所）Tamura et al.［2016］をもとに筆者作成.

カニズムが機能することが期待されている.

　1つ目の要素として，各国はNDCを5年毎に提出することが義務付けられ（協定4条9項），新たに策定するNDCは以前のものより「前進的」（より野心的であると解釈される）であることが求められている．さらに，すべての国は，パリ協定の長期気温目標を念頭に「長期的な低排出発展戦略」（長期戦略）を策定・

報告することも求められている．当初，長期戦略に関しては具体的な要請事項はなかったが，2021年に採択されたグラスゴー気候合意で，各国の長期戦略は今世紀中頃までのネットゼロ排出を目指すことや，定期的な更新を行うことが求められた．各国がネットゼロに向けた長期戦略を策定することで，5年という短期のサイクルで更新するNDCを，長期的視点に立って立案することが期待される．

　2つ目の要素が，「強化された透明性枠組み」である．この枠組みの下で，各国は，排出目録とNDC達成に向けた進捗状況に関する情報を原則，二年毎に提出し，その情報は専門家による技術的レビューおよび促進的多国間検討の対象となる．このプロセスを通じて，各国行動の透明性を高めていくことにより，お互いの努力具合や進捗状況をチェックしあうことが可能となり，より意欲的な取り組みに向けた相互作用が生み出されることが期待されている．

　この透明性枠組みは，野心引き上げメカニズムの3つ目の要素であるグローバル・ストックテイクに情報を提供することになる．グローバル・ストックテイクとは，パリ協定の目的および長期目標の達成に向けた全体の進捗状況を5年毎に確認するプロセスである．透明性枠組みからの情報提供のほか，IPCCなどを情報源とする．グローバル・ストックテイクは，各国が5年毎にNDCを策定・提出する2年前までに実施され，その時点での取り組みが全体として2℃/1.5℃目標からどの程度乖離しているかが確認されることになる．その結果に基づき各国はNDCを更新・強化することが求められている．

　2015年にパリ協定が採択される前に，各国は約束草案（INDC: intended Nationally Determined Contribution）を提出しており，それが各国のパリ協定の締結とともにNDCとして登録されている．そして，2020年は各国が一斉にNDCの野心を引き上げる最初の機会であった．新型コロナウイルスの世界流行により1年延期され2021年に実施されたCOP26では120を超える国々がNDCを更新・再提出したことが確認されている．そして，第1回グローバル・ストックテイクは2023年末のアラブ首長国連邦（UAE）ドバイCOP28で終了した．その成果文書の中で，パリ協定採択前の気温上昇予測は4℃であったものが，各国のNDCが完全に達成された場合の気温上昇は2.1℃から2.8℃となるとしている．

　これは，野心引き上げメカニズムが，1.5℃目標には不十分ではあるが，一定の成果をあげていることを示唆している（1.5℃目標の位置づけについては後述）．他方で，排出ギャップを埋めることの難しさが改めて認識され，民間企業や地

方政府などの非国家主体の取り組みや，セクター別あるいは分野別取り組みがNDC を補完・補強するものとして注目されるようになっていく．こうした動きはグローバル気候変動ガバナンスの多中心化につながっている．

2節　グローバル気候変動ガバナンスの多中心化

1　カンクン合意以降，非国家主体の関与の深まり

　地球温暖化問題は，文字通り地球規模の問題であると同時に，地域 (regional)，国や地方 (local) といった重層的あるいは多層的な空間において出現し，その問題への対応もなされる性質のものである．実際，1990年に200の地方自治体のネットワークとして設立された「持続可能な都市と地域を目指す自治体協議会 (イクレイ)」などは，早くから取り組みを進めている．しかし，グローバル・ガバナンスという観点から，その多層的なレベルでの対応や行動が認識され，さまざまな行動主体の関与が深まり，さらにはそれらが有機的に連携していくのは，2010年の COP16で採択されたカンクン合意以降であった．

　カンクン合意では，気候変動対策において，準国家・地方政府，民間企業，市民社会などの幅広い関係者の参加が重要であることが認識された[6]．この内容は，前年の COP15で採択に失敗したコペンハーゲン合意には含まれていなかった．この内容が含まれた背景は大きく2つある．1つは，新たな多国間枠組みとして期待されたコペンハーゲン合意が採択できなかったことにより，多国間主義の限界が強く認識されたことである．加えて，締約国間で行われる気候変動交渉の全般的な停滞感もあった．2つ目が，地方政府が気候変動政策への取り組みを促進し始めているという実績を梃に，イクレイなどからの強い働きかけがあったことがある．UNFCCC や京都議定書が基本的に締約国間の取り決めを規定するものであったのに対し，カンクン合意は非国家主体の役割を明示的に位置づけたという点で転換点と言える．

　さらに，2012年の南アフリカ・ダーバン COP17では，2020年以降の国際枠組みおよび2020年以前の取り組みの野心引き上げを議論するダーバンプラットフォーム特別作業部会 (ADP) の設立が決まり，野心引き上げ，つまり排出ギャップを埋めるための手段としての非国家主体の役割が注目を集めるようになった[7]．2013年に設置が決まった ADP ワークストリーム1が2020年以降の国際枠組みについて議論する場となり，ADP ワークストリーム2が2020年までの野心引

き上げについての議論を行う場となった．そして，ADP ワークストリーム 2 の中に，都市や準国家当局の取り組みの教訓や優良事例の共有を推進することを目的とする技術専門委員会（TEMs）が発足した．

　この TEMs は，UNFCCC プロセスの中で非国家主体の取り組みを認識し，その取り組みについての情報共有を最初に制度化したものと言える．TEMs の設立を主導した小島嶼国連合（AOSIS）の交渉官は，この制度化によって非国家主体の関与を広げることで，2℃目標を意識した気候行動の規範を広めること，つまり社会化を目指す，という戦略的な意図があったと述べている[8]．

　TEMs の動きと並行して，地方政府や民間企業の取り組みを後押しするためのプラットフォームが民間主導で動きだした．気候変動問題が，企業の事業基盤にかかわる問題との認識が拡大したことや，脱炭素化に向けた変革にビジネス機会を見出そうとする企業の動きが原動力となった［松尾 2021］．脱炭素経済への移行を目指して連携する企業のプラットフォームである We Mean Business，企業の再エネ100％宣言を後押しするイニシアティブである RE100 などがその例となる．また，IPCC の第 5 次統合評価報告書（2014年）は，地球温暖化を一定の気温上昇レベルに抑えるために排出できる CO_2 の累積総量を示すカーボンバジェット（炭素予算）の概念を提示した．これは，累積排出量が増える限り温度上昇は続いてしまうため，温度上昇を止めるためには排出量をネットゼロにしなくてはならないことの科学的根拠となった．これを受け，We Mean Business などは，ネットゼロ達成をその目的とするような野心的な国際枠組みの構築を求めるようになった．

　こうした非国家主体の取り組みが活発化し，また，より野心的な国際枠組みを求める声が高まったことは，パリ協定が採択される要因のひとつとなった [Howard and Smedley 2021]．このことは，当初，ADP ワークストリーム 2 で2020年以前の野心引き上げの文脈の中で議論されていた非国家主体の役割が，ADP ワークストリーム 2 内外での非国家主体の取り組みや議論が活発化することにより，結果的に ADP ワークストリーム 1 における2020年以降の国際枠組みに関する議論にも大きな貢献をしたことを意味する．前述の AOSIS が意図した，気候変動の国際規範を社会化することで国際枠組みの議論を前進させるという戦略が機能していたと言える．

2 パリ協定のもとでの非国家主体の役割増大

　非国家主体の取り組みや働きかけを背景に採択されたパリ協定は，非国家主体の関与をさらに加速化させ，グローバル・ガバナンスの多層化を深化させていった．その過程において，非国家主体によるネットゼロに向けた取り組みを登録し，承認する仕組みが作り上げられていくが，その目的は，脱炭素経済への転換に向けた機運を高め，その中で各国政府が排出削減目標を強化せざる得ない状況を作りだすことだった[9]．

　パリ協定と同時に採択されたCOP21決定の中で，「市民社会，民間セクター，金融機関，地方自治体，準国家を含む非締約国ステークホルダー（non-Party stake-holders：NPS）」による気候行動の強化・促進に向けたこれまでの努力が歓迎されるとともに，締約国に対しては，行動強化をさらに促進させるために，NPSつまり非国家主体との協力を進めていくことが推奨された[10]．さらに，非国家主体の取り組みや宣言を登録し，可視化するために，「NAZCA（Non-State Actor Zone for Climate Action）プラットフォーム」が設置された．その後，2016年にモロッコ・マラケシュCOP22では，「地球規模の気候行動のためのマラケシュ・パートナーシップ（Marrakech Partnership for Global Climate Action：GCA）」が，非国家主体との連携の強化を後押しする目的で設立された．NAZCAプラットフォームもGCAの中に位置づけられている．

　その後，2018年にIPCCが『1.5℃特別報告書』を発表し，地球温暖化の1.5℃上昇と2℃上昇がもたらす悪影響には明確な違いがあり，1.5℃未満に抑えるためには世界のCO_2排出量を2030年には2010年比で45％削減し，2050年頃までにネットゼロにする必要があることを示した［IPCC 2018］．この報告書を受けてグテーレス（António Guterres）国連事務総長は，自らが主宰する2019年9月の国連気候行動サミットに先駆けて，各国に対して1.5℃目標に沿った排出削減目標の引き上げと2050年までのネットゼロ達成を呼びかけた．そして，COP25議長国チリは，同サミットに合わせて，2050年ネットゼロに誓約する国家および非国家主体が参加する「気候野心同盟（Climate Ambition Alliance）」の発足を主導した[11]．さらに，2020年6月には，COP25議長国チリとCOP26議長国英国との主導により，非国家主体の「気候野心同盟」への参加を促す国際キャンペーン「Race to Zero（ゼロへの競争）」が開始された．「Race to Zero」は，既存のイニシアティブを集約するとともに，個別の非国家主体に対しても一定の条件を満たすことで直接の参加を呼びかけた．「Race to Zero」への参加条件

として，自らの燃料燃焼や工業プロセスに伴う排出（スコープ1）や他社から供給される電気等の利用に伴う排出（スコープ2）のみならず，原料調達から製造，物流，販売，廃棄に至るバリューチェーン全体での排出（スコープ3）まで含めた2050年ネットゼロ目標の設定や，それに向けた2030年等の中間目標の設定，さらに，ネットゼロに向けた移行戦略の策定や経営陣のコミットメント等が定められている．「Race to Zero」は，パリ協定のもとで各国がNDCを一斉に引き上げる最初の機会となる2020年に開催される予定であったCOP26に向けて，脱炭素化の流れを加速し，各国政府に対し気候変動緩和の政策を引き上げさせることを狙いとしていた．

　COP26では，「ネットゼロのためのグラスゴー金融同盟（Glasgow Financial Alliance for Net Zero: GFANZ）」と呼ばれる金融機関の有志連合も正式発足した[12]．GFANZは，ネットゼロの実現を金融面から推進するために，機関投資家，銀行，資産運用会社，投資顧問会社などの業態別に発足していた7つのイニシアティブを連携させることを目的とした．COP26時点で45カ国から450以上の金融機関が参加し，その資産規模は130兆ドル（約1京4800兆円）を超えた．GFANZ傘下となる7つの金融イニシアティブは「Race To Zero」への協賛イニシアティブとなっている．

　パリ協定が非国家主体との協働を謳い，その取り組みを可視化する仕組みを整えたこともあり，非国家主体の取り組みはパリ協定採択以降，爆発的に増え，NAZCAの登録数は2014年時点では400程度であったものが，2023年10月末では3万2000以上となっている[13]．また，「Race to Zero」には現在，1万1000以上の非国家アクターが参加している（2022年末時点）．さらに，国，地域，都市，企業のネットゼロ目標が透明性を評価する専門家グループであるネットゼロ・トラッカー（Net Zero Tracker）によると，2023年11月時点で，フォーブス・グローバル2000（フォーブス誌が毎年発表する，世界の公開会社の上位2000社）の半数以上，1006社がネットゼロ目標を掲げている[14]．その売上総額は27兆ドルになる．

　このような非国家主体の取り組みを促進・動員する動きには，ビジネス，都市，地域，金融機関，投資家といった個々の非国家主体が迅速かつ大幅な排出削減を達成することで，2050年ネットゼロの実現を後押しするという目的に加え，幅広い非国家主体が1.5℃目標にコミットし，脱炭素社会を実現するために団結しているというシグナルを各国政府に送るという戦略的な目的があった．実際，COP26で採択されたグラスゴー気候合意では「1.5℃の気候変動の影響

は，2℃の場合よりもはるかに低いことを認識し，1.5℃以内に抑える努力を追求することを決意する」ことに合意した[15]．これは，パリ協定の軸足が，2℃目標から，これまで努力目標と位置づけられてきた1.5℃目標に移ったこと，つまり，1.5℃目標の国際規範化が進んだことを意味した．この1.5℃目標の国際規範化において，IPCC が提供した科学的知見に加え，非国家主体，およびその動員を促した国連事務総長や COP 議長国であったチリおよび英国の役割は無視できない．

しかし，非国家主体の取り組みが増加すると同時に，「グリーンウォッシュ」の懸念も上がってきた．グリーンウォッシュとは，実態がない，または実態以上に，環境（サステナビリティ全般を含む）に配慮しているように見せかけたり，不都合な事実を伝えずに良い情報のみを伝えたりすることを指す[16]．非国家主体のネットゼロ宣言の信頼性，透明性を確保するために，国連ハイレベル専門家グループが2022年11月に報告書『Integrity Matters』を発表した [High-Level Expert Group on the Net Zero Emissions Commitments of Non-State Entities 2022]．報告書の提言には，2050年ネットゼロだけでなく2030年，2035年などの中間排出削減目標も提示し，第三者機関から検証を受けること，スコープ3を含んだ削減目標を立てることが含まれる．また，カーボン・クレジットについては，少なくとも追加性（カーボン・クレジット収入によるインセンティブがなければ，緩和活動は起こらなかったであろうこと）と永続性（恒久的な排出削減量・除去量であることを示すこと）の基準に適合した高品質なカーボン・クレジットを，自社のバリューチェーン外の気候変動緩和活動に使用することとし，自らの中間排出削減目標の達成には使うべきではないとしている．さらに，IPCC や国際エネルギー機関（IEA）の1.5℃排出経路に沿って，化石燃料の利用や化石燃料への支援を停止する目標を立てること，中間目標の達成を経てネットゼロを実現するための行動を示す移行計画を策定・公表すること，業界団体等を通じた気候変動対策への反対活動等の禁止等も盛り込まれている．

2023年6月，UNFCCC 事務局は "Integrity Matters" の提言内容に基づき，非国家主体が説明責任を果たすための枠組みとその導入計画案を発表した[17]．導入計画案には，非国家主体に対して「ネットゼロ宣言」や「移行計画」を GCAポータルに登録し，"Integrity Matters" の基準とどのように整合しているのかを毎年報告することや，その進捗を示すためにバリューチェーン全体での排出量やカーボン・クレジットの利用状況を毎年報告すること等が含まれている．

こうしたガイダンスに基づき，ネットゼロ宣言と移行計画を GCA ポータルに提出するための標準化されたテンプレート作りが進められている．

このように非国家主体のネットゼロ目標や削減目標の透明性，説明責任を向上させる取り組みが進められている．ただし，前述のネットゼロ・トラッカーの分析では，ネットゼロ目標を掲げている企業のうち，スコープ3排出量を把握・公表しているのは37％にすぎないとしている[18]．さらに，カーボン・クレジットの活用の条件を明確にしているのは13％のみであり，実質的な排出削減効果を伴わないカーボン・クレジットがネットゼロ目標の達成に使われる可能性があるとの懸念を示している．さらに，2023年11月時点で，"Integrity Matters"の基準を満たしているネットゼロ目標は4％にすぎないと指摘している．ネットゼロ目標を掲げる企業の数は増加しているが，目標そのものや実施体制の透明性といった質を向上する必要があるとしている．

3　国家主導のミニラテラル・イニシアティブ

限られた数の政府によって統治されるイニシアティブである気候ミニラテラリズムは，多中心的なグローバル気候変動ガバナンスにおいて，国家主導の制度的発展に大きく寄与してきた．本節では，グローバル気候変動ガバナンスにおけるミニラテラル・イニシアティブについて，二つの大きな傾向を紹介する．

一つの傾向は，国連型多国間主義に基づく国際枠組みを代替するような意図を持った取り組みである．これは，京都議定書に参加していない米国が2000年代初頭に主導したミニラテラル・イニシアティブに典型的にみられる．これらのイニシアティブは，京都議定書とは異なり，削減目標を設定せず，また，京都議定書では扱われていない具体的な技術開発や普及に向けた協力が中心となった．24カ国・機関が参加した炭素回収および貯留（CCS）を推進するための「炭素貯留リーダーシップ・フォーラム（2003年）」，17カ国が炭坑，石油・ガスシステム，廃棄物埋立地からのメタンの回収・利用についての協力を進める「メタン市場化パートナーシップ（2004年）」，15カ国が参加し水素利用のための規格・基準の国際統一に向けて，民間企業を加えた連携を目指す「国際水素燃料電池パートナーシップ（2003年）」などである．さらに，京都議定書の発効後，2006年に「クリーン開発と気候に関するアジア太平洋パートナーシップ（APP）」，2007年に「エネルギー安全保障と気候変動に関する主要経済国会合（MEM）」が米国主導で生まれた．

　特に APP は，その設立声明において UNFCCC や京都議定書との補完関係が謳われていたものの，法的拘束力のある排出削減目標を課す京都議定書に対抗するアプローチとしての性格が指摘された [Mcgee and Taplin 2007]．具体的には，APP は米国，日本，中国，インド，韓国，豪州，カナダの 7 カ国が参加し，技術開発，普及，移転を促進するための官民パートナーシップであり，石炭，鉄鋼，セメント，アルミ，発送電など 8 分野を対象とした．そして，CBDR 原則や多国間主義，先進国に対する排出削減目標の設定といった UNFCCC や京都議定書の規範とは異なり，主要技術ごとに利害関係のある少数の参加者（政府および民間企業）で，技術開発や普及に向けた協力を実施するという考え方に立っていた．つまり，APP は，代替的な規範を具体化することで，UNFCCC や京都議定書の規範と競合する規範を拡散するための組織的プラットフォームであると指摘された [Oh and Matsuoka 2017]．

　このように注目を集めた APP であったが，米国の政権交代によって終了となった．2009 年 1 月に民主党オバマ (Barack Obama) 政権が誕生し，連邦議会の上・下院で民主党が多数党になったことに伴い，石炭火力に関連する国際取り組みへの資金提供を行わないとの理由から，米国は APP の共同議長や事務局機能の返上を通告した．これを受け，2011 年 4 月に APP は正式に解消された．APP の作業部会の一部（鉄鋼，セメント，発送電）は，G 7 主導で別途立ち上げられていた国際省エネルギー協力パートナーシップ (IPEEC) の傘下に移行，再編された．MEM については，「エネルギーと気候に関する主要経済国フォーラム (MEF)」と改名し，2009 年末の COP15 に向けた主要国間の意見交換の場として活用された．APP は代替的な枠組みを構築することにはならなかったが，技術分野ごとに技術力，資金力，一定規模の国内市場を持つ少数の国が主導するアプローチは，後述するように，パリ協定のもと，1.5℃目標と整合した取り組み強化の文脈で再度，注目を浴びることになる．

　国家主導のミニラテラル・イニシアティブのもう一つの傾向は，パリ協定採択後，特に 2021 年の英国グラスゴー COP26 以降にみられるような，国連型多国間枠組みであるパリ協定を補完，補強しようというものである．前述の通り，パリ協定の 1.5℃目標達成に向けては世界の CO_2 排出量を 2020 年代半ばまでに反転させ，2030 年には大幅に削減させる必要があり，2020 年代が「勝負の 10 年間」とされた．その勝負の 10 年間の幕開けとなる COP26 において，数多くのイニシアティブや声明が発表された．[19]

　エネルギー分野では，再エネ導入拡大・電力系統の国際連携線の拡大，削減対策の講じられていない石炭火力の段階的廃止，発展途上国における石炭火力の早期閉鎖支援，対策が講じられていない化石燃料の廃止に向けた公的支援などが含まれた．森林分野では，2030年までに森林減少と土地劣化を止めて回復させることや，2021〜25年に120億ドルを拠出することが表明された．メタンについては，2030年までに20年比30％削減を誓約するグローバル・メタン・プレッジに100カ国以上が署名した．交通運輸では，2040年（先進国市場は2035年）までに新車販売をゼロエミッション車とすることや，国際航空からの排出量を1.5℃目標と整合性をもって削減すること，さらに，ゼロエミッション航路の確立（2020年代半ばまでに最低6ルート）などである．こうした傾向はエジプト・シャルムエルシェイク COP27，UAE・ドバイ COP28でも続き，多くの新たな分野別イニシアティブや声明，あるいはこれまで発表されたもののフォローアップがなされた．

　しかし，COP28で発表された新たな取り組みのうち，① 130カ国が署名した再エネ容量3倍・省エネ改善率2倍の誓約，② UAE，サウジアラビアおよび大手石油ガス会社50社が参加し，2030年フレアリング（焼却処理）廃止，2050年操業時ネットゼロを目指す石油ガス脱炭素憲章，③ 年間10億トンの CCS 規模を目指す炭素管理チャレンジ，④ 冷房関連の世界排出を2050年までに2022年比で68％削減する世界クーリング誓約などの排出削減効果を推計した研究では，排出削減効果のうち40％程度は既存の NDC と重複する，つまり，追加性はないため野心向上には貢献しないとしている［Climate Action Tracker 2023］．また，2030年までに炭素回収を年間10億トン/年に拡大するとの声明は，現時点で建設中・計画中のプロジェクトを考慮しても非現実的であり，目前の排出削減の重要性から目をそらす可能性があるとしている．こうしたことから，追加的な排出削減効果がどの程度あるのかといった情報開示に加え，説明責任の向上が必要であると指摘している．

おわりに

　グローバル気候変動ガバナンスの多中心化は，国連型の多国間主義に基づく国家間制度の進展と限界に伴う形で，進んだことが確認できた．国家間制度の進展についてみると，UNFCCC から京都議定書，そしてコペンハーゲン合意

の採択失敗を経て，カンクン合意へと進むにつれ，各国の排出削減努力についての硬直的な二分法から徐々に脱却し，パリ協定では附属書Ⅰ国と非附属書Ⅰ国という分類を用いずに，原則，すべての締約国が同じルールのもと，各国は自らの排出削減目標を提出することになった．自らの判断で問題ないと思える水準での排出削減目標を持ち寄る形式は，パリ協定のもとでの排出削減目標への普遍的なコミットメントを可能とした．その一方で，各国が持ち寄った目標を合算しても1.5℃目標はもとより2℃目標の達成すら難しい状況となった．そのため，各国に対して5年毎に削減目標の引き上げを行う仕組みが導入された．この野心引き上げメカニズムは一定の成果を上げているものの，2℃目標および1.5℃目標に必要は排出削減レベルに達することはできず，排出ギャップを埋めるための方策として，非国家主体の関与やミニラテラル・イニシアティブの役割の拡大へつながった．

　非国家主体の関与増大については，パリ協定以前からその動きがみられた．コペンハーゲン合意の採択失敗を踏まえ，カンクン合意の下では，非国家主体を含めた多層的な取り組みの重要性が認識され，非国家主体の取り組みについての意見交換を行うTEMsが発足し，情報共有の制度化が進んだ．この制度化には，非国家主体の関与を広げることで，2℃目標を意識した気候行動の規範の社会化を目指した戦略的な意図があった．こうして，非国家主体による脱炭素化に向けた動きの盛り上がりは，パリ協定の採択を可能とする要素のひとつとなった．

　パリ協定以降は，非国家主体のネットゼロに向けたさまざまな取り組みを積極的に認識し，可視化する動きが加速している．こうした動きは，非国家主体が脱炭素化に向けて団結していることを示すことで，各国政府が目標引き上げや政策措置の強化を打ち出しやすい環境づくりを意図したものであり，国連事務総長やチリや英国といったCOP議長国のリーダーシップが大きな役割を果たした．

　国家主導のミニラテラル・イニシアティブの動きも，多国間ベースの国家間制度の進展に合わせたものであった．2000年代は米国が主導して，京都議定書への対抗イニシアティブとも受け止められる技術開発・普及中心のミニラテラル・イニシアティブを多数立ち上げた．パリ協定採択後では，技術開発・普及といったテーマに限らず，多数の分野別イニシアティブが立ち上がっている．ここでは，パリ協定を代替するという意図はなく，むしろパリ協定を補完，補

強する形で，排出ギャップを埋めることが目的となっている．

　以上から，グローバル気候変動ガバナンスを特徴づける多中心性は，自然発生的に構成されたものではなく，国連型多国間主義の枠組みの変化や欠点に対して，さまざま行為体が意図的，戦略的に対応してきた結果であったと言える．対応が，国連型多国間主義の枠組みと補完的になるのか，競合的・代替的になるかは，主導する行為体に左右される．京都議定書に参加しなかった米国が，京都議定書に競合的なミニラテラル・イニシアティブを主導した例や，COP25およびCOP26の議長国として野心引き上げを補完し，後押しするために非国家主体の取り組みの可視化を進めたチリや英国の例がある．パリ協定の採択後は，野心引き上げといったパリ協定が直面する課題をいかに克服するかという方向へ進んできている．

　ただし，非国家主体の取り組みや国主導のミニラテラル・イニシアティブも多くの課題を抱えている．特に，透明性や説明責任が不十分である点が指摘されている．非国家主体が掲げているネットゼロ目標が，信頼性がなく，説明責任も不十分となると，脱炭素化に向けた機運が損なわれ，各国政府が目標を引き上げたりや政策措置の強化を打ち出したりする環境づくりに貢献できない．ここで注目したいのは，透明性や説明責任にかかる基準やそれを確保するための枠組み作りをUNFCCCが担いつつあることである．この取り組みは，多中心的なグローバル気候変動ガバナンスにおいて，さまざまな行為体やイニシアティブの透明性を高め，1.5℃目標と調和のとれたものにできるかの試金石となる．

　最後に，どのようなミニラテラル・イニシアティブのあり方が，各国の野心向上に貢献するのか，あるいは排出ギャップを埋める効果を持つことができるかについての包括的な検証が十分に行われているとは言えない．これまでの国家主導のミニラテラル・イニシアティブは，分野ごとに最も必要とされる協力ニーズを検討し，適切な協力方法，適切な参加国・機関でもって発足させるというよりは，政治的な動機に基づくものもあった［Weischer, et al. 2012］．各イニシアティブについて，1.5℃目標に向けて2030年までに行動を加速させていく上で，適切な分野なのか，適切な参加国・非国家主体の参加を得ているのか，などについてはさらなる検討が必要であろう．さらに，複数のイニシアティブをどのように組み合わせていけば，相乗効果を最大化させつつ，トレードオフを最小化できるのか，また，どのような協力内容であれば主要プレーヤーの参

加を確保できるのか，などは今後の研究課題となる．

付記

本章は，田村堅太郎［2024］「グローバル・ガバナンスの観点から見た世界の脱炭素の潮流」『グローバル・ガバナンス』10に加筆，修正，および図表を追加したものである．

注

1 ）Decision 27/CMP. 1 （2005年12月 9 日採択）.

2 ）Decision 1 /CP. 13 （2007年12月13日採択）.

3 ）Decision 1 /CP. 16 （2010年12月10日採択）.

4 ）Decision 1 /CP. 21 （2015年12月12日採択）.

5 ）UNFCCC 締約国のうちパリ協定を締結していないのはイラン，リビア，イエメンの 3 カ国である．この 3 カ国は，パリ協定への署名はおこなっており，また約束草案(iNDC)も提出しているが，国内での締結作業が済んでおらず，未締約国となっている．締結作業が済み次第，iNDC は NDC として登録されることになる．

6 ）Decision 1 /CP. 16, para. 7 （2010年12月10日採択）.

7 ）Decision 1 /CP. 17 （2011年12月11日採択）.

8 ）匿名インタビュー（東京，2014年 2 月14日）.

9 ）UNFCCC, "Race to Zero Campaign," （https://unfccc.int/climate-action/race-to-zero-campaign#Minimum-criteria-required-for-participation-in-the-Race-to-Zero-campaign）（本章で参照するウェブページは，2024年 5 月14日に最終確認したものである）.

10）Decision 1 /CP. 21, para. 134–135 （2015年12月12日採択）.

11）Climate Ambition Alliance （https://cop25.mma.gob.cl/en/climate-ambition-alliance/）.

12）Glasgow Financial Alliance for Net Zero （https://www.gfanzero.com/）.

13）UNFCCC, "Introduction to the Global Climate Action portal （NAZCA)," （https://unfccc.int/playground-20/level-2/level-3/united-nations-framework-convention-on-climate-change-unfccc-2）.

14）Net Zero Tracker, "New analysis : Half of world's largest companies are committed to net zero," （2023）（https://zerotracker.net/analysis/new-analysis-half-of-worlds-largest-companies-are-committed-to-net-zero）.

15）Decision 1 /CMA. 3 （2017年12月13日採択）.

16）電通「サステナビリティ・コミュニケーションガイド2023」（2023年）（https://www.group.dentsu.com/jp/sustainability/pdf/sustainability-communication-guide2023.pdf）.

17）UNFCCC Secretariat "UNFCCC Secretariat Recognition and Accountability Framework : Draft Implementation Plan with respect to Net-Zero Pledges of non-State actors and Integrity Matters"（Bonn：2023年 6 月 4 日）（https://unfccc.int/sites/default/files/resource/Integrity_Matters_recommendation_8_UNFCCC_draft_implementation_

　plan_v0-1_04062023.pdf）.
18）Net Zero Tracker 前掲書.
19）Government of UK, "COP26 OUTCOMES,"（https://webarchive.nationalarchives.gov.
　　uk/ukgwa/20230106142411/https://ukcop26.org/the-conference/cop26-outcomes/）.

参考文献
〈邦文献〉
田村政美［1999］「国連気候変動枠組条約制度の発展と締約国会議決定」『世界法年報』19.
西谷真規子［2021］「現代グローバル・ガバナンスの特徴――多主体性，多争点性，多層
　　性，多中心性」，西谷真規子・山田高敬編『新時代のグローバル・ガバナンス論――
　　制度・過程・行為主体』ミネルヴァ書房.
松尾雄介［2021］『脱炭素経営入門』日本経済新聞出版.
山本吉宣［2008］『国際レジームとガバナンス』有斐閣.

〈欧文献〉
Climate Action Tracker.［2023］*COP28 initiatives will only reduce emissions if followed
　　through*（https://climateactiontracker.org/publications/cop28-initiatives-create-buzz-
　　will-only-reduce-emissions-if-followed-through/，2024年 7 月10日閲覧）.
Global Carbon Project.［2023］*Global Carbon Budget 2023*（https://globalcarbonbudget.o
　　rg/carbonbudget2023/，2024年 7 月10日閲覧）.
High-Level Expert Group on the Net Zero Emissions Commitments of Non-State Entities.
　　［2023］*Integrity Matters*（https://www.un.org/sites/un2.un.org/files/high-level_exper
　　t_group_n7b.pdf，2024年 7 月10日閲覧）.
Howard, S. and Smedley, T.［2021］"Business : Creating the Context," in H. Jepsen, M.
　　Lundgren, K. Monheim, and H. Walker, eds., *Negotiating the Paris Agreement : In-
　　side Stories*, Cambridge University Press.
IPCC［2018］*Summary for Policymakers. In : Global Warming of 1.5℃. An IPCC Spe-
　　cial Report on the impacts of global warming of 1.5℃ above pre-industrial levels and
　　related global greenhouse gas emission pathways, in the context of strengthening the
　　global response to the threat of climate change, sustainable development, and efforts to
　　eradicate poverty*, Cambridge : Cambridge University Press.
Jordan, A. et al.［2018］*Governing climate change : Polycentricity in action?*, Cambridge
　　University Press.
Lee, H. et al.［2023］*Synthesis Report of the IPCC Sixth Assessment Report（AR6）: Sum-
　　mary for Policymakers*, Cambridge University Press.
Mcgee, J. and Taplin, R.［2007］"The Asia-Pacific partnership on clean development and
　　climate : A complement or competitor to the Kyoto protocol?," *Global Change,
　　Peace and Security*, 18(3).
Oh, C. and Matsuoka, S.［2017］"The genesis and end of institutional fragmentation in
　　global governance on climate change from a constructivist perspective," *Interna-

tional Environmental Agreements : Politics, Law and Economics, 17.

Tamura, K., Suzuki, M. and Yoshino, M. [2016] "Empowering the Ratchet-up Mechanism under the Paris Agreement : Roles of Linkage between Fiver-year Cycle of NDCs and Long-term Strategies, Transparency Framework and Global Stocktake," *IGES Working Paper*, 1605.

UN Environment Programme (UNEP) [2010] *Emissions Gap Report 2010*, Geneva : UNEP.

Weischer, L., Morgan, J. and Patel, M. [2012] "Climate Clubs : Can Small Groups of Countries make a Big Difference in Addressing Climate Change?," *Review of European Community and International Environmental Law*, 21(3).

World Metrological Organization [2023] *Provisional State of the Global Climate in 2023*, Geneva.

（田村　堅太郎）

コラム8

COPについての豆知識

　毎年，年末になるとマスメディアに取り上げられ，冬の訪れを告げる風物詩になった感もあるCOP（国連気候変動枠組条約の締約国会議）．このCOPは，世界各地で開催されていように見えるが，国連の5つの地域グループ（アフリカ，アジア太平洋，中南米・カリブ，中・東欧，西欧・その他）の間で順々に開催されている（表1）．これまでの傾向を見ると，アフリカ地域→アジア太平洋→中・東欧→中南米・カリブ→西欧の順となっている．なお，COPと同時に，京都議定書の締約国会合（CMP）とパリ協定の締約国会合（CMA）も開催されるが，一般的には，CMPやCMAも含めてCOPと呼ばれている．

　開催を希望する締約国は，各グループ内で調整したのち，COPで決定される．立候補国がない場合は，国連気候変動枠組条約の事務局があるドイツのボンで開催される．グループ内での調整は必ずしもスムーズにいくわけではない．COP18に向けてはカタールと韓国が最後まで議論を重ね，最終的にはカタールがCOP開催国となり，韓国は準備会合であるプレCOPの開催国となったが，その時の韓国政府代表団員の流した悔し涙が印象に残る．また，中・東欧で開催されるCOP29を巡っては，当初，チェコ等が候補になったが，ロシアがウクライナ侵略を巡り対立する欧州連合（EU）加盟国での開催に反対し，最終的にアゼルバイジャンでの開催となった．

　通常，開催国が議長国を務めるが，過去には例外もあった．2017年のCOP23はアジア太平洋グループの順番となり，フィジーが議長国となったが，同国には大規模な国際会議を開催できる施設がないためドイツ・ボンで開催された．また，2019年のCOP25の議長国であるチリは，国内の反政府デモが続いたことによりサンティアゴでの開催を断念し，スペイン政府の支援により，マドリッドにてCOPを開催した．

　COP議長は通常，議長国の気候変動を担当する大臣が務め，任期は当該COP開会式から次のCOP議長が就任するまでの間となる．COP議長は，会議の日程調整，暫定的な交渉議題や協議事項リスト（アジェンダ）の作成，COPの開会及び閉会の宣言，成果文書の合意に向けた各国との調整など，スムーズな会議進行に欠かせない権限を持つ．最近では，個別交渉議題毎の決定事項とは別に，COP全体の総括，さらにはCOPの交渉議題を超えて，気候変動問題への国際社会の取り組みの方向性を全締約国の総意として示す，カバー決定（全体決定）の重要性が高まっているが，このカバー決定の内容にはCOP議長の意向が強く反映される．

　また，COPにおけるサイドイベントも注目を集めている．サイドイベントとは，

表 1　COP の開催地

名称	開催年	開催地
COP 1	1995	ドイツ，ベルリン
COP 2	1996	スイス，ジュネーブ
COP 3	1997	日本，京都
COP 4	1998	アルゼンチン，ブエノスアイレス
COP 5	1999	ドイツ，ボン
COP 6	2000	オランダ，ハーグ
COP 6 再開会合	2001	ドイツ，ボン
COP 7	2001	モロッコ，マラケシュ
COP 8	2002	インド，ニューデリー
COP 9	2003	イタリア，ミラノ
COP10	2004	アルゼンチン，ブエノスアイレス
COP11/CMP 1	2005	カナダ，モントリオール
COP12/CMP 2	2006	ケニア，ナイロビ
COP13/CMP 3	2007	インドネシア，バリ島
COP14/CMP 4	2008	ポーランド，ポズナン
COP15/CMP 5	2009	デンマーク，コペンハーゲン
COP16/CMP 6	2010	メキシコ，カンクン
COP17/CMP 7	2011	南アフリカ，ダーバン
COP18/CMP 8	2012	カタール，ドーハ
COP19/CMP 9	2013	ポーランド，ワルシャワ
COP20/CMP10	2014	ペルー，リマ
COP21/CMP11	2015	フランス，パリ
COP22/CMP12/CMA 1	2016	モロッコ，マラケシュ
COP23/CMP13/CMA 1 - 2	2017	ドイツ，ボン
COP24/CMP14/CMA 1 - 3	2018	ポーランド，カトヴィツェ
COP25/CMP15/CMA 2	2019	スペイン，マドリード
COP26/CMP16/CMA 3	2021	英国，グラスゴー
COP27/CMP17/CMA 4	2022	エジプト，シェルム・エル・シェイク
COP28/CMP18/CMA 5	2023	アラブ首長国連邦，ドバイ
COP29/CMP19/CMA 6	2024	アゼルバイジャン，バクー
COP30/CMP20/CMA 7	2025	ブラジル，ベレン

（注）COP は気候変動枠組条約締約国会議，CMP は京都議定書締約国会合，CMA はパリ協定締約国会合.
（出所）UNFCCC のホームページを基に筆者作成.

各国政府，国際機関，地方政府，企業，非政府組織 (NGO) などが，自らの成果のお披露目のために開催するイベントや展示スペースを指す．国際交渉がメイン (主) のインベントであるのに対し，サイド (副) のイベントという位置づけになる．もともとは，条約事務局のもとで開催される「公式」サイドイベントが中心であったが，近年は各国政府や国際機関が自らのパビリオンを設置して，独自に「非公式」サイドイベントを開催するようになってきている．COP28では，ジャパン・パビリオンを含めて150以上のパビリオンが国あるいは国際機関等によって設置された．

　こうした傾向は，パリ協定の実施向けた大枠ルールが2021年の COP26で決まり，COP の扱う内容が交渉から実施に移り始めたことを反映する．それに伴い，COPへの参加者数も，急増している．パリ協定が採択された COP21前までは，通常 1 万人程度の参加者であり，COP21以降は 2 万人程度となり，COP26で 4 万人近くに増え，COP27では 3 万人，そして COP28では 7 万人となった．これには，政府交渉団に加え，各国政府が主催するサイドイベント等で情報発信などに携わる参加者が増えたこと，また，産業界，金融界，エネルギー業界をはじめ，自治体や政府，NGO，ユース (若い世代) 等々，多彩な参加者が増えていることが，その背景にある．パリ協定が多くの人々の関心を集め，その実施に向けた取り組みが加速されることが期待される．

（田村　堅太郎）

第7章

脱炭素とカーボンプライシングの役割
──国内外での普及──

はじめに

　気候変動による影響が世界中で顕在化している．IPCC（気候変動に関する政府間パネル）の第6次報告書によれば，二酸化炭素（CO_2）排出量が2050年までに現在の2倍になった場合，今世紀半ばには気温が2.4度，今世紀末には4.4度上昇するとされている．仮に2060年頃までにCO_2排出量をゼロにしたとしても，今世紀半ばには気温が1.6度，今世紀末には気温が1.4度上昇するとされている．このように，CO_2の排出をゼロにしても，すぐに気温が下がるわけではないということが明らかになっている．そして，気温上昇によって北極海周りなどの氷が融解し，海表面の水位も上昇してきている．

　気温上昇による影響は日本も例外ではなく，歴代最高気温が近年になって次々と更新されている．2018年には埼玉県熊谷市で41℃，2020年には静岡県浜松市で41.1℃を記録しており，その他の記録も多くが過去20年間で記録されている．そして，豪雨や洪水被害といった気候変動として，その影響が顕在化してきていると言われている．

　気候変動による様々な影響を受け，CO_2の排出をどう削減するかが国際社会の大きな課題となっている．1997年の京都議定書では，先進国に対してCO_2の排出削減が義務付けられたものの，中国などの（当時の）発展途上国には義務付けられなかった．しかし，2015年にまとめられたパリ協定では産業革命以降の気温上昇を2度に抑える目標が示された．同協定は中国などの新興国も参加するような枠組みとなり，米国も当時のオバマ政権が参画した．その後，2021年のCOP26（国連気候変動枠組条約第26回締約国会議）では，パリ協定での2度目標が1.5度に引き上げられた．このCOP26の影響は大きく，各国がカーボンニュートラル宣言を行い，脱炭素へ向けた政策を展開している．

　パリ協定や COP26 は，カーボンプライシング (CP) が改めて注目されるきっかけにもなった．CP は二酸化炭素に対する値付けで，CO_2 の排出に対する経済学的なアプローチの一つである．そこで，本章では，経済学において環境問題がどう扱われているのか，CP の基本的な考え方を概観したうえで，その手法の一つである排出量取引 (ETS) を解説する．

1 節　経済学における環境問題

　通常の経済活動では，商品がほしい消費者と商品を販売する生産者のインセンティブがうまく生かされることで，市場が効率的に機能している．例えば，車に乗るようになってガソリンを購入し，それに対する対価を支払うという行為は市場における経済活動の一つである．市場にはガソリンが必要な消費者とガソリンを生産・販売する生産者が存在し，彼らのインセンティブによって効率的に機能していると考えることができる．

　気候変動等の環境問題が発生している場合，経済活動に伴う CO_2 の排出によって気候変動が発生し，市場に関わらない人が被害を受ける可能性がある．先の例でいえば，ガソリンを使用することで CO_2 が，軽油を使用することで PM2.5 が排出される．CO_2 の排出は気候変動を，PM2.5 の排出は大気汚染による被害を引き起こすことが考えられる．しかし，気候変動や大気汚染による被害は市場の外で発生しているため，対策がなければ原因者である車のドライバーが費用を支払うことはない．そして，被害は市場での取引に反映されず，被害者が負担することになる．このように，市場内の経済活動によって市場外の経済主体に発生する費用を外部費用（外部不経済）と呼ぶ［有村・日引 2023］．

　経済学において，環境問題は市場の外で外部費用が発生することによる問題と考えられている．そして，環境問題が発生している場合，市場が効率的な状況とならない市場の失敗が発生する．その原因は，市場が外部費用を認識しないことで，過剰な経済活動が行われていることにある．この市場の失敗を回避するには，何らかの方法によって最適な排出量で取引が行われるように経済活動の水準を調整する必要がある．しかし，通常は環境問題による被害が認識されない．そのため，最適な排出量で取引が行われるには，何らかの方法で外部費用を市場に認識させ，市場の中に入れる必要がある．経済学では，これを外部費用の内部化と呼んでいる．

2節　カーボンプライシング (CP) とは？

1　カーボンプライシングと期待される効果

　カーボンプライシング (CP) は，CO_2の排出に値段をつける政策手段であり，外部費用を内部化する方法の一つである[1]．市場に環境問題によって発生している被害を認識させ，最適な排出量での取引を実現させようというのが，CP の基本的な考え方である．カーボンプライシングを導入することで期待される効果としては，主に省エネルギーの促進，エネルギー利用の転換，交通手段の転換やイノベーションの四つが挙げられる．

　一つ目の省エネルギーの促進については，省エネルギー化によるCO_2の排出削減が期待される．例えば，石炭・石油・天然ガスといった化石燃料の使用によって生じるCO_2の排出に対して CP が実施されると，炭素価格の分だけ電気料金が上昇する．電気料金の上昇を受け，人々はこまめに電気を消す必要性に気づくことで，省エネ行動が進む可能性がある．また，従来の蛍光灯から電力使用量が少ない LED に変更することも期待されるだろう．他にも，電気料金を節約する目的で省エネ型エアコンや省エネ型冷蔵庫を購入することも考えられる．このような省エネが進めば，電気代を節約できるだけでなく，発電に伴うCO_2排出の削減が期待できるだろう．

　二つ目のエネルギー利用の転換では，CO_2排出の原因である石炭・石油・天然ガスや，CO_2を排出しない再生可能エネルギーの利用に対する変化が期待される．石炭の炭素含有量は天然ガスの約2倍であり，石炭のCO_2排出量も天然ガスの約2倍である．しかし，石炭は，天然ガスより安く，かつ安定したエネルギー源であるため，多くの経済主体が発電等で使用している．ここに CP を導入すると，炭素含有量が相対的に多い石炭価格が天然ガス等と比較して相対的に高くなる．その結果，相対的に高くなった石炭ではなく，天然ガスへ変更するインセンティブが発生することが期待される．また，CO_2を排出しない再生可能エネルギーの価格は上昇しないため，CP の分だけ価格が相対的に安くなる．再生可能エネルギー，すなわち太陽光発電や風力発電といったような新しいタイプのエネルギーへの転換も期待できるだろう．

　三つ目に，交通手段の転換も期待される．ガソリンに炭素価格を上乗せされると，自動車のランニングコストが上昇する．それによって，例えば，自動車

から自転車や公共交通手段への転換が進むだろう．将来的には，次世代型のモビリティへの移行も起こるだろう．

最後に，炭素価格によってイノベーションが期待される．ガソリン価格の上昇は，電気を使う電気自動車を促進するだろう．それを見込めば，電気自動車やそれと関係の深い蓄電池への研究開発投資が期待される．また，水素を使った燃料電池車のような新しい交通形態への転換が期待される．新しいエネルギーである水素の利用促進へ向けたイノベーションも起こるだろう．

2　カーボンプライシングの方法

CP の主な方法としては，主に炭素税，排出量取引（ETS）が挙げられる（CPの詳細については，有村・森村・木元［2022］を参照）．炭素税，排出量取引ともに市場を使って外部費用の内部化を行うため，費用を抑制しつつ効率的に CO_2 の排出削減を達成することができる．また，公共経済学等でいわれる汚染者負担の原則という考え方にも一致している．

炭素税では，CO_2 の排出に対して課税が行われる．CO_2 の排出を伴う製品の価格を上昇させ，CO_2 の排出の少ない製品への移行を促す目的がある．最初に炭素税が導入されたのは北欧であり，その後，欧州各国や新興国でも実施されるようになった．日本でも2012年から地球温暖化対策税という税目で炭素税が導入されている．ただし，税率が289円/t-CO_2，ガソリン１L 当たりに換算すると0.7円/L であるため，効果は限定的であると思われる．なお，CO_2 の排出に限らず，二酸化硫黄など環境に悪影響を及ぼす物質全体の排出に対する課税は，環境税と呼ばれる．

排出量取引制度は，CO_2 等の温室効果ガスを排出する権利あるいは許可証（削減する義務）を市場で取引する制度である．欧州排出量取引制度（EU-ETS）を筆頭に，北米，韓国，中国，南米でも実施・検討されている．日本では，2010年から東京都，2011年から埼玉県で実施されており，2023年には全国で自主的な排出量取引（GX-ETS）が実施されている．

3節　排出量取引（ETS）のメカニズム

1　キャップ・アンド・トレードとベースライン・クレジット

CP の主な方法としては，主に炭素税と排出量取引があった．このうち，排

出量取引には，キャップ・アンド・トレードとベースライン・クレジットという二つの制度が存在する．

キャップ・アンド・トレード制度とは，排出枠と呼ばれるCO_2を排出できる権利を市場で取引できるようにする制度である．同制度では，全体の排出枠総量を政府が決定し，各事業者へ無償ないしは有償で割り当てる．排出量に上限（キャップ）を設け，排出枠を自由に売買（トレード）できることから，キャップ・アンド・トレードと呼ばれている．事業者は，自身の排出削減コストと排出枠の売買価格を比較し，排出削減の行動を決定する．すなわち，排出削減コストより排出枠価格が低ければ排出削減を積極的に行い，逆であれば排出枠を購入することになる．先に紹介した各国の排出量取引制度はいずれもキャップ・アンド・トレード制度である．

一方，ベースライン・クレジット制度とは，事業者の排出削減に対して価値を付与し，クレジットとして市場で売買できるようにする制度である．キャップ・アンド・トレード制度とは異なり，ある一定の排出量からの削減をクレジットとすることが多い．クレジットは，省エネ機器や再エネの導入，森林経営によるCO_2削減などに対して付与される．民間でクレジットが付与されることもあり，それを国が認証して取引する制度も存在する．また，民間事業者が自主的な排出量取引であるカーボンクレジットの取引が拡大しており，Verra（ベラ）やICVCM（自主的炭素市場インテグリティ協議会）などが代表的なものとして挙げられる．日本では，国内でのJ–クレジット［有村・日引 2023］，他国との協力による二国間クレジット（JCM）などが運用されている［有村 2015］．

2　一律削減との削減費用の比較からみる排出量取引制度のメリット

CO_2の削減には，当然であるが費用がかかる．この費用を考えるにあたって，経済学では限界削減費用という考え方を用いている．限界削減費用とは，CO_2の排出を1t追加的に削減するためにかかる追加的な費用である．例えば，事業用に使用する自動車をガソリン車からハイブリッド車に買い換える，会社のエアコンを省エネ型に買い換えるためには，相応の追加的な費用がかかるだろう．また，工場で使用する燃料を石炭から天然ガスに変える場合，石炭よりも天然ガスは高いため，その差額が追加的な費用となる．仮に，天然ガスではなく再生可能エネルギーである風力発電や太陽光発電を導入した場合，より高い追加的な費用が必要となるだろう．さらに，水素を使用する燃料電池車に転換

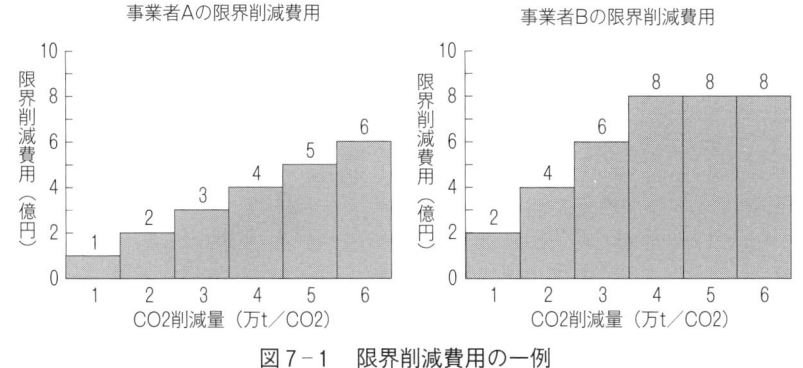

図7-1　限界削減費用の一例

(出所) 筆者作成.

するとなると，これまで以上の追加的な費用がかかる．図7-1では，これら
のような削減を実行するためにかかる追加的な費用を低い順に並べており，縦
軸に限界削減費用，横軸に排出削減量が表されている．例えば，事業者Aは，
最初の1万トンを削減するのに1億円が必要である．しかし，次の1万トンを
削減するのには，新たに，2億円必要になる．このように削減を進めるにつれ
て，追加的な費用が上昇していく．

　炭素税や排出量取引といったCPは，市場を通じて効率的な排出削減を促す
ことが可能である．そして，一律削減の場合よりも社会全体の削減費用を少な
くすることができる．この点について，一律削減の場合とキャップ・アンド・
トレード型の排出量取引制度を導入した場合とを数値例を用いて比較しながら
解説したい．以下，排出削減の技術が異なる2事業者が存在する社会において，
合計6万tのCO$_2$排出削減を行う状況を想定し，図7-1のように事業者Bの
限界削減費用が事業者Aよりも高い状況を仮定する．

　政府が各事業者へ一律削減の義務を均等に課す場合，各事業者は3万t削減
することになる．事業者Aの場合，最初の1万tの削減に1億円，次の1万t
の削減に2億円，さらにもう1万tの削減に3億円かかるため，削減費用は計
6億円となる．一方，事業者Bの場合，最初の1万tの削減に2億円，次の
1万tの削減に4億円，さらにもう1万tの削減に6億円かかるため，削減費
用は計12億円となる．よって，一律削減による社会全体の削減費用は18億円と
なる．

　一方，排出量取引制度を導入した場合，3万tの排出目標が課されることに

なるものの，各事業者は三つの選択肢を持つことになる．一つ目の選択肢は，政府が課した削減目標どおりに３万ｔの排出削減を行うことであり，これは一律削減の場合と同じである．二つ目の選択肢は，目標以上に削減したことで発生した排出枠を別の事業者に売却することである．三つ目の選択肢は，排出枠を購入することで他の企業に削減してもらうことである．

　図７-１のような限界削減費用である場合，事業者Ａは２万ｔ削減した状況からさらに１万ｔの追加的な削減に４億円かかる一方，同じ状況でも事業者Ｂは６億円の費用がかかる．ここで事業者Ａは，削減目標より１万ｔ多く排出削減し，事業者Ｂへ排出枠１万ｔを４億円以上で売却することで，差額分の売却益を得られる．他方，事業者Ｂは，事業者Ａから１万ｔの排出枠を６億円未満で購入すれば，自ら１万ｔ排出削減するよりも削減費用を節減できる．よって，両事業者には排出量取引制度を活用し，排出枠を取引するインセンティブが発生する．この時の排出枠価格は事業者同士の交渉によって決定されるのであるが，仮に５億円で排出枠が取引された場合，両事業者とも１億円だけ得することになる．事業者Ａにおいては，排出枠売却による収入が５億円であるのに対し，削減費用は４億円なので，１億円の利益が発生する．一方，事業者Ｂにおいては，自ら排出削減を行うと６億円の削減費用がかかるのに対し，排出枠を購入した場合は５億円で済むこととなるため，削減費用を１億円だけ節減できる．そして，１万ｔ当たり５億円という排出枠価格がCPとなる．

　排出枠価格５億円で取引を行った場合，事業者Ａは，一律削減の場合よりも１万ｔ多く削減することになるため，３万ｔ削減した状況からさらに１万ｔ削減した時の費用である４億円を追加した10億円の削減費用がかかる．しかし，排出枠売却による５億円の収入があることから，最終的な削減費用は計５億円となる．他方，事業者Ｂは，排出枠購入に５億円かかるものの，２万ｔ削減した状態からの限界削減費用である６億円を負担しなくて済むことになる．すなわち，削減費用は計11億円となる．

　以上から，排出量取引制度を活用した場合における社会全体の削減費用は16億円となり，一律削減の場合と比較して２億円分だけ全体での削減費用を節減することができる．これは，CPが課されたことで事業者が自ら排出削減することの便益と費用を比較した結果であるといえる．このように，CPによって排出削減を促すことで，市場を通じて効率的な排出削減が可能となる．そして，排出削減にかかる社会全体の費用を節減できることが，CPの利点である．[2]

4 節　各国の排出量取引制度

　排出削減にかかる社会全体の費用を節減できるという利点がある CP は，多くの国で導入・検討されている．各国の CP の導入・検討状況は，世界銀行の "Carbon Pricing Dashboard" において公開されている（図 7-2）．図は炭素税もしくは排出量取引が制度として整備されている国・地域，カーボンクレジット市場が整備されている国・地域，"Both" はこれらのどちらも整備されている国・地域をそれぞれ示している．

1　欧州 (EU-ETS)

　排出量取引を CO_2 に対して初めて制度として導入したのが欧州域内排出量取引制度（EU-ETS）である．2005年に創設され，2008年に本格的に稼働した EU-ETS は，当初こそ20ユーロで排出枠の取引が始まったものの，価格が長い間低迷したことで制度の効果に対する疑問もあった．しかし，市場安定化リザーブの活用や EU 各国によるカーボンニュートラル宣言によって価格は上昇し，一時は100ユーロを超えたこともあった．2024年 2 月時点でも50ユーロ（日本円で約8000円）を超えており，大きな削減インセンティブにつながっている（図 7-3）．

　また，EU-ETS が導入されるにあたっては，排出量に上限を設けて CO_2 の排出を抑制すると，経済活動を抑制するのではないかという懸念もあった．しかし，その後の研究で排出削減と経済成長のデカップリングの成立が指摘されている（図 7-4）．

　図 7-4 によれば，EU の CO_2 排出量は確実に削減されており，2005年 4 月時点での排出量を 1 とすると年率換算で約2.1％ずつ削減されていることが分かる．一方で，GDP は年率換算で0.92％増加しており，排出削減しながら経済成長していることが確認されている．このように，EU-ETS は，排出削減と経済成長のデカップリングに成功した例として知られており，世界の排出量取引制度のモデルとなっている．

　COP26以降，EU はカーボンニュートラルの実現へ向けて，EU-ETS の強化に取り組んでいる．一つは，他部門に排出量取引を拡大する ETS 2 の創設である．2027年に運用が開始され，建築部門，輸送部門の燃料燃焼へ拡張される予定である．また，排出規制のない地域での排出が増加するカーボンリーケー

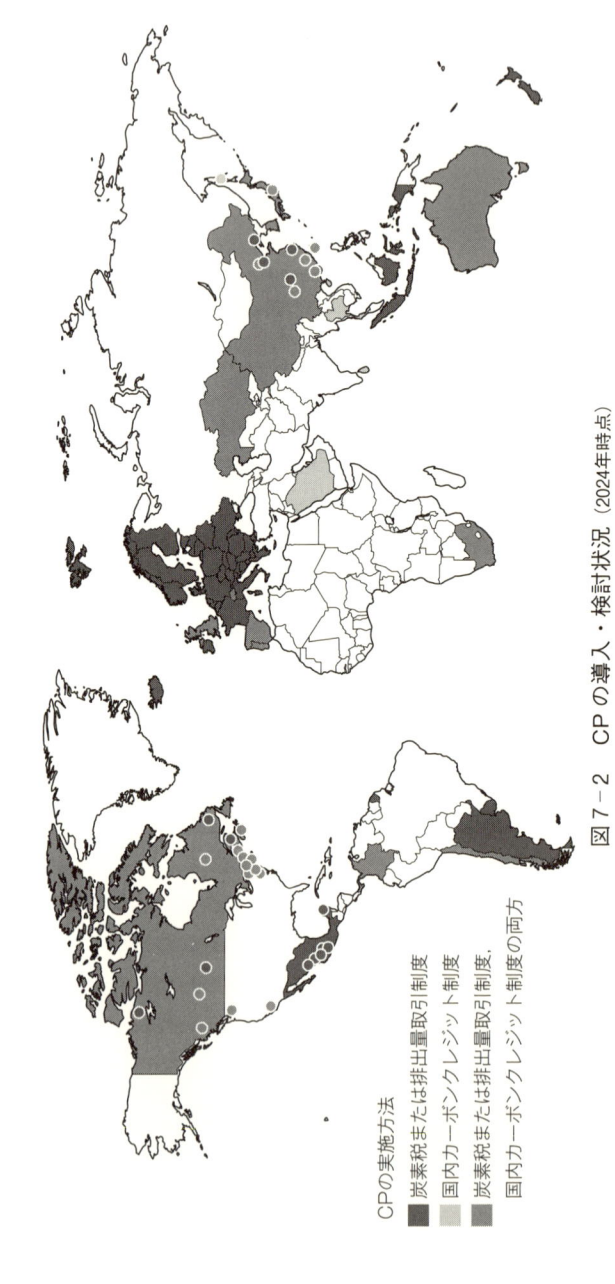

図7-2 CPの導入・検討状況（2024年時点）

CPの実施方法

■ 炭素税または排出量取引制度

□ 国内カーボンクレジット制度

■ 炭素税または排出量取引制度、
　国内カーボンクレジット制度の両方

（出所）The World Bank "State and Trends of Carbon Pricing Dashboard".

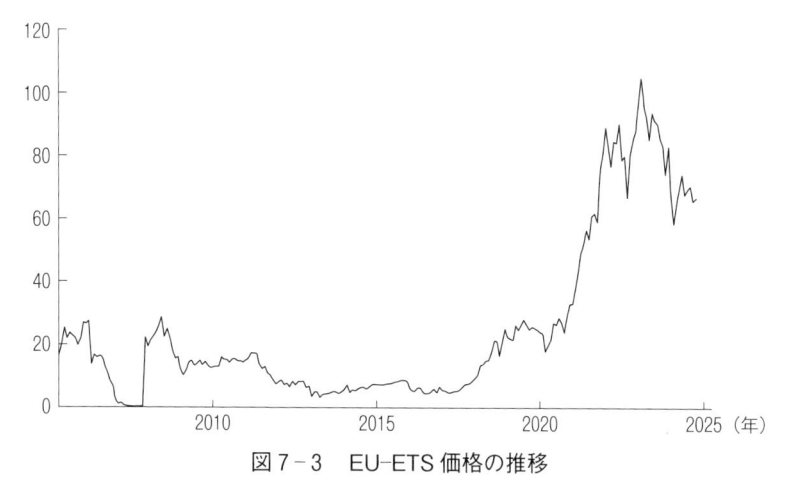

図 7 - 3　EU-ETS 価格の推移

（出所）Trading Economics "EU Carbon Permits".

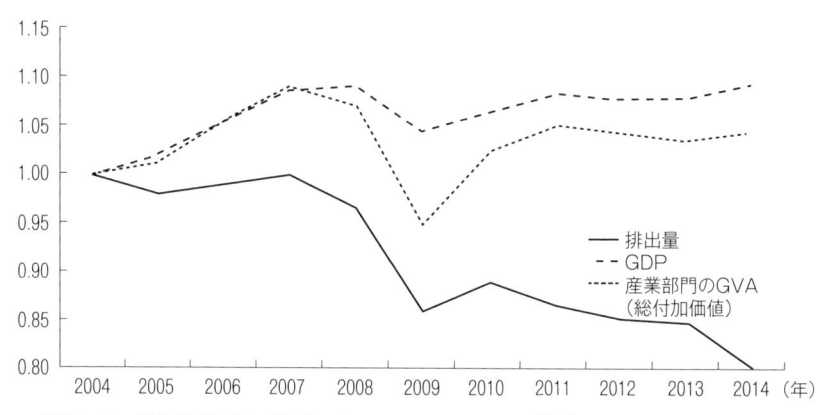

図 7 - 4　CO_2排出量と GDP・GVA（総付加価値）の推移（EU25カ国：2004-2014年）

（出所）Ellerman et al. [2016].

ジ（炭素漏洩）への懸念から，国境炭素調整メカニズム（CBAM）の導入も予定
されている．CBAM に対しては，貿易自由化を促進する WTO のルールと矛
盾する可能性も指摘されている．しかし，それでも導入を決定をしたことは，
EU の脱炭素へ向けた強い意志ととれるだろう．CBAM では，輸出国が国内
に CP を導入すれば排出枠の購入義務が減免される．つまり，EU としては，
各国に炭素価格の導入を促すための制度ともいえる．実際，CBAM の導入を

表明した後，トルコや ASEAN 各国で CP の導入や検討が加速している．

2 米国・カナダ

米国では全国的な排出量取引制度こそ実施されていないものの，民主党が支持されている地域で排出量取引制度が実施されている．2009年には北東部の州による RGGI（地域温室効果ガスイニシアティブ）が，2013年にはカリフォルニア州で導入された．いずれも排出枠価格が安定して推移していることで知られている．**図7-5** に RGGI，**図7-6** にカリフォルニア州の排出枠価格の推移をそれぞれ示す．

RGGI の導入当初は 2 ドル程度で排出枠が取引されていたものの，2022年には14ドル程度まで上昇している．RGGI に関しては，排出枠価格の下限が設定されており，排出削減のインセンティブに貢献していた．カリフォルニア州の導入当初は10ドルぐらいで排出枠が取引されていたものの，2022年には約30ドルで取引されている．

カナダでは，ケベック州において排出量取引制度が2013年から導入されてい

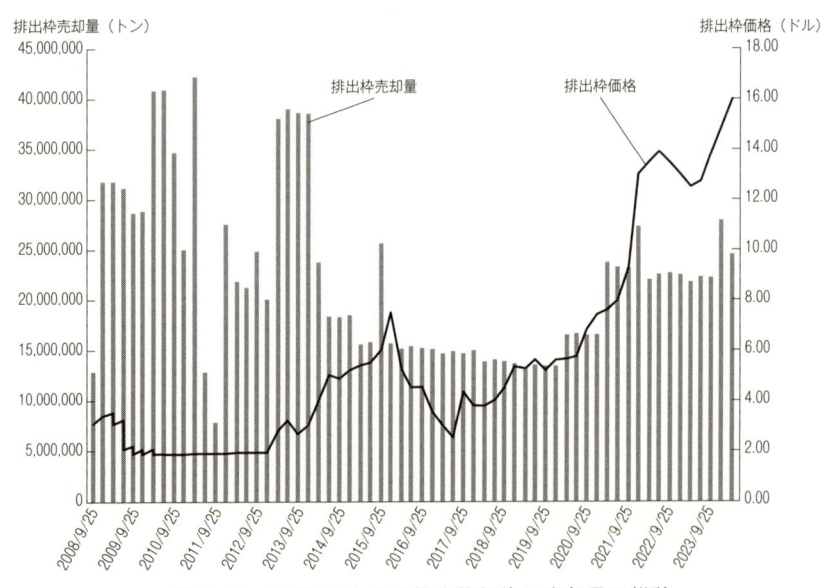

図7-5　RGGI における排出枠価格と売却量の推移

（出所）RGGI "Allowance Prices and Volumes".

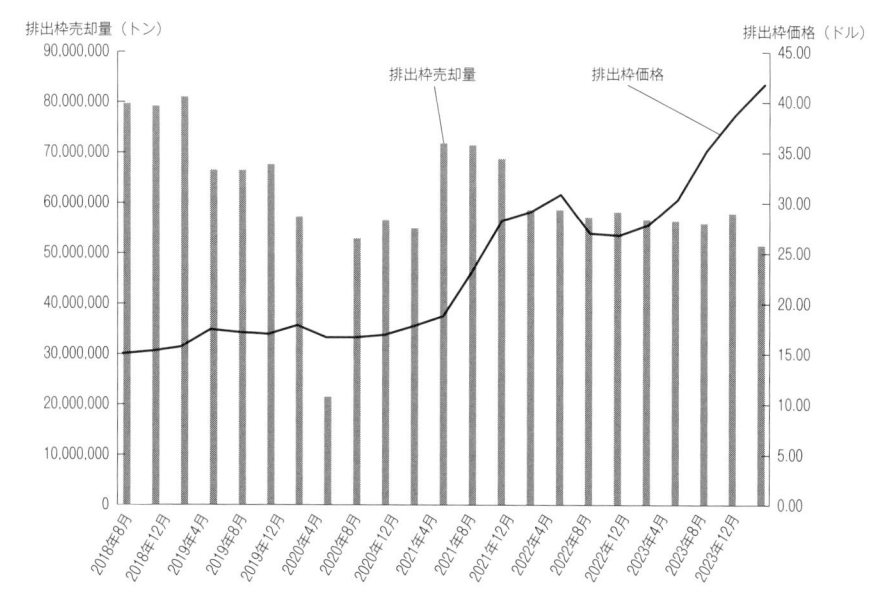

図7-6　カリフォルニア州排出量取引制度における排出枠価格と売却量の推移

（出所）California Air Resources Board "California Cap-and-Trade Program".

る．同州の制度は，米国カリフォルニア州と排出枠の取引市場がリンクしている．また，2018年から，国が各州に対して CP の導入を義務付けている．そして，一定水準を満たさない場合，国の定める CP が連邦バックストップとして導入されることになっている．

3　韓国・中国

　韓国では，2015年から排出量取引が導入されている．2015年からのフェーズ1では，電力，運輸，建設，廃棄物，運輸（国内航空）における23部門が対象であった．また，全ての対象事業者に対して，2011年から2013年までの平均排出量が無償配分されていた．しかし，2018年からのフェーズ2では熱・電力，産業，建設，運輸，廃棄物，公共部門における62部門に対象が拡大された．また，対象のうち26部門については，無償配分のうち3％がオークションとなった．さらに，2021年からのフェーズ3では69部門に加えて運輸部門（貨物，鉄道，旅客，船舶など）も対象になるなど，排出量取引制度の対象業種が広がっている．オークションの対象も広がっており，対象のうち41部門における無償配

分のうち10%がオークションとされている.

　中国では7都市・地域の試行実施を経て，2021年から電力部門を皮切りに全国展開が開始された．電力部門のうち年間2万6000t-CO₂以上を排出する2225社が対象であり，中国のエネルギー起源排出量の約40%を占めている．2021年時点では4000MtCO₂が無償配分されているが，将来的にはオークションが導入される可能性がある．ただし，中国の制度はCO₂排出原単位に着目しているため，排出削減が実現しない可能性もある点を留意する必要がある．また，中国は日韓の排出量取引制度とのリンクにも関心を持っている[3]．

4　日　　本

　日本では，2010年から東京都で，2011年からは埼玉県で導入されている．エネルギー多消費産業を規制対象とする他国の制度とは異なり，東京都の制度では，対象事業所の約8割が商業施設であるという特徴がある．また，大企業が都内の中小企業を対象に投資することで排出削減することで排出枠を得る，あるいは投資を削減とみなしてクレジットを得られるといった種類のクレジットがあることも特徴である．一方，埼玉県の制度は，他国と同様に製造業の事業所が主要な対象者であるものの，罰則のない自主的な制度（目標設定型排出量取引と呼ばれる）という特徴がある．どちらも経済団体等と協力しながら制度の導入に成功しており，遵守できていない事業所をほとんど出していない点も特徴である．なお，東京都と埼玉県の各制度は，相互に排出枠を取引することが可能である．

　東京都の排出量取引制度の発行・取引状況については，表7-1のようになっ

表7-1　東京都排出量取引でのクレジットの発行・取引量 (2011〜2021年度合計)

	超過削減量	都内中小クレジット	再エネクレジット	都外クレジット	埼玉連携クレジット	その他ガス削減量※	合計
発行量(t-CO₂)	21,260,693	76,917	360,880	96,945	211,756	1,013,935	23,021,126
発行件数	2,469	1,355	170	9	24	33	4,060
取引量(t-CO₂)	15,027,942	122,388	203,222	32,105	166,925	273,267	15,825,662
取引件数	2,169	48	140	20	63	16	2,456

（出所）東京都環境局「排出量取引に係る過去資料」における各年度の排出量取引の実績等より筆者作成.

ている．省エネによって生じた超過削減量の合計は約2300万 t-CO$_2$，件数としては4060件であった．2011年度から始まっているので，1 年あたりに換算すると約370件の削減クレジットが発生したといえる．一方，実際に取引された超過削減量は約1600万 t-CO$_2$，件数としては2456件であった．同様に 1 年あたりに換算すると約220件の削減クレジットの取引が行われたといえる．対象事業所が1200件ほどあることを考えると，取引量が多いとはいえないといえるだろう．これは，東京都・埼玉県の排出量取引制度から金融部門が除外されており，相対取引となっていることに起因していると考えられる．

　また，相対取引であることから，実際の排出枠価格や取引額は公開されていない．ただし，コンサルティング会社が取引した主体にヒアリングを行っており，その平均価格が公表されている（図7-7）．導入当初の超過削減量の価格は 1 万円/t-CO$_2$で取引されていたものの，排出削減が進んだことによって価格が下落し，2020年 3 月には約600円まで下落した．その後は，600〜700円の間で推移している．一方，再エネクレジットの価格は2020年代に入っても5000円台で推移している．

　菅義偉首相（当時）によるカーボンニュートラル宣言以降，日本でも本格的な CP 導入の検討が進められた．日本政府は，気候変動対策を経済変革の機会と考え，グリーン・トランスフォーメーション(GX)という概念でとらえ，2023

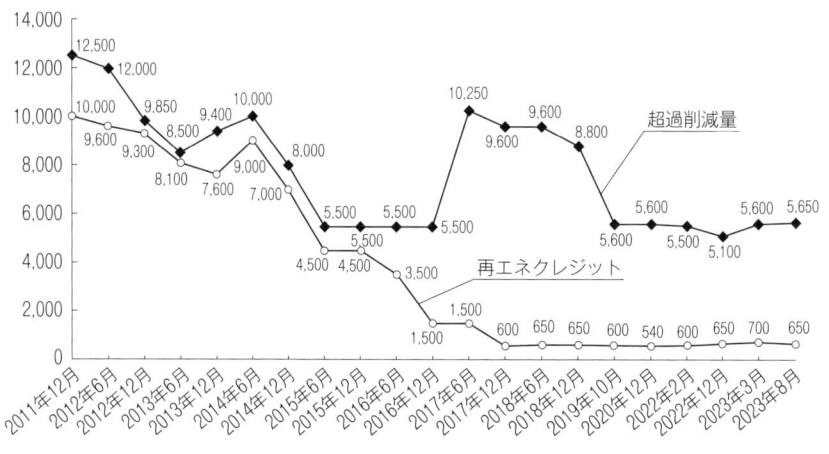

図7-7　東京都排出量取引制度の超過削減量及び再エネクレジットの価格推移
（出所）東京都環境局［2023］．

年5月には岸田文雄首相（当時）の下，GX推進法（脱炭素成長型経済構造への円滑な移行の推進に関する法律）が成立した．この法律では，CPを活用しながら日本のGXを進めることになっている．この法律の骨格は以下の通りである．まず，日本の政府がGX経済移行債を発行し，それを原資に企業のイノベーションを促進する．金額としては10年で20兆円の移行債の発行を予定している．これに合わせて，2023年にはGX-ETSと呼ばれる自主的な排出量取引制度が全国レベルで実施され，2026年から本格化する．また，GX-ETSだけでなく2028年度から実質的な炭素税と言える炭素賦課金も導入される予定となっている．そして，2033年度から発電部門を対象に段階的な排出枠のオークションを実施する予定である．炭素賦課金とこのオークション収入で移行債を償還する計画である．つまり，技術のイノベーションを起こし，そのうえで，CPによってそれらの技術導入を進めるという特徴がある（図7-8）．日本の政策は，EU-ETSを中心に規制的な手法を進めた欧州と，インフレ抑制法による補助金政策を進めた米国，両者の特徴を活かしているといえる．ただし，2023年時点のGX-ETSは自主的な制度であり，その効果に対する懸念も考えられる．加えて，これらの導入時期は，2030年の46％削減に向けて十分なスピード感があるか，課題も指摘されている．

　先に述べたように，排出量取引制度は上限とする排出量を実現するために必要となる社会全体の削減費用を節減できる可能性がある．これは，気候変動問題を解決するために求められる排出量を適切に設定できれば，社会全体の削減費用を抑えながら効率よく実現できることを意味する．IPCC第6次報告書の

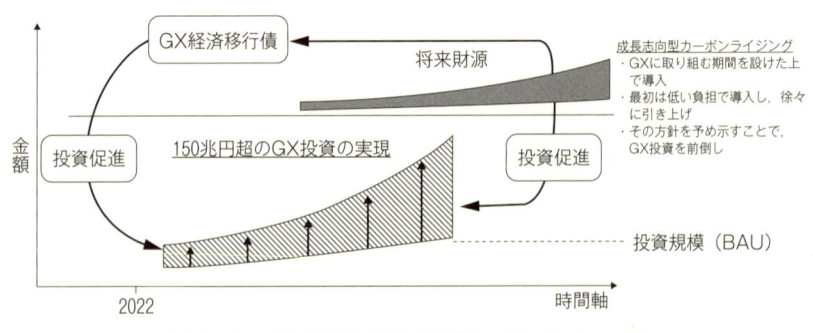

図7-8　GX経済移行債の償還とCPのイメージ

（出所）環境省［2023］．

内容等からすれば，カーボンニュートラルこそが適切な排出量となっているものと思われる．カーボンニュートラルの実現に向けては，自主的となっているGX-ETS の義務化も視野に入れた積極的な活用が求められるだろう．

おわりに

気候変動といったような環境問題は，市場を活用して解決することが可能である．さらに，脱炭素の実現には炭素に価格を付けるカーボンプライシング(CP)が有効である．本章では，CP の一つである排出量取引(キャップ・アンド・トレード) で排出枠を設けることで，事業者間に排出枠を取引するインセンティブが生じることを確認した．そして，社会全体の費用を抑えつつ温室効果ガスを削減できる合理的な方法が CP である．このような理論的な背景もあって，各国で排出量取引の導入が進んでいる．

日本はこれまで各国と比べると CP の導入が遅れてきたものの，GX リーグにおいて，自主的ではあるものの GX-ETS を排出量取引として活用していくこととなった．また同時に，CP の一つである炭素税と同様の効果が期待できる炭素賦課金も2028年に導入することが決まっている．今後は環境問題に対する経済学的な思考を活用し，社会全体が脱炭素に向けて大きく動いていくことになるだろう．日本も GX-ETS や炭素賦課金を活用しつつ，さらなる脱炭素へ向けた行動を期待したい．

付記

本章は，JSPS 科研費 JP21H04945，公益財団法人全国銀行学術研究振興財団の支援を受けて執筆された．ここに謝意を示す．

注

1 ）外部費用を内部化する以外の方法としては，政府による直接規制や汚染者と被害者間での交渉が挙げられるが，本章では省略する．

2 ）政府が所有する情報が正確であれば，炭素税を課した場合においても同様に社会全体の削減費用を節減することが可能である．この点について，日引・有村［2002：31-48］は，環境税を例に排出削減にかかる社会全体の削減費用が最小化されることを解説している．

3 ）韓国，中国における排出量取引制度の概要については，Arimura et al.［2024］を参

照.

参考文献

〈邦文献〉

有村俊秀［2015］『温暖化対策の新しい排出削減メカニズム──二国間クレジット制度を中心とした経済分析と展望』日本評論社.

有村俊秀・日引聡［2023］『入門環境経済学 新版──脱炭素時代の課題と最適解』中央公論新社.

有村俊秀・森村将平・木元浩一［2022］「カーボンプライシングの基本的な考え方と論点」，有村俊秀・杉野誠・鷲津明由編『カーボンプライシングのフロンティア──カーボンニュートラル社会のための制度と政策』日本評論社.

環境省（2023）「2030年目標，2050年カーボンニュートラルの実現に向けた成長志向型カーボンプライシング構想について」（https://www.env.go.jp/council/content/i_05/000106044.pdf，2024年5月14日閲覧）.

東京都環境局「排出量取引に係る過去資料」（https://www.kankyo.metro.tokyo.lg.jp/climate/large_scale/trade/past_information/，2024年5月14日閲覧）.

東京都環境局［2023］「取引価格の査定結果について【令和5年10月】」（https://www.kankyo.metro.tokyo.lg.jp/documents/d/kankyo/satei202310，2024年5月14日閲覧）.

森村将平，モルタ・アリン，有村俊秀［2023］「カーボンプライシングと地域間関係」，吉野孝編『地域間共生と技術──技術は対立を緩和するか』早稲田大学出版部.

〈欧文献〉

Arimura, T. H., Chattopadhyay, M., Dendup, N. and Tian, S. G. [2024] "Economic Instruments and Their Revenue Expenditures Toward Green Asia," in Lee, S., Zhang, S., Hong, J. H., Nabangchang-Srisawalak, O. and Akao K. eds., *Energy Transitions and Climate Change Issues in Asia*, Springer.

California Air Resources Board "California Cap-and-Trade Program" (https://ww2.arb.ca.gov/sites/default/files/2020-08/results_summary.pdf，2024年5月14日閲覧）.

Ellerman, A. D., Marcantonini, C. and Zaklan, A. [2016] "The European Union Emissions Trading System : Ten Years and Counting," *Review of Environmental Economics and Policy*, 10(1), pp. 89–107.

RGGI（Regional Greenhouse Gas Initiative）"Allowance Prices and Volumes"（https://www.rggi.org/auctions/auction-results/prices-volumes，2024年5月14日閲覧）.

The World Bank "State and Trends of Carbon Pricing Dashboard" (https://carbonpricingdashboard.worldbank.org/，2024年5月14日閲覧）.

Trading Economics "EU Carbon Permits" (https://tradingeconomics.com/commodity/carbon，2024年5月14日閲覧）.

（有村 俊秀・森村 将平）

コラム9

環境経済学におけるノードハウスの貢献

ノーベル経済学賞の受賞

　ウィリアム・ノードハウス（William Dawbney Nordhaus）は，経済学の分野でエネルギー明示的に取り入れた最初の研究者の一人であろう．そして，経済学の分野で地球温暖化問題を取り扱った最初の研究者の一人である．彼の著書『エネルギー経済学（原題 "The Efficient Use of Energy Resources"）』（1979年公刊）では，化石燃料の市場を経済モデルで分析するための枠組みが示され，地球温暖化問題を解決する政策として炭素税が提唱されている．そして，同氏による環境経済学の研究が評価され，2018年には環境経済学者で初めてノーベル経済学賞を受賞している．

地球温暖化のマクロ経済分析と炭素税の提唱

　同氏がノーベル経済学賞を受賞した理由の一つとして，彼が1970年代から地球温暖化問題の解決策として炭素税を提唱していたことにある．著書『エネルギー経済学』では，市場の外にある環境を市場に内部化するため，環境負荷物質に課税する環境税，具体的には二酸化炭素の排出に課税する炭素税を提唱している．炭素税の導入によって，二酸化炭素の排出が多い石炭を利用する費用が高くなる．その結果，二酸化炭素の排出が少ない天然ガスや排出がゼロである再生可能エネルギーへの転換が期待される．また，化石燃料を使用した発電の費用も高まるため，電気代も上昇する．電気代を節約するインセンティブも生まれ，省エネ機器の購入も増えることが期待されるだろう．

　同氏が提唱した炭素税は，地球温暖化問題への主要な政策の一つとなった．1990年にフィンランドで初めて導入されてから先進国を中心に導入が進み，新興国にも広がりつつある．具体的には，2017年にチリとコンロビア，アジアでも2019年にシンガポールで導入されている．

気候変動問題に対する統合評価モデルの構築

　同氏の環境経済学に対する貢献としては，炭素税の提唱以外にも，DICE モデル（Dynamic Integrated Climate Model）という統合評価モデルを構築し，温暖化政策の分析をしたことも挙げられる．通常，温暖化対策を分析する経済モデルは，経済活動による温室効果ガス排出量を示すことが多い．しかし，DICE モデルでは，温室効果ガスの排出が経済活動へ与える影響を示している．仮に，気候変動によって猛暑や豪

雨などが起きているとすれば，それらによる農産物への被害や企業のサプライチェーンへの影響，さらには，空港閉鎖による観光客の減少に伴う経済活動への影響を思い浮かべると，モデルが説明していることをイメージしやすいだろう．

（有村 俊秀・森村 将平）

第8章

温暖化と社会経済の超長期シナリオのモデル化と評価
——茅の要素分析，SSP，ノードハウスの DICE モデル——

は じ め に

　地球温暖化問題への対応は，長い議論を経た後，国際協約の実効と実装へ向けた段階に入りつつある．ここへ至る多くの分野の研究者の努力の積み重ねは，1990年以来ほぼ5年おきに出版される IPCC 評価報告書 [2021] に収録され，1990年第一次評価報告書「人為起源の温室効果ガスは気候変動を生じさせる恐れがある」から2021年第六次評価報告書「人間の影響が大気，海洋及び陸域を温暖化させてきたことには疑う余地がない」まで記述の確信度を高めてきた．

　ここで重要な点として，気候変動の影響には地域差も不確実性もあり，また対策の実施には莫大なコストも時間もかかることがある．このため，早期の実施が必要であっても，公平かつ適切な気候変動対策の費用負担とは何か，という難問が常に立ちはだかる．実効性ある対策には少数の専門家だけなく，多くの企業や消費者の理解と支持が不可欠である．しかしながら，気候変動の研究は大規模・複雑化し，問題の理解は概要であってさえ困難になりつつある．

　大雑把に言えば，気候変動と社会の間には，**図8-1**のように社会経済活動→温暖化ガス排出→気候変動→人間活動への影響，のループがある．各ブロックにもブロック間にも多様性と不確実性が横たわり，高精度な定量的評価を行うには，空間的にも時間的にも高い分解能が必要となる．例えば，A，ブロックは2021年にノーベル物理学賞を受賞した真鍋による大気—海洋結合モデルに始まり，精度を上げ今日に至っているが，これを可能としたのも衛星観測を始めとするデータの収集と，スーパーコンピュータの性能向上の賜物であった[1]．B．のエネルギー技術・資源では，太陽光発電や EV など様々な技術開発が進んできた．C．の社会経済活動は，過去の趨勢だけでなく行動様式の不確実性も影響するので長期予測評価は困難である．D．は人間活動と自然環境が影響

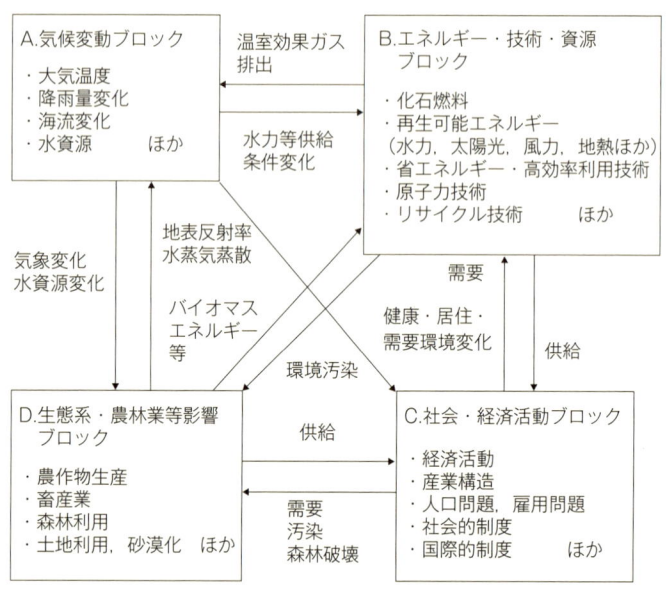

図8-1　気候変動と社会経済の関係

（出所）複合エネルギー需給システム技術調査専門委員会［2007］.

しあい，またある程度適応していく複雑なプロセスである[2]．いずれもプラスと
マイナスの影響があり，極論のみを見ていたのでは判断はできない．気候変動
対策のみが人類の課題ではない以上，相互影響を評価しながらできるだけ定量
的な議論の上に対策を合理的に決める必要がある．

　この視点から，数値モデル構築により「最も合理的かつ効率的な」気候変動
対策を導こうとする試みが統合評価アプローチと呼ばれるもので，2013年の
IPCC 第 5 次評価報告書では AIM（日本），MESSAGE（IIASA），MIT-EPPA（MIT），
WITCH（FEEM）をはじめ，世界各機関から30の統合評価アプローチが参加し
た［IPCC 2014（AR 5）；2022（AR 6）］．その後も EMF をはじめ国際的なモデル
比較プロジェクトにより，「何が問題，何ができるか」についての定量的議論
が進められてきた．IPCC-AR 6 ［2021］の Annex-III には，これまでのモデル
評価と開発の状況が記載されている．いずれも各ブロックが大規模化したため，
複数モデルを相互接続するビッグプロジェクトに拡大している．

　モデルは精緻化された反面，全体的な挙動の理解は極めて困難なものとなっ

てきた．実験のできない気候変動問題の把握と理解には，数値データに触れ，自分自身で操作することが効果的であるものの，企業や一般市民を含む非専門家には，モデルやデータへのアクセスすら望めない．その意味でもエミュレータとしての「モデルのモデル」は理解支援のツールとして有用であり，気候モデルでは，簡易評価モデルとしてウィグリーの MAGICC モデル［Wigly 1995］が開発され今日に至り，世界の多くの分野で活用されている．

1節　ノードハウスの DICE モデルについて

　2018年にノーベル経済学賞を受賞したノードハウスの DICE モデルは，地球温暖化と経済活動の相互関係をコンパクトに表現した統合評価モデルの嚆矢として有名である［Nordhaus 1994］．DICE（Dynamic Integrated model for Climate and Economy）は，約560個の変数と非線形制約式を含む約500本の制約式，非線形目的関数を持つ通時的非線形最適化モデルである．今では PC 上で数秒で解ける小規模モデルであるが，1990年発表当時は，最新のワークステーション上でも求解できなかった．1994年には結果が公開され，その後も最新の気候科学の成果を反映すべく幾度も改良を受け，2023年2月には気候変動ブロックを改訂した DICE-2023 の公表に至っている[3]．

　DICE モデルは図8-1の B エネルギー技術ブロックを持たず，C 経済活動ブロックから直接温暖化ガス排出量が誘導され A の気候変動ブロックに導入される構成である．これは1992年版から2023年版に至るまで変わっていない．DICE モデルは，基本的に，資本ストックと労働から生産が行われ，生産物が投資と消費に分配される古典的な動学的最適経済成長モデルに，生産活動による温暖化ガスの排出と削減，その大気への蓄積に起因する温暖化の発生と，これによる経済活動の損失を組み込んだものである．ノードハウスは，1期5年（DICE-2008までは1期10年）として2100年までの将来予測値を示した[4]．以下，DICE モデルの定式化を紹介する．

$$YGross\,(t)\,=A\,(t)\,K\,(t)^{\alpha}\,L\,(t)^{1-\alpha} \qquad\qquad (1)$$

$$K\,(t+1)\,=\,(1-\delta)\,K\,(t)\,+I\,(t)\,*5 \qquad\qquad (2)$$

YGross：グロス世界 GDP　K：資本ストック　L：人口（外生）　A：技術進歩を含む係数

（1）（2）は古典的な経済成長モデルであり，単純な生産関数を仮定している.

$$Ynet (t) = (1 - Damage (t)) * YGross (t) \qquad (3)$$
$$Damage (t) = \{1 - \kappa (T/3)^2\} \qquad (4)$$

Damage (t)：大気温度上昇による GDP 損失率　Ynet (t)：損失差し引き後の世界 GDP

T：産業革命前からの大気温度上昇値　κ：大気温 3 度上昇時の GDP 損失率.

κ は，DICE-1992では0.013，DICE-2016では $\kappa = 0.0214$，DICE-2023では0.0312と上昇させている．ノードハウスはこれらの推計値を様々な文献データから推計したとしている[5]．ついで，CO_2排出の削減費用を次の式で与える.

$$AbatementCost (t) = YGross (t) * Cost 1 (t) * MIU (t)^\beta \qquad (5)$$

AbatementCost：削減費用．Cost 1：グロス GDP に対する削減費用比率

MIU：温暖化ガス排出削減比率　β：排出削減率に対する費用係数

(2.6と設定)

MIU (T) に対する指数 β，Cost 1 (t)[6] は温暖化緩和費用の重要なパラメータであり，ノードハウスは様々なモデル比較から推計したとしている[7]．温暖化ガス排出のうち CO_2排出 E (t) について

$$E (t) = EIND (t) + Etree (t) \qquad (6)$$
$$EIND (t) = sigma (t) * YGross (t) * (1 - MIU (t)) \qquad (7)$$

EIND：人為的起源による CO_2排出　Etree：生態系からの排出，

sigma：対策導入前の CO_2 (t) /GDP (t) 比率

sigma は経済活動と CO_2排出を結びつける基本的なパラメータで，これも様々なモデル比較から与えられている.

次いで気候変動のメカニズムのブロックを解説する．ノードハウスは，気候学者のクラインらと当初から共同研究を進めてきた．当初は大気と海洋の 2 つの層を仮定し，この間で炭素循環が行われるとする 2 槽モデルを採用したが，DICE-2008からは深海層をさらに加えた 3 槽モデルに拡張している．DICE-2023では，さらに DFAIR という簡易気候モデルに置き換え，最新の気候モデ

ルの知見を反映している[8]．ただし，ここでは簡明な DICE-2016 の定式化を示す．

　気温を決める大気の放射強制力 FORC (t)[9] は

FORC (t) ＝3.68＊ ｛LOG (M (t) /588) /LOG (2)｝ ＋FORCOTH (t)　　　　　　　　　　　　　　　　　　　　　　　　　　　（8）

M：大気中の炭素総質量 (GtC)　FORCOTH：非 CO_2 による放射強制力合計

この式は，大気中の炭素濃度が産業革命前濃度の2倍になった時，放射強制力が3.68W/m²になることを示す[10]．大気 (MAT)，海洋 (MU)，深海 (ML) 中の炭素総質量は，年間の二酸化排出量 E (t) に1期5年を乗じた値を用い以下のように表わされる．炭素は，

MAT (t＋1) ＝b_{11}＊MAT (t) ＋b_{21}＊MU (t) ＋E (t) ＊5 /3.666　　　　　　　　　　　　　　　　　　　　　　　　　　　　（9）

MU (t＋1) ＝b_{12}＊MAT (t) ＋b_{22}＊MU (t) ＋b_{32}＊ML (t)　（10）

ML (t＋1) ＝b_{33}＊ML (t) ＋b_{23}＊MU (t)　　　　　　　　（11）

　　b_{ij} は各層間の放出と吸収を表わす係数であり，b12＝0.12　b23＝0.007　b11＝1.0－b12, b21＝b12＊588/360　b22＝1.0－b21－b23　b32＝b23＊360/1720　b33＝1.0－b32と設定

　　ただし，588，360，1720は大気，海洋，深海の平衡炭素総質量 (10億トン)，3.666は CO_2 と C の分子量比．

に従って各層の間で交換されるものとする．大気温度 TE と深海温度 TL は，次の式で決まる．

TE (t＋1) －TE (t) ＝C 1 ＊［FORC (t＋1) － (3.68/3.1) TE (t) －C 2 ＊｛TE (t) －TL (t)｝］　　　　　　　　　　　（12）

TL (T＋1) －TL (T) ＝0.025＊ ｛TE (T) －TL (T)｝　　C 1 ＝0.1005　C 3 ＝0.088

3.1：　CO_2 濃度倍増時の平衡大気温上昇温度

評価関数は，消費から決まる効用関数の割引現在値　$\Sigma_{t=0}^{TEND}$ (1－d)^tU (c (t)) の最大化である．DICE-2016では，効用関数に

$$U\ (C\ (t)) = L\ (t)\ \frac{1 - (C\ (t)\ /L\ (t))^{\theta}}{1 - \theta} \tag{13}$$

を用いた. このように, DICE モデルでは, CO_2排出量と GDP 比率 sigma （t）と制御変数 MIU（t）が温暖化対策とエネルギー政策を結びつける基本パラメータであり, モデルの独立な政策変数は MIU（t）と投資系列 I（t）のみである. ノードハウス自身がプログラムや背景となる研究論文をサイト上で公開し, また最新の研究成果を反映し続けているので, 学ぶ上で価値が高い. しかし, エネルギー関連の情報に乏しい点はなお課題として残る.

2節　茅の要素分析と IPCC–SSP シナリオ

1　茅恒等式, あるいは茅の要素分析

　人為起源の CO_2排出の今後を議論する上で, 排出の要因に遡っての分析は不可欠である. CO_2排出の推移には, 経済活動, エネルギー消費量, エネルギー種の選択など, いくつかの基本的な要因がある. これらの関係を簡明に示す方法として, 茅は1989年の第 1 回政府間気候変動パネル（IPCC）総会で次の式を示した.

$$CO_2排出 = (CO_2/E) \times (E/GDP) \times (GDP) \tag{14}$$

　E はエネルギー消費である. この「エネルギー」には, 一次エネルギー（石炭, 石油など利用形態前のエネルギー消費）でも最終エネルギー（電力, ガソリンなど最終消費での形態）のいずれも用いられる. あるいは（GDP）を（GDP/人口）×（人口）とすることもある. （14）式の最初の 2 項はエネルギー技術の炭素強度, 経済活動のエネルギー強度とも呼ばれる. この両辺の対数を取ったうえで時間変化を取り,

$$\begin{aligned}
&\triangle CO_2排出/CO_2排出 \\
&= \triangle (CO_2/E) / (CO_2/E) + \triangle (E/GDP) / (E/GDP) + \triangle (GDP) / \\
&(GDP)
\end{aligned} \tag{15}$$

とすると, CO_2排出の変化率は各要因の変化率の和に分解でき, 時期によりどう変化したかも把握しやすくなる. 1989年の提唱以来, 今日まで技術, 産業, 経済の構造推移の描写によく用いられてきた. 特に, 目標となる CO_2排出達成

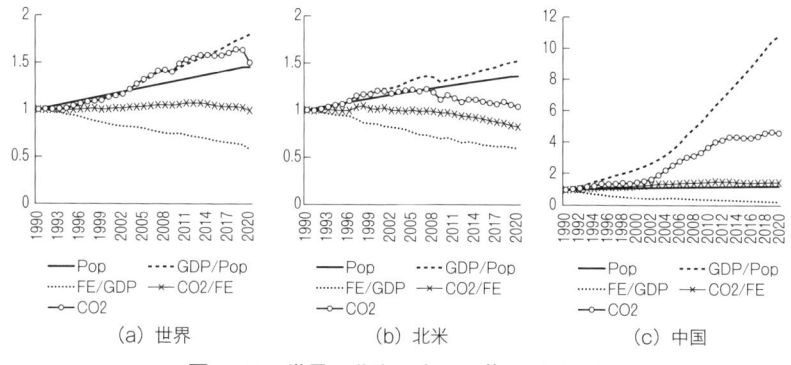

図 8 - 2　世界，北米，中国の茅の要素分析

（出所）IEA ［2021］, IEA, World Energy Balances（https://www.iea.org/data-and-statistics/data-product/world-energy-balances, 2021年12月 6 日閲覧）に基づき筆者作成.

のためには，各要素の今後が過去の趨勢からどのような変化が必要か，という重要な情報が提供される.

　一例として，世界，北米（米国・カナダ），中国の1990–2020年間の各要素を図8‑2に示す.

　これまでの世界のCO_2排出増加の抑制要因は，GDP 当たりの最終エネルギー消費（エネルギー強度）であったことが示唆され，過去の趨勢の単なる延長上に炭素中立化社会の実現は期待薄であり，エネルギー炭素強度の低下の世界的な加速が不可欠と予想される[13].

　ここで DICE モデルと茅の要素分析の関係を見てみよう.（6）式の sigma（t）は，sigma（t）=（CO_2/ /GDP）=（CO_2/E）×（E/GDP）であることから，炭素強度かエネルギー強度のいずれかが推計できれば，各要素は推計できることになる. エネルギー消費の詳細な変化には不足でも，DICE モデルの描写から，エネルギーシステムの推移の知見を得られる.

2　IPCC の SSP シナリオについて

　気候変動では，2100年を超える長期的な将来が語られる. 遠い将来では，人口も産業も，社会の姿も，そこへの経路も，現状から大きく異なろう.「気候変動」現象は自然科学の領域であっても，「排出」や気候変動の「影響」も，人々の選択と行動の結果である. 人々の「選択」は自然科学的の「予測」とは質の異なる問題であり，物理学的な精緻化とは別アプローチが必要である. 人々

の選択の積み重ねとしての将来像をあらかじめ複数想定し，各々に対して環境対策を策定する what〜if 的なアプローチが用いられる[14]．

　将来の社会経済とエネルギー，環境の姿を定量的に示したシナリオとしてよく用いられるものに，2015年に構築された SSP（Shared Socioeconomic Pathways）がある [O'Neil et al. 2017][15]．SSP シナリオは，緩和の難易度と適応の難易度の2軸に従い，SSP 1（持続可能社会：グリーンロード　緩和：容易　適応：容易）SSP 2（中庸の道：ミドルオブザロード　緩和：中位　適応：中位）SSP 3（分断化社会：ロッキーロード　緩和：困難　適応：困難）SSP 4（格差社会　緩和：容易　適応：困難），SSP 5（従来型化石燃料依存社会：ハイウェイ　緩和：困難　適応：容易）の5種類からなる．この社会経済シナリオに対し，大気の放射強制力2.6，3.4，4.5，6.0W/m^2のRCP（Representative Concentration Pathways）気候変動シナリオの上に計算を行い，エネルギーや経済成長の地域差などを提供した[16][17]．ここから，各 SSP シナリオに対する茅恒等式の各要素の推移を抽出できる．一例として SSP 1 および SSP 2における RCP2.6ケース（ほぼ2100年2℃上昇制約に相当）と RCP1.9ケース（ほぼ2100年1.5℃上昇制約に相当）の最終エネルギーの GDP 比（FE/GDP）と一人当たり所得（GDP/人口）の関係を2010年＝1と指数化し図8-3にプロットした．評価モデル間の差異は小さく[18]，比較的安定した推移を描いている．

　図8-3に回帰分析を行い，その結果を DICE モデルのシミュレーション結果に適用すれば，その背後の温度上昇制約に対するエネルギーシナリオの変化を議論することができる．

3節　DICE モデルの拡張と SSP-RCP シナリオシミュレーション

　DICE モデルでは，I（t）と MIU（t）を与えると，これ以外の変数は逐次的に決定されるので，EXCEL のような表計算ソフトへの移植は容易である．ただし，EXCEL 変数や制約式数を100個以内とする制約のあること，制約条件の潜在価格が得られないこと，計算時間が大幅に増加するなどの限界がある．

　本書出版元である晃洋書房のサイトに上げた DICE-EXCEL では，DICE モデルを再現するだけでなく，SSP 1〜SSP 5 の人口と CO_2 排出シナリオに合わせた調整した SSP シナリオを計算できるようにした．調整は，まず無対策ケース（MIU（t）= 0）において，①SSP の人口シナリオを与え，②SSP ベースケースの GDP2100年値をできるだけ再現するよう（1）式 A（t）の成長率を調整，

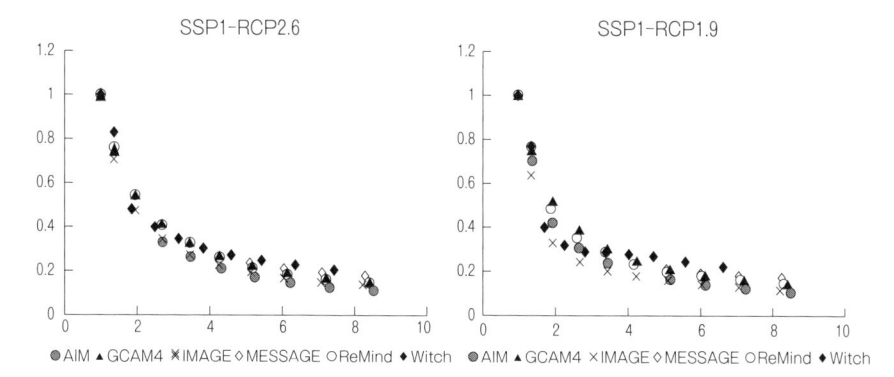

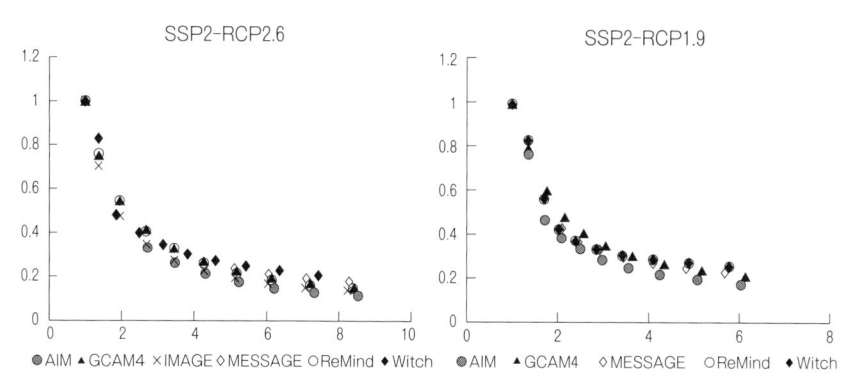

図 8-3　SSP-RCP シナリオの FE/GDP と GDP/人口の散布図のモデル間比較の例
（出所）国立環境研究所「2017」のデータに基づき筆者作成.

③ SSP ベースケースの2100年 CO_2排出量を再現するよう（6）式 sigma（t）の低下率を調整，として SSP シナリオを DICE モデル上で再現する．さらに2100年温度上昇に制約を与えるシナリオを設けた［森 2023］.

　DICE モデルに SSP シナリオを設定し，2℃制約，さらに1.5℃制約を与える場合の注意点を述べる．多くの予測では，1.5度上昇制約（研究によっては2℃制約であっても）を課すと負の排出が必要，すなわち（6）式の MIU（t）が21世紀後半には 1 を超えるとしている[19]［IPCC 2018］.「負の排出」実現には大規模植林の他，直接大気炭素回収技術（DAC）[20]［産総研 2023］に期待がある．ただし，この CO_2回収はエネルギー利用とは独立であり，火力の太陽光発電への置き換えなどエネルギー起源の CO_2排出削減技術とはやや異質である．晃洋書房サイ

トに上げた EXCEL 版 DICE モデル（本書コラム10参照）では排出削減率を，エネルギー起源の排出削減率 MIU（t）と，DACS を表わす MIU_2（t）に分けている.

　次いで，計算結果が与える一人当たり所得と図 8−3 の関係から FE/GDP を求め，最終的に CO_2/FE の系列を推計した.

　なお，DICE モデルでは CO_2 削減率 MIU と GDP から削減費用を求めるため，GDP のベースラインや CO_2 排出量が変化すると，そのままでは削減費用に偏りが生じる．実際，DICE モデルオリジナルよりも GDP が大きく，無政策での CO_2 排出削減量の低い SSP 1 では，同じ CO_2 排出削減量に対して削減率が高くなり，これに GDP を乗じた削減費用はさらに高く計算される．そこでこれを補正するため，同じ削減量なら同じ削減費用を与えるよう各 SSP の排出削減率 MIU（t）を DICE モデルオリジナルの削減比率に換算し，DICE モデルの GDP 値に基づいて削減費用を計算するよう修正している.

　以下，シミュレーションの結果例を述べる．ここでは両極端なシナリオである SSP 1 と SSP 3 を中心に述べる[22]．MIU，MIU_2 を初期値に固定する無政策ケース（SSP-BAU），温度制約は行わず温暖化による損失と費用のバランスを見る最適解ケース（DICE-Opt），および2100年大気温度上昇を2.5℃，2℃，1.5℃以下とするシナリオ（2.5Deg, 2.0Deg および1.5Deg）のもとでの計算結果を示す．ここで温度制約を2100年以降に実現する場合と，それ以前から温度制約を満たす場合の 2 通りを比較する．前者は，2100年以前に大気温がいったん目標値を超え，その後温度制約を満たすよう低下するケースを認めるもので，「オーバーシュート」ありと呼ばれる．後者は21世紀を通して温度上昇制約を課すものである[23]．前者では制約が先送られ，後の削減技術の進歩を前提に急激な排出低下をさせるもので，削減費用が割り引かれ最適化モデルでは「より好ましい結果」となることが多い．同時に，実行上は「将来の技術進歩にそこまで期待してよいのか」「温度上昇時の影響は回復しないのではないか」「いったん超えた目標を，期限までに方向転換して達成できるのか」という懸念が付きまとい，批判もされてきた.

　図 8−4 には，SSP 1 と SSP 3 について，経済指標の変化を DICE-Opt. と比較して示す．オーバーシュートありの場合，GDP 損失率は明らかに低下し，また損失のピークも後送りされている．SSP 1 では 2℃目標，1.5℃目標では21世紀終わり付近で GDP がむしろ上昇しているが，消費額の低下は前半で大

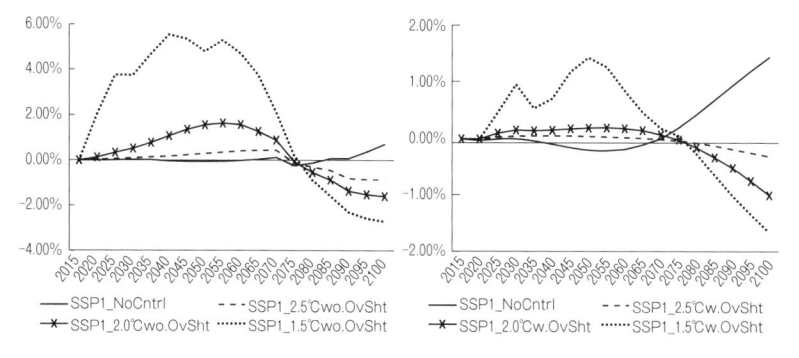

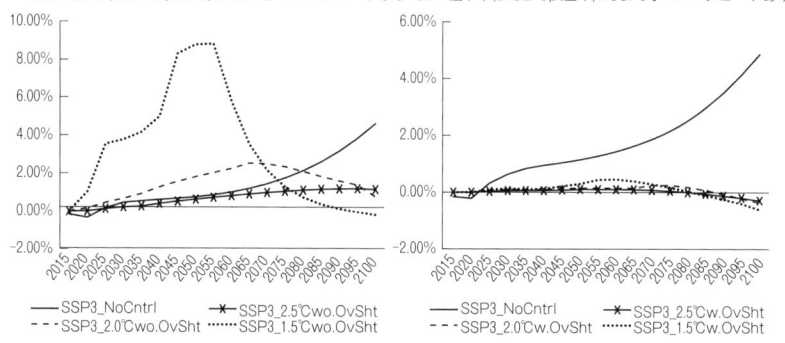

図8-4　DICE 最適解からの GDP 損失率の比較

（出所）筆者の作成した DICE-EXCEL プログラムにより作成.

きく温暖化対策の費用を賄うため投資を拡大し消費を抑え，大気温度上昇抑制が見え始めたころ消費も拡大する，という流れが見える.

　もともとベースラインでの CO_2 排出が大きい SSP3 では GDP, 消費とも温度制約時の損失が明らかで，またオーバーシュートの影響も大きく現れている. 図8-5には大気温度の変化を示す. オーバーシュートありを w. Ovsht, なしを wo. Ovsht で示す.

　2℃制約まではこの差は小さいが，SSP1の1.5度上昇制約オーバーシュートなしでは，大気温上昇が21世紀末に向かいさらに低下する結果となっている. これは（9）-（12）式が示す CO_2 排出と蓄積，大気温度の変化の間の応答遅れ（慣性効果）のためと考えられる. 急速な排出削減によりいったん温度を低

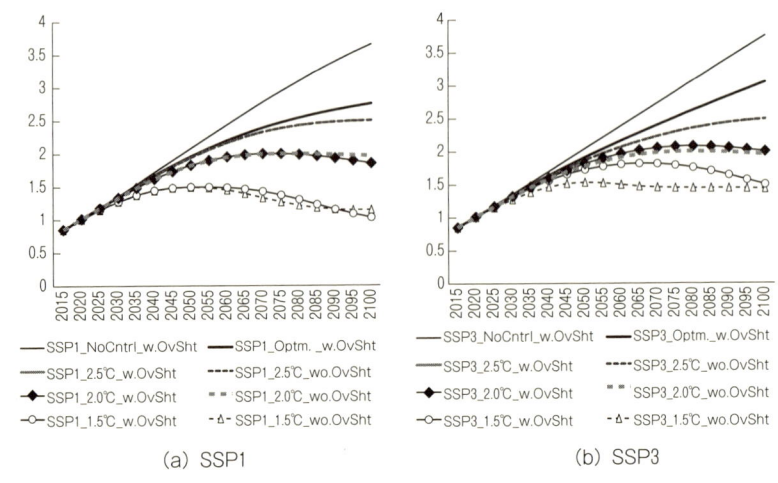

(a) SSP1   (b) SSP3

図 8-5 　大気温度のシナリオ別変化

（出所）筆者の作成した DICE–EXCEL プログラムにより筆者作成.

　下させると，その後排出を再開してもしばらくは低下傾向が続き，その後次第
に上昇傾向に向かう動きをする．これは次のCO_2排出経路の差も示唆している．
　人為起源CO_2排出量の推移を図 8-6 に示す．いずれも，1.5 度上昇制約のも
とでは「負の排出」が必要であるが，SSP 3 ではオーバーシュートの有無の差
が大きい．
　また，いずれも排出抑制のピークは21世紀中に起こり，今世紀末には，炭素
中立化社会の確立とともに負の排出の必要性は大きく低下している．21世紀半
ばの排出量は，ほぼ現状値の正負を逆転させた値となっている．いうまでもな
くこれは容易な道ではない．これが実現可能かどうかは炭素中立化技術の確立
と規模，何より世界的な合意によるであろう．
　次にCO_2/FE の推計と過去の実績値との比較を行う[24)]
　図 8-7 には，SSP 1 と SSP 3 のCO_2/FE の1971年以降の推移を比較する．
ここでは人為的起源のCO_2排出のみが描かれており，図 8-6 が示唆する大規
模な DACS の影響は除かれていることに注意されたい．2.5℃制約までは SSP
1 と SSP 3 のベースケースの特徴が良くあらわれている一方，2 度以下の温度
制約の場合には両者とも比較的類似した経路を示す．これらはいずれも，2020
年までの趨勢から大きな低下を必要としている．目標の厳しい SSP 1 の1.5℃

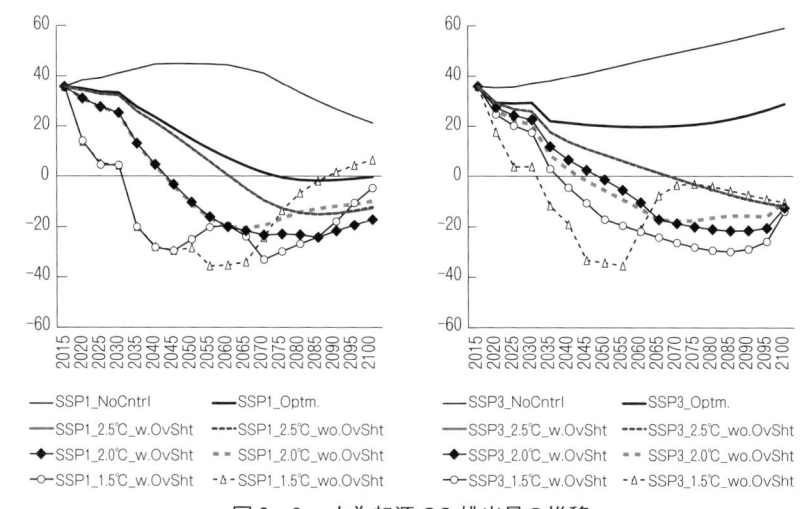

図8-6　人為起源 CO$_2$排出量の推移

（出所）筆者の作成した DICE-EXCEL プログラムにより筆者作成.

および SSP 3 の1.5℃,　2 ℃目標では,　2100年において,　sigma と FE/GDP 低
下の想定から排出を上昇させるというやや不自然な挙動も見られ,　本方法の限
界と,　より詳細な検討の必要性も示唆されている.

　もともとエネルギー技術フローを持たない DICE では,　これ以上の詳細な技
術戦略を導くことはできないものの,　最終エネルギーの脱炭素化の手段は電力
化,　水素利用,　CCUS,　バイオマス利用などオプションはもともと限られてい
る.　過去の炭素中立化の趨勢の加速の必要性と MIU_ 2 で示される負の排出オ
プションの必要性と規模など,　示唆される内容は多い.

おわりに

　気候変動問題は,　すでに現象の分析の段階から政策実装の段階に入っており,
これまで以上に多くのステークホルダーが問題の理解と知識の共有を行う必要
が出てきている.　ここで述べたノードハウスの DICE モデル,　SSP シナリオと
茅恒等式は,　いずれも大枠としての気候変動問題,　経済とエネルギー問題,「負
の排出量」すなわち炭素吸収オプションを含むエネルギー技術の問題について,
データに基づいて数値的な理解を深める強力なツールである.　気候変動とエネ

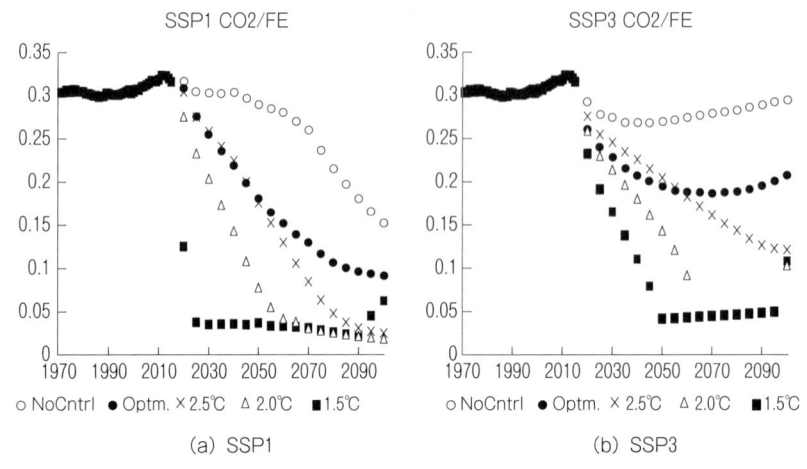

(a) SSP1　　　　　　　　　　(b) SSP3

図 8 - 7　　SSP 1 と SSP 3 の CO_2/FE の1971年以降の推移

（出所）筆者の作成した DICE-EXCEL プログラムにより筆者作成.

ルギー，経済活動の関係を概略的な把握の助けとなろう．もちろん，これらの
みでは詳細な検討は無理で，より精密な数値モデルとデータが必要である．た
だし，それらは専門的な研究の領域に入る．まずここから興味を持ってもらえ
れば幸いである．

注
1 ）気候変動の基本式は物理学の微分方程式で記述される．しかしその初期値や境界条件
　　など，観測によってのみ得られる多くのデータがなければ，計算自体も結果の検証もで
　　きない．精度を上げたということは，それだけ多くの観測データが利用可能となったと
　　いうことでもある.
2 ）適応の可能性は論争的である．農林水産業もある程度までは適応可能であるが，生命
　　活動一般が，温度上昇や水不足にどこまでも適応し続けられるとは考えづらい.
3 ）Nordhaus, W. D.（https://williamnordhaus.com/dicerice-models，2024年 4 月10日閲
　　覧）.
4 ）DICE モデルプログラム内では気候変動の長期的推移を確認するため400-500年先ま
　　でのシミュレーション計算を行っている.
5 ）Nordhaus, W. D.（https://williamnordhaus.com/dicerice-models，2024年 4 月10日閲
　　覧）.
6 ）DICE モデルでは CO_2無排出技術へのトン当たり置き換え費用を基準に「限界削減費
　　用」を与えている．Cost 1 は，この積分値に対応する構成となっている.
7 ）DICE 初期モデルでは，Cost 1 $= 0.0686$, $\beta = 2.887$としていた．その後，β は DICE-

2013で2.8，2016以降2.6としている．また，DICE–2008以降 Cost 1 は次第に低下する想定となっている．詳しくはノードハウスのサイト［Nordhaus 2024］または DICE プログラムを参照．

8）詳細はノードハウスのサイトにある．晃洋書房のサイトにもモデルと概略を収めた．

9）気温は，大雑把には大気中の気体分子からの赤外線放出（放射強制力）を熱源とし，この熱の海や陸の吸収と放射のバランスで決まる．

10）DICE モデル初期版では4.1W/m^2を用いていた．

11）Nordhaus, W. D.（https://williamnordhaus.com/dicerice-models，2024年 4 月10日閲覧）．

12）Kaya, Y., K. Yamaji, R. Matsuhashi "Grand Strategy for Global Warming, Proceedings of the Government Symposium on Global Environment," Tokyo, September 1989.
　　IPCC 総会で示されたことは，本人による日経新聞「私の履歴書」記事にも記載され周知であるが，文献としての初出ははっきりしない．この文献は，山地の講義資料「俯瞰講義：エネルギーと地球環境」（https://ocw.u-tokyo.ac.jp/lecture_files/gf_08/4/notes/ja/yamaji_3.pdf，2024年 4 月10日閲覧）による．

13）晃洋書房のサイトには日本の過去の人口，GDP，エネルギー需要，CO_2排出の推移のデータがアップロードされているので，過去の推移と将来変化について考察されたい．また，シカゴ大学のサイト（https://climatemodels.uchicago.edu/kaya/）は，簡単な計算ツールを提供している．

14）防犯を例としよう．「泥棒がいつ家に入るか」の科学的予測はまず無理であろうが，「入るとすればどうやって入るか」「侵入を防ぐにはどうすべきか」は合理的な議論の対象となる．自然科学的予測が単一未来の正確な描写を追求するのに対し，社会を対象とする場合は人々の多様な「選択」の可能性を前提に，複数の未来像を想定する点が大きな違いとなる．

15）国立環境研究所「気候変動研究で分野横断的に用いられる社会経済シナリオ（SSP；Shared Socioeconomic Pathways）の公表」（https://www.nies.go.jp/whatsnew/20170221/20170221.html，2024年 4 月10日閲覧）．

16）SSP シナリオは社会経済像の描写だけでなく気候モデルの長期シミュレーションの共通基盤のために開発された．詳しくは国立環境研究所「気候変動研究で分野横断的に用いられる社会経済シナリオ（SSP；Shared Socioeconomic Pathways）の公表」（https://www.nies.go.jp/whatsnew/20170221/20170221.html，2024年 4 月10日閲覧）を参照．

17）IIASA［2018］SSP Database（Shared Socioeconomic Pathways）- Version 2.0（https://tntcat.iiasa.ac.at/SspDb/dsd?Action=htmlpage&page=10，2024年 4 月10日閲覧）．

18）一次エネルギーを用いるとモデル間のばらつきは大きくなる．

19）「負の排出」は，人類が排出した以上の CO_2を大気から吸収し，地中あるいは海中に蓄積する壮大なシステムとなる．莫大なエネルギーと費用を要する．

20）産総研「DAC（直接空気回収技術）とは？―カーボンニュートラル実現に貢献するネガティブエミッション技術」産総研マガジン2023/ 8 /30（https://www.aist.go.jp/aist_j/magazine/20230830.html，2024年 4 月11日閲覧）．

21）大気から直接 CO_2を吸収し地下などに貯留する技術を言う．回収までの技術を DAC,

貯留まで含め DACS と称することがある.

22）これ以外のケースのシミュレーション結果は，晃洋書房のサイトに示す.

23）ここでは2050年以降に温度制約をかけ，オーバーシュートなしケースを扱った．ただし実行可能解がなくなるので1.5℃制約では2070年以降とした.

24）晃洋書房のサイトの EXCEL 版 DICE には，DICE-2016モデル，SSP 1 - 5 各ケースへの適用の他，気候ブロックを大幅に改定した最新の DICE-2023モデルの概説とプログラムも合わせて示した.

参考文献

〈邦文献〉

国立環境研究所［2017］「気候変動研究で分野横断的に用いられる社会経済シナリオ（SSP；Shared Socioeconomic Pathways）の公表」（https://www.nies.go.jp/whatsnew/2017 0221/20170221.html，2024年 4 月10日閲覧）.

複合エネルギー需給システム技術調査専門委員会［2007］「エネルギー分野におけるシステムモデル分析の現状と将来」『電気学会技術報告』1092.

〈欧文献〉

IEA［2021］IEA, Energy Balances（https://www.iea.org/data-and-statistics/data-product/world-energy-balances，2021年12月 6 日閲覧）.

IIASA［2018］SSP Database（Shared Socioeconomic Pathways）- Version 2. 0（https://tntcat.iiasa.ac.at/SspDb/dsd?Action=htmlpage&page=10, 2024年 4 月10日閲覧）.

IPCC［2014］AR 5 Climate Change 2014 : Mitigation of Climate Change, WG 3 , Annex-III, Part 2 , pp. 1871.

——［2018］Global Warming of 1. 5℃ : An IPCC Special Report on the impacts of global warming of 1. 5℃, Figure SPM. 3 a（https://www.ipcc.ch/sr15/download/，2024年 4 月11日閲覧）.

——［2021］*Climate Change 2021 : The Physical Science Basis*（https://www.ipcc.ch/report/ar6/wg1/，2024年 7 月 9 日閲覧）.

——［2022］*Climate Change 2022, Mitigation of Climate Change*（WG- 3 ），Annex-III : Scenarios and Modeling Methods（https://www.ipcc.ch/report/ar6/wg3/，2024年 7 月 9 日閲覧）.

Nordhaus, W. D.［1994］*Managing the Global Commons*, MIT Press（室田泰弘・山下ゆかり・高瀬香絵訳『地球温暖化の経済学』東洋経済新報社，2002年）.

O'Neill, B. C., E. Kriegler, et. al.［2017］"The roads ahead : Narratives for shared socio-economic pathways describing world futures in the 21st century," *Global Environmental Change*, Vol. 42, pp. 169–180, 2017

Wigly, T. W. L.［1995］MAGICC and SCENGEN : Integrated models for estimating regional climate change in response to anthropogenic emissions, Studies in Environmental Science, Volume 65pp. 93–94（最新バージョンは http:https://magicc.org/，2024年 4 月10日閲覧）.

〈ウェブサイト〉

Chicago University（https://climatemodels.uchicago.edu/kaya/，2024年4月10日閲覧）.

Nordhaus, W. D.（https://williamnordhaus.com/dicerice-models，2024年4月10日閲覧）

（森　俊介）

コラム10

シミュレーション用 DICE–EXCEL ワークシートの使い方

　ノードハウス教授の DICE プログラムサイトは，2022年秋にいったん閉鎖となり，その後2023年12月に再開された．DICE の EXCEL 版は，ノードハウス自身により作られ公開されていたが，閉鎖に伴い筆者が教材用に作成し，SSP と接合させた．ただし EXCEL の制約のため，シミュレーション期間は2145年までとした．2105年以降の結果は無視されたい．

　晃洋書房のサイトには，DICE–2016と DICE–2023の2種類の DICE–EXCEL モデルを収録した．それぞれが SSP 1 から SSP 5 のファイルを持つ．さらに，各モデルには，オーバーシュートありなしの2種類がある．各シートには，吹き出しでシミュレーション上の注意点を入れた．

　各シートは，順にマクロ経済成長モデル（ラムゼイモデル）に，順次 ① CO_2排出（Emissions シート），② 気候変動（Climate Change シート），③ 気候政策（Climate Policy シート）と変数が増え，③で DICE モデルとなる．②③の CO_2排出量 E（t）行に，別途推計したデータを与えると，その時の大気温度上昇のシミュレーションができる．④（SSP and Kaya Factors シート）では，SSP シナリオの茅の4要素分析結果が示される．⑤（DICE under SSP）シートは，SSP シナリオと DICE モデルの接合が行われる．まず，SSP シートの対象シナリオの人口，GDP，最終エネルギー FE，CO_2排出量を50–53行にコピーする．そのままでは，DICE モデル結果と SSP データは整合しないため，生産性成長率 AL（第33行）と sigma（第34行）を修正する．セル G 4（THETA 1），G 5（THETA 2）の修正係数を変え，セル I 4，I 5 の SOLVER で解いた結果を見て，AL と sigma を修正し，DICE と SSP を合わせる．この調整後のパラメータ値をこの後のシミュレーションでもちいる．シートの 1 – 6 行にはモデルパラメータ値が入っている．温度制約は，SOLVER の制約式で与える．

　なお，EXCEL–SOLVER では$0.2 \leqq x \leqq 0.8$のような値域制約も制約式で与えられるが，GRG 非線形解法では計算途中で制約が破れ停止する，というケースも見ら

表 1　EXCEL シートの SSP と DICE の調整箇所（SSP 3 の例）

elas_um	1. 45		2100 DICE	目標 SSP	温度上昇
THETA 1	0. 35	（GDP 調整）	345. 1	344. 5	2. 268
THETA 2	1. 4	（CO_2排出調整）	−4. 5	60. 2	2. 386

（出所）筆者作成.

れた．本シートでは中間変数 Z を用い，x=0.2+（0.8−0.2）＊Z^2/（1+Z^2）のような変換を行っている．これにより，Z がどう変化しても常に0.2≦x≦0.8が保証される．ただし，この方法は Z=0，あるいは極めて大きい値を取ってしまうと，X の探索が止まることがある．SOLVER 計算が終了した際，9-11行の変数 MIU（t），MIU_2（t），I_Work（t）が 0 あるいは1000を超えていた場合は，そのセルに前後から見た適切な値を与え，そこから SOLVER の「解決」ボタンを押して計算を再開する．数回再計算しても変化しないなら，その結果は受容できる．

（森　俊介）

コラム11

地球温暖化のメカニズムと研究の歴史

　地球温暖化の最新の研究動向は，環境省のサイトをはじめ様々な資料が提供されている．それでも，「懐疑派」と呼ばれる温暖化そのものを疑う人々は後を絶たない．ここでは，「温暖化研究」の過去を振り返ってみよう．この歴史は，Weart [2003] によくまとめられている．

　19世紀初頭のフーリエによる気体の赤外線吸収効果の発見ののち，19世紀末-20世紀初頭，アレニウスにより二酸化炭素温室効果と CO_2 濃度倍増時の4-5度上昇の予測がなされた．しかし，当時は「CO_2の吸収は地表で飽和している」との批判に答えられずアレニウスもこれ以上は関心を示さなかった．その後，20世紀半ば，プラスは空気の薄い対流圏上層では吸収が未飽和な点を指摘した．1969年，真鍋（2021年ノーベル物理学賞受賞）は海洋一大気の結合循環モデルを開発し，温暖化を警告した[Manabe 1969]．

　図1のように，対流圏で CO_2 をはじめとする温暖化ガスは，地表から反射する赤外線を吸収し再放出する．このためその一部の赤外放射が戻って地表を再度温め，やがて温度上昇をもたらし，新たな点でバランスする．この図を見ると，「それなら，上層へ戻る赤外線が減るのだから，成層圏の温度は下がるはずではないか」と疑問がもたれる．実際，これは「高層大気の寒冷化」として観測され確認に至った［国立極地研究所 2014；WIRED, 2023］．温暖化の一つの証拠ではあるが，同時に地表への影響にはなお不明点も多く，そこに課題が残る．

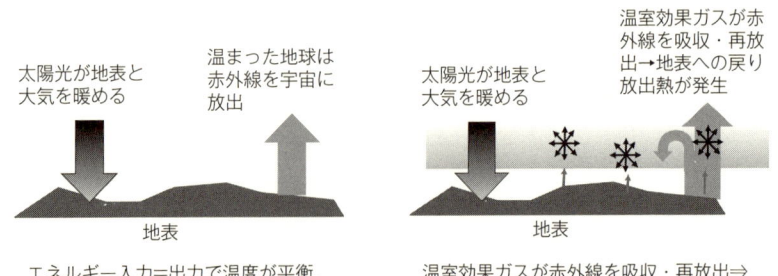

温室効果ガスが赤外線を吸収・再放出→地表への戻り放出熱が発生

太陽光が地表と大気を暖める

温まった地球は赤外線を宇宙に放出

太陽光が地表と大気を暖める

地表

地表

エネルギー入力＝出力で温度が平衡．温室効果ガスがなければ-18℃が平衡温度

温室効果ガスが赤外線を吸収・再放出⇒放射熱の一部が地表に戻る⇒ 地表が温まり，赤外線放出も宇宙への放射も増加⇒やがて新たな平衡温度に到達

図1　温暖化のメカニズム

（出所）筆者作成.

参考文献

国立極地研究所［2014］超高層大気が寒冷化する様子を，33年間の大型レーダー観測から解明（https://www.nipr.ac.jp/info/notice/20140926.html, 2024年 4 月18日閲覧）.

Manabe, S. and Bryanm, K.［1969］"Climate Calculation with a Combined Ocean-Atmosphere Model," *Journal of Atmospheric Science*, 26, p. 786–789.

Weart, S. R.［2003］*The discovery of global warming*, Harvard University Press（増田紘一・熊井ひろ美訳『温暖化の〈発見〉とは何か』みすず書房，2005年）.

WIRED［2023］https://wired.jp/membership/2023/08/30/the-upper-atmosphere-is-cooling-prompting-new-climate-concerns/（2024年 4 月18日閲覧）.

（森　俊介）

第9章

カーボンニュートラルとエネルギー転換の地政学と
ガバナンスの課題

は じ め に

　2015年に195カ国が調印した気候変動問題に関するパリ協定は，世界の平均気温の上昇を工業化以前よりも2℃を十分に下回り，1.5℃に上昇を抑える努力の継続を掲げ，今世紀半ばまでにカーボンニュートラル（二酸化炭素（CO_2）の排出量と吸収量の均衡）を目指す．2016年にパリ協定が発効して以降，気候変動問題に対する国際的な取り組みは加速している．気候変動問題に関する政府間パネル（IPCC）の2018年特別報告書は，工業化以前の地球平均気温が1.5℃上昇した状況を初めてシミュレーションし，2℃の世界よりは旱魃や異常気象による気候リスクは相対的に低いものの，生態系や人間社会の営みに対する相当の被害は免れないとした．他方，今世紀末までの気温の上昇1.5℃に抑えるためには，2030年までに2010年を基準年としてCO_2に代表される温室効果ガス（GHG）の排出量を45％以上削減する必要があるとした [IPCC 2018]．この削減値は，1.5℃目標達成のために，2030年まで世界は後どれほどのGHGを排出できるかということを意味する．つまり，IPCCによれば，工業化以前からの大気中の累積GHGレベルを2,200±320 Gt CO_2e（ギガトン炭素換算）（中位の確度）の範囲に収める必要があり，2018年時点での世界の炭素予算（carbon budget）の「余剰分」は，約420 Gt CO_2e であった [IPCC 2018 : 27]．[1] 換言すれば，後これだけしか排出できない，ということである．
　このIPCCの2018年特別報告書は，パリ協定で焦点が当たっていた2℃目標よりもむしろ1.5℃目標達成のために，森林や炭素回収貯留（CCS）技術の活用等を通したCO_2の吸収に加え，より一層のCO_2排出抑制を要請している．このより厳しい目標達成に向けて，再生可能エネルギー（以下，再エネ）開発や脱炭素社会形成のための経済社会活動がより活発化した．世界のGHG排出大国は，

化石燃料を中心としたエネルギー構成から，風力，太陽光，バイオマス，地熱，水素などの再エネ中心のエネルギー構成への転換を追求している．また，グローバル市場で競争する企業や年金基金等の機関投資家も石炭産業等から資金を引き揚げて再エネ産業や省エネ技術開発への投資を促進し，日本を含む石炭依存の大きな国に対して間接的に圧力をかけている．国際社会にとって気候危機から脱却するために化石燃料から再エネへのエネルギー転換が急務であるが，再エネ機器の材料である重要鉱物資源（後述）の制約を受けているばかりか，その地政学的なリスクも顕著になってきた．国際状況の不安定さが増す今日，はたして国際社会は重要鉱物をめぐる地政学的リスクを軽減しつつ，エネルギー転換を加速させることができるのだろうか．

1節　気候変動問題とカーボンニュートラル

　2021年8月，IPCCの第1作業部会（WGI）は，第6回目の気候変動の物理科学的評価（AR6）を発表した．この報告は，地球の気候変動の要因が人為的な温室効果ガス（GHG）の排出であることは，「疑いの余地がない」と断定した［IPCC 2021：5］．また，同報告は，工業化以前からの平均気温の上昇を1.5℃以下に抑えるという目標に関して，GHGの排出量や将来の社会像に合わせて検討された5つの排出シナリオを評価した．その結果は，最も厳しいGHG削減シナリオでも，今後20年間（2021-2040）に1.5℃の上昇が避けられないことを示した［IPCC 2021：17-18］．2022年2月，気候変動による「影響，適応，脆弱性」を評価するIPCC第2作業部会は，「人為起源の気候変動は，より頻度と強度を増した極端事象を含む，自然と人間に対する広範囲にわたる悪影響と，それに関連した損失と損害を，自然の気候変動の範囲を超えて引き起こしている」とし［IPCC 2022：8］，約33億から36億の人々が気候変動に対して非常に脆弱であると指摘した［IPCC 2022：12］．
　地球規模の気候変動緩和と適応のためには，国際交渉の当事者である政府や政府間機関に限らず，企業，投資家，研究機関，非営利団体（NGOs），一般市民を含めたあらゆるステークホルダーの関与が求められる．むしろ，政府を含めた全てのステークホルダーを総動員しなければ，パリ協定以降に掲げられている1.5℃目標の達成はおぼつかない．まさに，人類社会は，工業化以来の化石燃料を基盤に発展してきた産業構造の大変革を迫られている．そのためには，

鉱工業，製造業，運輸，農林水産業，情報・通信，流通・販売そして人々のライフスタイルを含むあらゆる産業及び民生部門における変革が求められる．このことを念頭においた上で，本章では世界のGHG排出量（52.8 Gt CO₂e）の約70%を占めるエネルギー関連部門（36.8 Gt CO₂e）［IEA 2022］に焦点を定めて，エネルギー転換の必要性と地政学的影響について考察する．

国連気候変動枠組条約（UNFCCC）を中心とした国際社会の取り組み

2020年9月，欧州委員会委員長フォンデライアンは，欧州連合（EU）全体で2030年までに1990年のCO₂排出量水準から55%削減すると表明する一方，中国の習近平国家主席は2060年までにカーボンニュートラルを目指すと宣言した．同年10月，菅義偉首相は日本の2050年ネット・カーボンニュートラル目標を掲げた．アメリカのジョー・バイデン大統領は，2021年4月，同年11月にスコットランドのグラスゴーで開催されるUNFCCC第26回締約国会議（COP26）に向けて，各国のGHG削減目標（NDC）の強化を目的に，気候に関する首脳会議を開催した［Ohta 2021：26］[3]．

2021年10月から11月にかけてイギリスのグラスゴーで開催のCOP26で採択された「グラスゴー気候協定」は，151カ国が2030年までのNDCを段階的に引き上げることを約するとともに，同年までの石炭火力発電の「段階的削減」に言及し[4]，1.5℃目標を掲げた［UNFCCC 2021］．

エジプトのシャルム・エル・シェイクで2022年11月に開催されたCOP27でも1.5℃目標は堅持された．また，長期的な気候変動対策基金問題も審議され，特に脆弱な途上国支援の新たな資金面での措置を講じるために，ロス＆ダメージ基金を設置することが決定された[5]．

2023年11月，COP28はアラブ首長国連合（UAE）のドバイで開催された．最終合意文書は，気候変動対策を積極的に推し進めるEU，島嶼国，そして環境NGOが合意文書に求めた「化石燃料の段階的廃止」ではなく，「化石燃料からの脱却」を加速させるという表現に弱められた．それでも，化石燃料からの脱却に言及することや2030年までに再エネを現在の3倍に増やすことが合意文書に書き込まれたことは画期的であった[6]．また，各国のNDCの進捗状況の評価と検証を通した情報公開によって，2025年までに対策の更新と強化を図るグローバル・ストックテイクが行われた［UNFCCC 2023］．しかし，国連環境計画（UNEP）の『排出量ギャップ報告』は，現在掲げられた政策をすべての国が実

行しても，地球の平均気温は今世紀末には工業化以前から2.5℃〜2.9℃の範囲（国内の法的措置等の有無）で上昇するとしている［UNEP 2023］.

2節　エネルギー転換

　主要排出国や地域を中心に，中・長期の GHG 排出削減目標の更新および再エネ技術開発競争が始まっている．例えば，EU は，グリーンディール政策として「気候中立」（カーボンニュートラル）を表明して，約1兆8000億ユーロ規模のグリーン経済復興策を打ち出す一方，バイデン政権のアメリカでは，2021年11月上旬に，1兆ドル規模の社会生産基盤の再構築法案（インフラ投資法）が成立した．今後10年間，道路，橋，高速道路の補強とともに，ブロードバンド，送電網，電気自動車（以下，EV）用の急速充電ステーションの増設などを含む5500億ドルが国家予算に計上される[7]．さらに，予算規模約5000億ドルの「インフレ抑制法」（Inflation Reduction Act : IRA）が議会で成立し，気候変動対策に過去最大規模である3910億ドル，医療保険制度改革に1080億ドルを計上している［宮野 2022］．日本でも，グリーン成長戦略の一環として，例えば，新エネルギー・産業技術総合開発機構（NEDO）が2兆円の基金を積み立てて脱炭素技術開発を促進している．

　気候変動対策の要となる自然エネルギー開発やその普及，すなわち，太陽光発電・太陽熱利用，陸上・洋上風力発電，小規模水力発電，バイオマス，ヒートポンプ等々の利用やガソリンやディーゼル燃料車から EV あるいは水素で駆動する燃料電池車等への転換は，温暖化対策のみならず，海外の化石燃料への依存を軽減することによって，エネルギーの安全保障を高めることができる．再エネの中でも，特に，太陽光や太陽熱，風力や水力，バイオマス，地熱などの自然エネルギーは，各々地理的な制約はあるものの，地元のコミュニティーで地産地消でき，発展途上国のみならず先進工業国における地域社会の自立や活性化，さらには持続可能な発展を促すことができる．再エネによる小規模かつ地域分散型のエネルギー供給システムは，火力・原子力発電による従来型の大規模集中型のエネルギー供給システムに対して構造変革をせまる契機となる．ただ，後述するように，再エネ開発の急拡大による環境汚染と地政学的な問題は存在する．また，エネルギー転換が技術的解決のみに依拠して，何らの社会的軋轢もなく遂行されるものでもない．化石燃料を基盤とした複雑な技術社会

システムとそれを支えてきた現有勢力［Unruh 2000］と，様々な再エネやそれ
を活用する多様な技術および新たな担い手から構成される新参勢力との間の市
場争奪戦や社会システム選択をめぐる軋轢なども想定される［Geels 2014；Mead-
owcroft 2009；Moe 2010；Moe 2012；Valkenburg and Cotella 2016］．より根源的には，
化石燃料に依拠した産業構造の大転換は，18〜19世紀の産業革命に類する人類
史における一大イベントで，国内の現有勢力の抵抗のみならず，石油・天然ガ
ス・石炭輸出国なども巻き込んだ，世界のエネルギー地政学地図の塗り替えを
示唆するものでもある．

3節　エネルギー転換の地政学

　世界のエネルギー問題と地政学との間には親和性がある．現代文明の動力源
である化石燃料の生産国は，中東諸国に代表されるように，不安定な国際政治
の渦中にある．石油や天然ガス資源は地理的に偏在していて，ペルシャ湾岸地
域やロシアなどの特定地域に集中している．地政学が，地理的要素によって左
右される国際政治で，特に，為政者の地理的考慮による行動に左右されるもの
とするなら［Scholten 2018a：8］，一国の経済活動に不可欠で世界に偏在する化
石燃料資源の争奪は，優れて地政学的な営みとなる．

　他方，再エネには化石燃料とは異なる特徴があり，一見すると地政学とは無
縁のエネルギー源のように捉えられる．再エネを代表する太陽光は，地域ごと
に日照時間の違いはあるものの，地球上を遍く照らすという意味で*遍在*して
いる．バイオマスの原料となる木質セルロース，藻類やユーグレナも多くの地
域で入手可能な再エネの原料である．風力，水力，地熱に関しては地域の地理
的特性に左右されるが有力な再生可能な自然エネルギーである．これらの再エ
ネの活用は，ローカルレベル（市町村）の領域，国レベルの領域，北海・アジ
ア・欧州といった広い地域の領域で可能で，空間あるいは領域の政治という観
点から地政学的要素があり［Flint 2022］，化石燃料等の資源を海外に依存する
国にとっては，自国内で再エネを開発すれば，エネルギーの安全保障上の懸念
を軽減できる．他方，ソーラーパネル，風力発電機器，電気自動車の電池など
には，コバルト，マンガン，リチウム，レア・アース（希土類元素）などの原材
料が必要で，これらは地域に偏って存在していて［Dominish et al. 2019；Pitron
2020］，化石燃料の地政学的問題に通じるものがある．さらに，グローバル市

場における再エネ技術競争や再エネ技術のサプライチェーンの優位性を争う接続性の地政学［Khanna 2016］的な現象も認められる．

　世界では，再エネへの転換が加速度的に進んでいる．2021年，風力と太陽光資産のための世界の資本支出が，3570億ドルから4900億ドルに成長し，新規と既存の油井とガス井への投資を初めて上回った．中国は，2025年までに，1000テラワット時（TWh）の再エネを供給する能力を得るということで，これは今日の日本の総エネルギー生産に匹敵する量である[8]．また，アメリカはインフレ抑制法によって再エネ技術開発のための補助金3900億ドルの予算を計上する一方，EU委員会は2500億ユーロをグリーン技術開発のために企業に融資すること，太陽光発電を2倍にする目標年を2030年から2025年に前倒することを決定した．同様に，ドイツは発電源としての再エネの割合を2030年までに65％から80％まで引き上げる目標を掲げる一方，中国は，エネルギーの第14次五カ年計画において，発電に占める再エネの比率を2025年までに33％に増やす目標を掲げた[9]．つまり，石炭や天然ガスの需要増大が長期に渡って継続するのではなく，世界のエネルギー事情において，2025年以降脱炭素の傾向が優勢となり，化石燃料由来のGHG排出が減少する可能性があるということである．

4節　再エネ技術と原材料の地政学とガバナンス

1　再エネ技術開発の国際競争

　太陽，風，地熱などの自然エネルギーを中心とした再エネが化石燃料に取って代わる世界は，どのような景色になるのだろうか．再エネの地政学に関する包括的な研究は，四つの可能性を指摘している［Scholten 2018; Scholten and Bosman 2018］．第一に，エネルギー市場は寡占市場からより競争的な市場に移り，化石燃料生産国の戦略的な影響力に代わって，再エネの効率的な生産者や安価なエネルギー供給者，大消費者が市場を左右することが可能になる．また，エネルギー多消費国は，社会・政治情勢が不安的な中東の石油や天然ガスの依存度を減らすことができる一方，国際的な紛争も減少する可能性がある．第二に，石炭火力や原子力発電所のような大規模集中型の電力供給とは異なり，一般家庭，ビジネス，コミュニティなどの多様なプロシューマー（prosumer：自ら製品やサービスを生産する消費者）が電力を生産しつつ消費するという新たなビジネスモデルが出現し，地方への権限委譲なども進む．第三に，再エネ技術開発やそ

の開発に不可欠な希少金属を得るための国家間の競争が激しくなる可能性がある．最後に，再エネの世界は，エネルギーシステムの電化をもたらすため，化石燃料のようなグローバルな規模の供給網から，電力の長距離搬送によるエネルギー損失の問題によって，電力によるエネルギー供給は地域的な送電網の範囲に移る可能性が高い．

　現在，世界はエネルギー転換の過程にあるので，前述の再エネ主流の世界の特徴は想定可能なシナリオでしかないが，それでも現実には再エネ技術開発競争の本格化に伴う再エネの普及が加速している．この傾向は，欧米諸国等の新型コロナ禍不況からの脱却を契機としたグリーン・リカバリーや，ロシアのウクライナ侵攻によるエネルギー危機回避のためのリパワー EU［European Commission 2022］政策により一層強くなっている．はたして，再エネとその技術の普及による地政学的な影響はどのようなものになるのだろうか．ここでは，特に，前述の第三点目の再エネの地政学的な展開の可能性についてやや詳細に考察する．

　再エネ技術開発競争の嚆矢は，2004年，ドイツにおいて再エネによって発電された電力を優先的かつ比較的高値でしかも一定期間にわたって固定した価格で送電会社が買い取る，という「固定価格買い取り制度」(a "feed-in tariff")が導入されたことである．これを機に，中国は戦略的に太陽電池やソーラーパネルを生産し，ドイツをはじめとして EU 市場やアメリカ市場向けに輸出し始めた．中国は2007年に世界最大のソーラーパネル生産国になり，2010年時点で同国の太陽電池メーカーは世界市場の50％近くを占め，アメリカ，ドイツ，日本のメーカーを凌ぐようになり，米・中・EU 間で貿易摩擦を引き起こした［USTR 2012；Hart 2012；太田 2016：282］．

　カーボンニュートラルとさらに一歩踏み込んだ脱炭素に向けた各国・地域の産業育成と競争力強化戦略は，脱化石燃料の地政学的な展開といえる．EU，中国，日本，アメリカはそれぞれ技術的覇権を目指しているが，域内や国内の再エネの豊富さによって成長戦略や輸出する技術の内容は異なる．EU は，域内に豊富な再エネ資源があり，それを活用した水素の生産や世界標準づくり（ルールメーク）に注力している．例えば，EU は域内の豊富な風力などの再エネを活用して水素（グリーン水素）を生成し，鉄鋼業など膨大な石炭燃料を必要とする産業の低炭素化や，自動車や航空機などで使える合成燃料の活用を推進している[10]．また，ルールメークに関して，環境面で持続可能な経済活動を具体

的に定義した「EU タクソノミー」を作成し，これを参照することで，2050年のカーボンニュートラル達成に向けた長期的な投資を呼び込む戦略を取りつつ，排出規制などを実施しない国からの輸入製品について課される「国境炭素税」の導入を計画している[11]．さらに，製品の生産からから廃棄までの全過程を対象としたライフサイクル評価やリサイクル規制を活用した蓄電池の域内生産化を通して，EU 製品の競争力を高める戦略をとっている．中国は，蓄電池などの要素技術に加えて，EV や原子力発電などの輸出で競争力を高め，化石燃料からの脱却を目指している．また，国内に再エネ発電が豊富な中国は，EU 同様，グリーン水素を大量に生成して鉄鋼業やセメント産業の低炭素化を推し進めるため，政府主導で水素エネルギーの工業団地を建設している．

　アメリカのバイデン政権は，2021年11月にインフラ投資法，翌年8月に，CHIPS および科学（チップスプラス）法（H. R. 4346）と大規模な気候変動対策予算を計上したインフレ抑制法（IRA）を成立させた．立野と薮内によれば，アメリカは，GAFAM（Google, Apple, Facebook, Amazon, Microsoft）やテスラなどのハイテック企業を中心に，再エネ，蓄電池そしてデジタル技術を組み合わせた脱炭素戦略に強みがある[12]．例えば，アップルは，サプライチェーン全体で100％再エネの電力利用を促しつつ，素材レベルでゼロカーボン化を推進している[13]．しかし，チップスプラス法による半導体の国内生産の促進，IRA による EV の生産者と消費者に対する補助金と国内 EV 製造における高い国内調達比率が，これまでアメリカが WTO の原則に則って貿易相手国を批判してきた国内産業優先の保護貿易である，と同盟諸国から反感を買っている[14][15]．他方，チュップスプラス法と IRA によって EU の気候中立政策の要である再エネ技術開発への投資がアメリカに逃げてしまう懸念が強いものの，EU 市場単位でアメリカに対して補助金競争を仕掛けて近隣窮乏化政策（a beggar-thy-neighbor policy）状況に陥るのは世界的にも好ましくない．

　日本も2021年10月の菅義偉政権による2050カーボンニュートラル宣言によって遅ればせながら国際的な競争に参入した．日本は再エネ資源開発に消極的で欧米や中国に比べ国内の再エネ資源は乏しく，自動車産業などの個別企業による技術開発が先行していた．しかし，菅政権が将来的な脱炭素の方向性を打ち出したことによって，経産省の「グリーン成長戦略」に見られるように，総合的なアプローチが模索され始めた［経産省 2020］．例えば，NEDO に2兆円の基金を造成して，カーボンニュートラルの分野での産業競争力の基礎の構築を

意図し，① 電力のグリーン化と電化，② 水素社会の実現，③ CO$_2$の固定・再利用等の重点分野について，今後10年間継続的に支援することになった［経産省 2020：6］．岸田文雄政権は原子力新規建設に踏み込みつつ，グリーン・トランスフォーメーション（GX）として前政権の政策を大枠継承している［内閣官房 2023］．

以上のように，欧米，中国，日本は，すでに再エネ技術開発競争で鎬を削っているが，気候変動緩和のためには国家間および地域間の利害調整の必要も認識されている．

2　再エネとデジタル機器の原材料をめぐる地政学とガバナンス

太陽光・風力発電やEVと通信・情報分野のデジタルテクノロジーの融合によってもたらされる産業の劇的変化を，リフキンは農業革命と産業革命に次ぐ第三の革命と位置付けている［Rifkin 2011］．太陽光と風力発電による再エネの生産と蓄電，電力送配電網，スマートグリット，バッテリー，EV，ロボット，人工知能（AI）の応用，IoT，デジタルヘルスケア，医療バイオテクノロジー，ナノエレクトロニクス，自動運転車等々の技術のほとんどは，銅，銀，黒鉛，リチウム・コバルト・ニッケルなどのレアメタル，スカンジウムやイットリウムなどのレアアース，その他の重要な原材料（以下，重要鉱物）などの金属の複雑な組み合わせを必要とする［Dominish et al. 2019；Pitron 2020］．再エネの技術開発分野で，特に，現在主流である太陽光発電（PV），風力発電，EV，バッテリー（動力用・据置型）において，将来的な需要の急増と資源そのものの有限性を考慮すれば，これらの希少な金属を回収して再利用する必要がある．銀は，最も普及している結晶系シリコン型太陽光パネル等のほとんどのパネルに使用されている一方，銀の次に熱・電気の伝導度の高い銅は，あらゆる機器に使用されていてその代用が利かない金属である．レアアースの一種のネオジウム[16]やジスプロシウム[17]はほとんど全てのEVに使用されていて，他の金属でも代用可能だが，リサイクルは進んでいない．アルミニウム，コバルト，ニッケルはリサイクル率が比較的高く，カドミウム，テルル，ガリウムなどでより容易に代用できる［Dominish et al. 2019：iii：5–16］．

上記の金属・非金属の重要鉱物について，使用済みの機器からの回収と再利用が，持続可能な発展，採掘等に伴う環境汚染の軽減，人権侵害（劣悪な労働環境及び過重労働），さらには貴重な資源をめぐる紛争の回避にとって不可欠であ

る．なぜならば，世界的な再エネへのエネルギー転換と技術開発は，その資源の需要を急激に高めていて，これらの資源が世界に偏在し，多くの主要な資源が途上国や中国に集中しているからである．国際エネルギー機関（IEA）によれば，パリ協定の2℃目標達成シナリオ（*持続可能な発展シナリオ：SDS*）で2040年までに現在の4倍の重要鉱物が，より早いエネルギー転換の*グローバル2050ネットゼロ*で2040年までに現在の6倍の重要鉱物が必要となる［IEA 2021：8］．また，同SDSで，2040年までに2020年レベルと比較して，リチウム42倍，黒鉛25倍，コバルト21倍，ニッケル19倍，レアアース7倍必要となる［IEA 2021：9］．2019年〜2020年時点で，リチウムの生産は，オーストラリアが世界の約50％，黒鉛は中国が60％以上，コバルトはコンゴ民主共和国が約70％，ニッケルはインドネシアが30％以上，レアアースは中国が60％占めている一方，これらの重要鉱物の精錬・加工に関しては，中国がニッケルの約35％，リチウムとコバルトの50〜70％，レアアースの90％を占めている［IEA 2021：30-32；European Commission 2020：35-37］．再エネ用の重要鉱物の生産と加工が数カ国に集中していることは，エネルギーの安全保障上の懸念事項である．IEA等も指摘しているように［IEA 2021：18；Dominish et al. 2019：52］，気候危機の回避のための再エネ需要の急拡大に対して，重要鉱物の効率的利用，回収，リサイクルを通した循環型経済の確立と次に指摘する環境問題や人権侵害にも十分配慮した上で，最終的にはエネルギー需要そのものを減らしていく努力が必要である．

　重要鉱物の採掘・精錬とそれに伴う環境汚染や人権侵害は，再エネ設備に不可欠な全ての金属に当てはまる．例えば，重金属のコバルトは大気，水，土壌汚染を引き起こし，炭鉱労働者への健康被害や周辺環境の劣悪化をもたらしている．特に，零細・小規模の炭鉱が20％を占めるコンゴ民主共和国の状況は劣悪であり，児童労働も問題となっている［Dominish et al. 2019：39；Pitron 2020］．銅も多くの産出国，チリ，中国，インド，ブラジル，アメリカ，ザンビアで重金属汚染を引き起こしている一方，リチウム採掘が盛んなアルゼンチン，ボリビア，チリでは水質汚濁が著しい［Dominish et al. 2019：40-41；Pitron 2020］．銀は主に鉛，銅，金炭鉱における副産物として産出される過程で水質汚濁を引き起こし，また，レアアースの加工には大量の有害化学物質が必要で，膨大な量の汚染された残土，ガスそして汚水が，中国，マレーシア，アメリカの環境を汚染している[18]　［Dominish et al. 2019：43；Pitron 2020；IEA 2021］．例えば，内蒙古自治区包頭市は「レアアースの都」と呼ばれているが，1980〜1990年代，同市の

レアアース中小企業の多くは環境保護施設を持っておらず，廃液，固体廃棄物，排ガス（三廃）を無許可で環境中に排出していた［Pitron 2020：25-29］．以上見てきたように，再エネ技術の活用そのものは気候変動緩和に貢献してクリーンなイメージを抱くが，その核となる材料資源の生産と加工過程は必ずしも自然環境と人間に優しいとは言えない．生産者や加工業者には責任ある資源調達が求められるゆえんである．

おわりに

　中国は自国が世界生産の多くを占めるレアアースを使った貿易制限の示唆あるいは制限の実施を試みてきた．例えば，2010年9月7日に尖閣諸島沖で操業していた中国の漁船と日本の海上保安庁の巡視船が衝突した事件から発展した事例が挙げられる．漁船の船長が公務執行妨害で起訴されて勾留されたことに対して，それ以前にレアアースの輸出制限に踏み出していた中国政府は，表向き資源の枯渇と環境劣悪化防止を理由に，この事件を契機に日本への輸出制限をさらに強化した[19]．また，2014年3月に日本・アメリカ・EUが，中国のレアアース・タングステン・モリブデンについて賦課した輸出税及び輸出割当に対して，WTO協定違反を主張して紛争解決手続きに提訴した事例がある．しかし，気候変動緩和に資するようなエネルギーや技術をめぐって，貿易がらみの地経学的な係争が地政学的な紛争に発展しないように，国家間や地域間の協力が求められる[20]．

　再エネ機器に不可欠の重要鉱物等のサプライチェーンが地球規模になっている現状では，重要鉱物等をめぐって，国も企業も意図せず地政学的な対立状況に陥るリスクがある．テスラ社の電気自動車の車体用アルミニウムとバッテリー用のリチウムや銅は，ボリビア，アフガニスタン，ロシアなどから輸入していて［Khanna 2016：166］，これらの国の社会情勢や政情は不安定である．また，再エネ用の重要鉱物の採取・精錬・加工過程での環境汚染や労働搾取の問題も深刻である．気候危機を回避して持続可能なエネルギーシステムを構築するために，グローバル規模で循環型経済の確立が必須となり，企業に対しても原材料の責任ある調達が求められている．2023年11月26日，日本が議長国を務めたG7の気候・エネルギー・環境大臣会合は，重要鉱物に関して「重要鉱物セキュリティのための5ポイントプラン」を採択し，長期的な需給予測，責任

ある資源・サプライチェーンの構築，更なるリサイクルと能力の共有，技術革新による省資源，そして供給障害への備えの重要性を指摘した[21]．日本政府も自ら提唱する「アジア・ゼロエミッション共同体（AZEC）」構想に基づき，脱炭素化に向けての地域間協力を促進している[22]．さらに，気候危機と重要鉱物をめぐる地政学的な対立を回避のためには，国連を中心とした国際社会のマルチレベルの取り組みと再エネ開発のための国際協力が欠かせない．

付記

本章は JSPS 科研費 JP21K01357 の助成を受けたものである．また，本章は著者の「カーボンニュートラルと社会」の授業に基づいて書かれた論考［太田 2023］に大幅に加筆・修正したものである．

注

1 ）2010年の排出レベルを起点として今後排出可能な 420 Gt CO_2e は，IPCC の第 5 次報告書（AR 5 ）における地表の平均気温を用いて，66％超の確率で 1.5℃ 目標達成可能なカーボン・バジェットである［IPCC 2018：27］．

2 ）European Union（EU）A European Green Deal（https://ec.europa.eu/info/strategy/priorities-2019-2024/european-green-deal_en，2023年 2 月 9 日閲覧）．

3 ）The White House, BRIEFING ROOM. Leaders Summit on Climate Summary of Proceedings, APRIL 23, 2021（https://www.whitehouse.gov/briefing-room/statements-releases/2021/04/23/leaders-summit-on-climate-summary-of-proceedings/，2021年 6 月 5 日閲覧）．

4 ）協定文書原案には石炭火力の「段階的廃止」が盛り込まれていたが，中国やインド等が反対した．

5 ）環境省「国連気候変動枠組条約第27回締約国会議（COP27）結果概要」（https://www.env.go.jp/earth/cop27cmp16cma311061118.html，2023年 2 月10日閲覧）．

6 ）UAE Consensus, "COP 28 President Delivers Remarks at Closing Plenary," December 13, 2023（https://www.cop28.com/en/，2023年12月18日閲覧）．

7 ）Weisman, J., Cochrane, E. and Edmondson, C. "House Passes $ 1 Trillion Infrastructure Bill, Putting Social Policy Bill on Hold," *The New York Times*, November 5 , 2021.

8 ）"War and subsidies have turbocharged the green transition," (the print edition under the headline "Going great guns"), *The Economist*, February 13, 2023, p. 6 .

9 ）*The Economist* の前掲記事（注 8 参照）．

10）European Union（EU）A European Green Deal（https://ec.europa.eu/info/strategy/priorities-2019-2024/european-green-deal_en，2023年 2 月 9 日閲覧）．

11）立野大輔・藪内優賀「ゼロカーボン世界競争，欧中先行も GAFAM で米国巻き返し」日経 XTECH，2021年 3 月25日（https://xtech.nikkei.com/atcl/nxt/column/18/01531/0

0003/，2021年10月11日閲覧）.

12）立野・藪内，前掲記事（注11参照）.

13）Apple, "Apple's renewable energy journey," April 29, 2021
https://www.there100.org/our-work/news/apples-renewable-energy-journey（2023年
2月23日閲覧）.

14）Rappeport, A., Swanson, A. and Kanno-Youngs, Z. "Biden's 'Made in America' Poli-
cies Anger Key Allies," *The New York Times*, October 14, 2022.

15）"America's green subsidies are causing headaches in Europe : A transatlantic trade
rift is brewing"（the print edition under the headline "United States, divided Europe"），
The Economist, December 1, 2022.

16）鉄・ホウ素との化合物はネオジム磁石とよばれる永久磁石で，小型化・高性能化・省
エネルギー化に優れ，コンピューター・電気自動車・携帯電話などに使用される.

17）電気自動車のモーターや風力発電機に使用される永久磁石としての需要が高まってい
る.

18）中国南方のレアアース生産地域では，レアアース鉱物の含有量が低いため，1トンの
希土類酸化物を生産するたびに土石採掘量（選鉱くず）は2000トンから3000トンに達し，
現地の生態系が破壊されるほどの深刻な土壌侵食を起こした（科学技術振興機構「中国
のレアアース産業，環境問題の圧力増す」Science Portal China，2010年11月9日（https:
//spc.jst.go.jp/news/101102/topic_2_01.html，2024年4月14日閲覧）.

19）科学技術振興機構の前掲記事（注18参照）.

20）丸川知雄「2010年のレアアース危機」危機対応学，2016年6月23日（https://web.iss.
u-tokyo.ac.jp/crisis/essay/2010-2010979192-924201042010-wto201092219412010-nhk92492
4-12010922031018092246101278120092011 2102010.html，2021年10月22日閲覧）.

21）環境省「G7札幌　気候・エネルギー・環境大臣会合」（日本政府仮訳）（https://www.
env.go.jp/earth/g7/2023_sapporo_emm/index.html，2024年4月17日閲覧）.

22）時事通信「脱炭素化で協力推進―日豪，東南アジア各国が閣僚会合」JIJI. COM，2023
年3月4日（https://news.yahoo.co.jp/articles/28163e887220c6fde903ce784be6c96d0af6
707e，2023年3月13日閲覧）.

参考文献
〈邦文献〉

太田宏［2016］『主要国の環境とエネルギーをめぐる比較政治――持続可能社会への選択』
東信堂.

―――［2023］「エネルギー転換と技術の地政学とガバナンス」，吉野孝編『地域間共生
と技術：技術は対立を緩和するか』早稲田大学出版部.

経済産業省［2019］欧州委員会エネルギー総局（ENER）及び米国エネルギー省（DOE）
間の水素・燃料電池技術の将来協力に関する共同宣言（https://www.meti.go.jp/pres
s/2019/06/20190615001/20190615001-2.pdf，2023年3月13日閲覧）.

―――［2020］「2050年カーボンニュートラルに伴うグリーン成長戦略」令和2年12月
25日（資料2）（https://www.meti.go.jp/press/2020/12/20201225012/20201225012-2.pdf，

2021年10月14日閲覧).

内閣官房［2023］「GX 実現に向けた基本方針──今後10年を見据えたロードマップ」，2
　月10日（https://www.cas.go.jp/jp/seisaku/gx_jikkou_kaigi/pdf/kihon.pdf，2023年 3
　月11日閲覧).

宮野慶太［2022］「インフレ削減法は，気候変動対策に軸足（米国）」*JETRO 地域・分析*
　レポート，10月 6 日（https://www.jetro.go.jp/biz/areareports/2022/2faeb20d767ea1
　36.html，2023年 2 月13日閲覧).

〈欧文献〉

Dominish, E., Florin, N. and Teske, S. ［2019］ *Responsible Minerals Sourcing for Renew-*
　able Energy, Report prepared for Earthworks by the Institute for Sustainable Fu-
　tures, University of Technology Sydney.

European Commission ［2020］ "Study on the EU's list of critical raw materials（2020）: Fi-
　nal Report," Luxembourg: Publications Office of the European Union.

─────── ［2022］ "REPowerEU: affordable, secure and sustainable energy for Europe,"
　EU Commission, May 18（2023年 2 月19日閲覧).

Flint, C. ［2022］ *Introduction to Geopolitics*, Fourth Edition, Routledge.

Geels, F. W. ［2014］ "Regime Resistance against Low-Carbon Transitions: Introducing
　Politics and Power into the Multi-level Perspective," *Theory, Culture & Society*, 31
　(5): 21–40.

Hart, M. ［2012］ "Shining a Light on U. S.-China Clean Energy Cooperation," *Center for*
　American Progress, 9 February（http://www.americanprogress.org/issues/2012/02
　/china_us_energy.html，2021年10月11日閲覧).

IEA ［2021］ *The Role of Critical Minerals in Clean Energy Transitions*, IEA, Paris https:
　//www.iea.org/reports/the-role-of-critical-minerals-in-clean-energy-transitions, Licens
　e: CC BY 4.0（2023年 3 月 7 日閲覧).

─────── ［2022］ *CO₂ Emission in 2022*（https://www.iea.org/reports/co2-emissions-in-2
　022，2023年 2 月13日閲覧).

IPCC ［2018］ *Special Report: Global Warming of 1.5℃*（https://www.ipcc.ch/sr15/，2021
　年 8 月27日閲覧).

───────［2021］ *Climate Change 2021: The Physical Science Basis, Summary for Policy-*
　makers（https://www.ipcc.ch/report/ar6/wg1/，2021年 8 月27日閲覧).

─────── ［2022］ *Climate Change 2022: Impacts Adaptation and Vulnerability, Summary*
　for Policymakers（https://www.ipcc.ch/report/ar6/wg2/，2022年 5 月 1 日閲覧).

Khanna, P. ［2016］ *Connectography: Mapping the Future of Global Civilization*, Random
　House.

Meadowcroft, J. ［2009］ "What about the politics? Sustainable development, transition
　management, and long-term energy transitions," *Policy Sciences*, 42(4), pp. 323–340.

Moe, E. ［2010］ "Energy, Industry and Politics: Energy, Vested Interests, and Long-term
　Economic Growth and Development," *Energy*, 35(4), 1730–40.

———— [2012] "Vested Interests, Energy Efficiency and Renewables in Japan," *Energy Policy*, 40 (C), 260–273.

Ohta, H. [2021] "Japan's Policy on Net Carbon Neutrality by 2050," *East Asian Policy*, 13 (1), 19–32.

Pitron, G. [2020] *The Rare Metals War : The Dark Side of Clean Energy and Digital Technologies*, Scribe.

Rifkin, J. [2011] *The Third Industrial Revolution : How Lateral Power Is Transforming Energy, the Economy, and the World*, Palgrave Macmillan.

Scholten, D. [2018] "The Geopolitics of Renewables — An Introduction," in Scholten, D. ed., *The Geopolitics of Renewables*, Springer, 1–33.

Scholten, D. and Bosman, R. [2018] "The Strategic Realities of Emerging Energy Game — Conclusion and Reflection," in Scholten, D. ed., *The Geopolitics of Renewables*, Springer, 307–328.

United Nations Environment Programme (UNEP) [2023] *Emissions Gap Report 2023 : Broken Record — Temperatures hit new highs, yet world fails to cut emissions (again)*, Nairobi (https://doi.org/10.59117/20.500.11822/43922, 2023年12月18日閲覧).

UN Framework Convention on Climate Change (UNFCCC) [2021] "Glasgow Climate Pact," Decision -/CP. 26 (https://unfccc.int/sites/default/files/resource/cop26_auv_2f _cover_decision.pdf, 2023年2月10日閲覧).

UNFCCC [2023] "Outcomes of the Dubai Climate Change Conference" (https://unfccc.in t/cop28/outcomes, 2023年12月18日閲覧).

Unruh, G. C. [2000] "Understanding carbon lock-in," *Energy Policy*, 28, pp. 817–830.

United States Trade Representative (USTR) [2012] *2012 Report to Congress On China's WTO Compliance*, December (https://ustr.gov/sites/default/files/uploads/2012%20 Report%20to%20Congress%20-%20Dec%2021%20Final.pdf, 2021年10月11日閲覧).

Valkenburg, G. and Cotella, G. [2016] "Governance of energy transitions : about inclusion and closure in complex sociotechnical problems," *Energy, Sustainability and Society*, 6(20) (open access : 1–11).

World Data Lab [2022] "World Emissions Clock," (https://worldemissions.io/, 2023年3月3日閲覧).

（太田　宏）

コラム12

重要鉱物と再エネ設備のためのガバナンス指針

　エネルギー転換を加速させるために国際社会は様々な課題に直面している．環境・人権・エネルギー安全保障などの要請を満たしていくガバナンスとは，どのようなものなのだろうか．IEA は，重要鉱物資源の安定供給のために，① 資源の供給先の多様化のための投資を確実にすること，② 供給網の全ての地点での技術革新を促すこと，③ リサイクルの規模を拡大すること，④ 供給網の強靭化と市場の透明性を高めること，⑤ より高い環境・社会・ガバナンス基準を主流化すること，⑥ 生産者と消費者の間の国際協力を強化すること，という新規かつ包括的な6つのアプローチを提言している［IEA 2022］.

　また，太陽光発電や風力発電機器とともにエネルギー転換に不可欠なバッテリーについても，望ましいガバナンスが求められる．例えば，2023年7月12日採択の EU の「バッテリー及び廃バッテリーに関する規則」が参考になる［European Union 2023］．規制対象となるのは，EU 域内で販売される自動車用，産業用，携帯型の全てのバッテリーで，2020年3月に発表された EU 委員会の循環型経済行動計画などの基礎となっている基本理念と具体的な規制項目を掲げている．規則の基本的概念とそれに対応する具体的な規則項目は，例えば，基本的概念である「持続可能性と安全性」に対応する具体的な規則項目として，炭素フットプリント，最低リサイクル含有率，安全性等が挙げられる．その他，ラベル表示と情報に関しては，持続可能性とバッテリー状態のデータ表示，また，使用後の管理に関連する拡大生産者責任，さらには，原材料の責任ある調達 (デュー・ディリジェンス) という事業者の義務なども規定している．

参考文献

European Union［2023］REGULATION（EU）2023/1542 OF THE EUROPEAN PARLIAMENT AND OF THE COUNCIL of 12 July 2023 concerning batteries and waste batteries, amending Directive 2008/98/EC and Regulation（EU）2019/1020 and repealing Directive 2006/66/EC（Text with EEA relevance）(https : //eur-lex.europa.eu/eli/reg/2023/1542/oj, 2023年11月27日閲覧).

IEA［2022］"Executive summary," *The Role of Critical Minerals in Clean Energy Transition*（https : //www.iea.org/reports/the-role-of-critical-minerals-in-clean-energy-transitions/executive-summary, 2023年11月24日閲覧).

（太田　宏）

第10章

スマート社会の産業連関分析

1節　産業連関分析の基礎

1　産業連関表と産業構造

　図10-1は産業連関表の概念図である．産業連関表は1930年代にレオンティエフ［Leontief 2003］によって開発された統計表で，レオンティエフはその業績でノーベル経済学賞を受賞している．この表は，経済における1年間の部門間取引を記述したマトリックスである．縦列には，各部門が他の部門から購入した中間財の投入量が示され，横行には，各部門からほかの部門へ，産出（販売）された生産物の量が，金額単位で示されている．これにより，ある部門の生産物が他の部門の投入物であるという関係が生み出す，部門間の相互依存関係を分析できる．また，この表を縦方向に見たときの投入構成比（ある生産物を1単位生産するときの各種中間財の投入比率や付加価値率）は，「技術ベクトル」とも呼ばれ，各産業の生産技術の経済分析的な表現である．産業連関表は多くの国や地

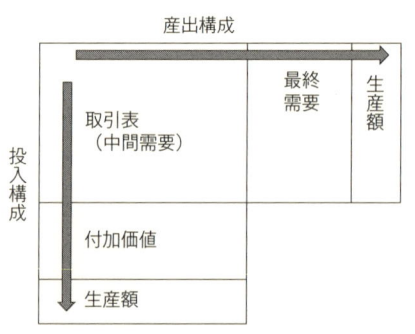

図10-1　産業連関表の概念図

（出所）筆者作成.

域で作成されているが，日本でも総務省が中心となり，5年おきに1国全体の詳しい表を作成している[1]．

産業連関分析によれば，生産物のサプライチェーンを可視化できる．いろいろな財のサプライチェーンの組み合わせにより，ある国（または地域）の「産業構造」も可視化できる．レオンティエフは，産業構造には次のような二つの性質があることを発見した．

（1）　三角性：基礎素材的な財が下部に，複合的な財が上部にくるように，産業連関の部門を並び替えると，数字が直角三角形の形に並ぶという性質．なお，複合財とは，自動車のように「多数の中間財によって構成されるがそれ自身は他の財の中間財にはならない財」であり，基礎素材的な財とは，エネルギーのように「多数の財に中間財として投入されるが，それ自身を生産するための他財投入をほとんど必要としない財」のことである．(図10-2参照)

（2）　ブロック独立性：経済には，いくつかの特に強い内部的相互依存関係を持つ産業ブロックがあるという性質．ブロック内の相互依存関係は強いが，ブロック間の関係性はやや弱い．

2　日本の産業構造

尾崎巌 [2004] は，日本の工業統計を用いた詳細な分析を通じて，（1）の三角性は原材料から製品までのサプライチェーンに基づいて観察される性質であること，（2）のブロック独立性は出発点となる素原材料の違いに基づいて出現する性質であることを明らかにした．そして尾崎 [2004] は，1960年代の高度経済成長を通じて，**図10-2**のような産業構造が定着したとしている．**図10-2**では，製造業には，4つの素原材料（金属鉱石，農林水産物，非金属鉱石，原油）に基づく5つのブロック（機械・金属，食料，セメント・窯業，繊維，石油化学）があり，各ブロックにはサプライチェーンに基づく三角化構造のあることが示されている．

尾崎 [2004] によれば，日本の1960年代の高度経済成長と，続く1980年代までの安定成長のメカニズムは次のように説明される．三角性の最上部の機械産業には，1960年代には旺盛な国内投資需要が，1970–80年代には旺盛な輸出需要が発生した．1970–80年代は，2度の石油ショックでエネルギー価格が高騰

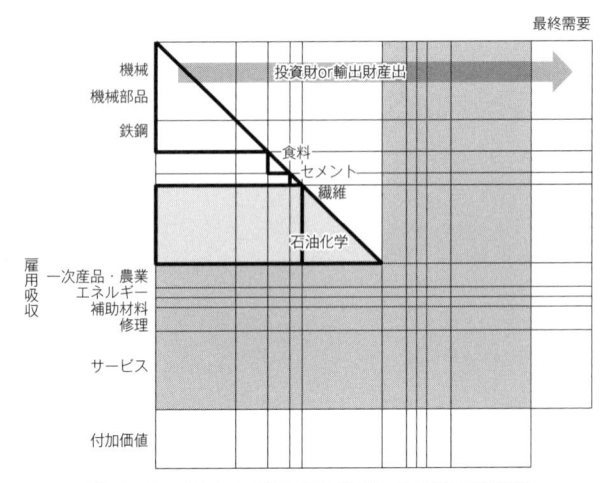

図10-2 日本の高度成長期後の産業連関構造

(出所) 尾崎 [2004] をもとに筆者作成.

していたため，日本製機械の省エネ性能が海外から評価されたのである．これ
らの機械需要は，それよりも下部にある産業群にも大きな経済波及効果をもた
らした．さらに，この産業構造は，以下に説明するように構造効率が高かった．
尾崎 [2004] は，経済の各産業の生産関数を計測し，計測結果の特徴によって，
全産業を**表10-1**のような技術類型に分類した．このうち，K (I-B) 型とK (I-
M) 型産業が高度経済成長期を通じて大きく成長した部門であり，それらの部
門では規模の経済性が特に大きく働く，すなわち大量生産による効率性の改善
が顕著であるという特徴を持っていた．**図10-2**によれば産業構造の三角性の
頂点に機械部門が位置しているが，これらの部門への投資需要や輸出需要の拡
大は，規模効果により，まず，機械部門自身の効率性を引き上げた．機械部門
への需要拡大は，産業連関効果によって，それより下部の鉄鋼，石油化学など
の装置産業へ波及する．するとこれらの部門では，さらに大きな規模効果が働
き，効率性が上昇した．この基礎素材部門における効率性の上昇効果は，サプ
ライチェーンを通じて三角性上部の機械部門に材料価格の低下という好影響を
もたらした．これらの相乗効果により機械製品の価格がさらに大きく低下する
結果，さらなる需要拡大がもたらされ好循環が持続した．これが高度経済成長
のメカニズムであった．

　しかし1990年代～2000年代には，**図10-2**上部の矢印で示された需要の牽引

表10−1　生産関数の計測結果に基づく産業の技術類型

資本集約型		労働集約型	
K（I–B）型	規模の経済性が極めて大きく働く装置産業，鉄鋼，石油化学など	（L–K）型	農業などの1次産業
K（I–M）型	規模の経済性が中程度に働く機械産業	L（I）型	機械部品など資本集約度が1前後である産業
K（II）型	規模の経済性が労働について働くセメントなどの産業	L（II）型	サービスなど資本集約度が低い産業

（出所）尾崎［2004］に基づき筆者作成.

力が大幅に低下した．国際的な金融危機や，日本周辺のアジア諸国の急速な経済発展の影響である．そして上部の牽引力を失った結果，経済の好循環が停止し，日本経済は1990年代以降停滞した．1990年代はよく「失われた10年」と呼ばれるが，それは**図10−2**の経済循環メカニズムが機能停止に陥っていた期間である．この状況を打開したのは，情報通信技術（ICT）であり，ICT を活用したスマート社会の構築が，新たな産業構造をもたらした．この状況については後節で説明する．

2節　環境問題と産業連関分析

1　環境問題の系譜

表10−2に環境問題の系譜について共通認識をまとめておく．1972年に「かけがえのない地球（Only One Earth）」の会議テーマで開催された国際連合人間環境会議は，その後の世界の環境意識に大きな影響を与えた．同年には国際的なシンクタンクであるローマクラブによって「成長の限界（Limits to Growth）」［Meadows et al. 1972］という報告書が発表されたり，環境分野における国連の主要な機関としての国際連合環境計画（UNEP）が設立されたりもした．1970年代初頭は，第2次世界大戦後のアメリカを中心とする国際的な平和秩序が崩壊し，石油ショックが起こるなど，日本を含め先進国の経済成長路線にブレーキがかかり始めた時期である．このような時期になって初めて，世界の環境意識が高まり始めたという点に着目したい．

　その後1988年に世界気象機関（WMO）と UNEP によって気候変動に関する政府間パネル（IPCC）が設立されると，気候変動問題とその主な原因物質であ

表10-2　環境問題の系譜

1972年	国際連合人間環境会議，ローマクラブ「成長の限界」，国際連合環境計画（UNEP）設立
1988年	気候変動に関する政府間パネル（IPCC）
1992年	環境と開発に関する国際連合会議（UNCED，地球サミット），気候変動枠組み条約の署名開始
1997年	京都議定書の採択
2002年	持続可能な開発に関する世界首脳会議（WSSD），A Global Status Report［UNEP；2002］
2015年	パリ協定の採択
	持続可能な開発のための2030アジェンダ（SDGs）
2018年	IPCC「1.5℃特別報告書」
2021年	EU タクソノミー
2023年	国際サステナビリティ基準審議会（ISSB）がサステナビリティ関連および気候関連財務情報の開示に関する全般的な要求事項（IFRS* S1 と IFRS S2）を最終化.

(注) IFRS：International Financial Reporting Standards の略で「国際会計基準」.

る CO_2 排出に関する，技術的，社会科学的な諸問題に環境問題の関心が集中するようになった．1992年には環境と開発に関する国際連合会議（UNCED，地球サミット）が開催された．そこでは，気候変動枠組み条約が締結され，先進国を中心に気候変動の緩和のための対応措置をとることが定められた．条約の最高意志決定機関を，締約国会議（COP）というが，同条約の第3回会議（1997年）で採択されたのが，京都議定書である．例えば日本には1990年比で6％の温室効果ガス削減目標が定められた．代表的な温室効果ガスである CO_2 は，化石燃料中の炭素分が燃焼反応時に空気中の酸素と結合することで，熱とともに発生する．したがって，CO_2 の削減は化石燃料使用の削減によって達成可能であり，当時の状況での化石燃料使用の削減は，経済活動の縮小と同義であった．つまり，環境と経済にトレードオフの関係が発生した．

2002年の持続可能な開発に関する世界首脳会議（WSSD）では，持続可能な開発のためには責任ある消費と生産のパターンを促進することが強調されたが，同年の UNEP の年次レポート［UNEP 2002］では，1990年代にクリーンな生産には成果が見られたものの，消費—需要面の傾向がそれを相殺した可能性が指摘された．

2015年の COP21では京都議定書の後継となるパリ協定が採択された．パリ協定では，先進国だけでなく，すべての国が温室効果ガス排出削減に取り組むべきとされたことが特徴である．同年には，国連持続可能な開発サミットも開催され，持続可能な開発のための2030アジェンダが採択された．そして，17の

目標と169のターゲットからなる持続可能な開発目標（SDGs）が掲げられた．
SDGsは環境・経済・社会の幅広い分野の目標を掲げているが，これは環境の
ための対策が，その他の経済・社会的課題と両立すべきというメッセージとし
て理解できる．1990年代の京都議定書では温暖化対策が先進国に限られていた
が，これは環境と経済とのトレードオフの関係を前提とすれば，途上国にCO_2
削減策を強いることが公正性を欠くと考えられたためである．その一方パリ協
定では，先進国以外の国々も温暖化対策に取り組むべきとされた．その際には，
環境と経済とのトレードオフの関係を克服し，SDGsの同時達成を目標に掲げ
ることが必要条件になったと言える．しかし，容易に想像できるとおり17の
SDGsの同時達成は難しい課題である．その一方で，2018年のIPCCの「1.5℃
特別報告書」[IPCC 2018] は，気温上昇が，温室効果ガスの累積排出量に依存
することを示し，産業革命後の気温上昇を，多くの気候変動の影響を回避でき
そうな1.5℃以内に抑えるためには，2050年ごろにCO_2排出を実質ゼロにまで
削減する（カーボンニュートラルとする）必要があると述べた．現在，日本を含む
多くの国や地域が「2050年カーボンニュートラル」の目標を掲げている．

　SDGsの同時達成を果たしつつ，確実に温室効果ガスを削減していくために
は，従来概念にとらわれない発想での社会・経済システムの変革が必要である．
企業はそうした変革の原動力となり得ることから，近年，企業行動を変革する
ための取り組みが急速に進展している．具体的には，2021年にEUはEUタク
ソノミーという企業の環境行動の指針を定めた．そこでは気候変動の緩和，適
応など，6つの環境目的を定義のうえ，企業等の経済活動が環境的に持続可能
と認められるための共通基準を定めた．そして企業には，基準を満たした経済
活動が全経済活動に対してどの程度の比率を占めるかを，開示するように求め
ている．さらに，2023年にはIFRS（International Financial Reporting Standards）財
団（企業が財務諸表を作成する際に適用すべき国際的な会計基準の策定を行う民間組織）
の下に設置された国際会計基準を担う民間の非営利組織国際サステナビリティ
基準審議会（ISSB）が，サステナビリティ関連および気候関連財務情報の開示
に関する全般的な要求事項（IFRS S 1 と IFRS S 2）を最終化し，企業が投資家の
投資判断などに役立つ情報として開示すべき内容をまとめた．このような流れ
の中で企業は，（社会的責任（CSR）に基づく活動としてではなく）営利活動の一環と
して環境課題に対処することが求められるようになった．

2 環境分析用産業連関表とライフサイクルアセスメント

産業連関表を縦方向に見たときの投入構成比は，技術ベクトルとして，各産業の生産技術の経済分析的な表現とみなされることを前節に述べた．例えば省エネルギー技術導入の効果は，投入構成比のうちのエネルギーの投入比率の減少として記述できる．またプラスチック素材からバイオ素材への原材料の変更は，プラスチック製品の投入比率の減少と，バイオ製品の投入比率の上昇というように具体的に表現できる．環境問題への対処にはこのような技術変化が不可欠であるが，それらの変化は，財の投入産出関係を通じて，変化が起こった部門以外にも，波及的な変化をもたらす．1992年の地球サミットの後，とりわけ化石燃料に起因する CO_2 の削減に対処するための技術変化が，経済や環境に究極的にもたらす影響を，定量的に評価するために，産業連関分析は多用されている [吉岡他 2003]．国立環境研究所は，総務省の産業連関表の各部門に対する，直接・間接エネルギー消費と CO_2 などの温室効果ガスの排出原単位をまとめた「産業連関表による環境負荷原単位データブック（3EID)」を公表している[2]．

産業連関表の環境問題への重要な応用分野として，ライフサイクルアセスメント（LCA）がある．LCA は製品の原料採取から製造，廃棄に至るまでのライフサイクルの全ての段階で発生する CO_2 など様々な環境への負荷を，科学的，定量的，客観的に評価する手法である．同手法は，国際標準化機構（ISO）の環境マネジメントシステムとして規格化されている．LCA を実施することで，生産者は自己の活動を環境面から検証して，環境負荷の削減策を考えるために役立てることができる．また，消費者は ISO 規格を満たした（優良な）環境マネジメントを実施している生産者の製品を利用することで，環境負荷削減に貢献できる．LCA の考え方は，経済活動のなかでどうしても出てしまう CO_2 等の排出の現状を，まずは詳細に把握することで，削減策提案のきっかけとしたいという，1990～2000年代の問題意識の中で進化した．

3 持続可能な消費と環境家計簿[3]

2002年に UNEP の年次レポート [UNEP：2002] が，消費─需要面での環境負荷の増加傾向を指摘して以来，「持続可能な消費」の概念が注目されるようになった．産業連関分析も環境家計簿分析に応用されている．環境家計簿とは人々の消費構造を CO_2 排出の面から整理した家計簿であり，カーボンフットプリン

トとも呼ばれる．例えば家計が電気を消費するとき，消費行動そのものから CO_2 が排出されるわけではないが，火力発電による電気の製造プロセスでは CO_2 が排出されている．環境家計簿では，このような消費財の製造プロセスの CO_2 排出も含めて，家計の消費行動から発生する直接・間接の CO_2 排出量を計算する．その結果によると，一家計 1 年あたりの直接・間接の CO_2 排出量は，1990年の 11.1 t-CO_2 から2020年には9.9 t-CO_2 とおよそ11％減少した．またその構成比は 図10-3のように大きく変化している．図10-3 によればこの30年間に電気代からの CO_2 排出構成比が大きく増えた．これは家庭におけるエネルギー消費の電化が進んだことを示す．従って家計の消費行動がもたらす CO_2 排出のより一層の削減には，社会全体の再生可能エネルギー（再エネ）電気の利用率を増やすことが重要である．なお，電気代からの CO_2 排出構成比が大きく増えたことに対し，その他の消費項目による排出構成比が縮小している中で，食費（外食を除く）からの排出構成比が増加していることには注意したい．家計の食生活がもたらす直接・間接の CO_2 排出を削減するためには，社会全体のフードロスの削減努力も重要である．

　このように産業連関分析を応用した環境家計簿分析は，家計消費がもたらす直接・間接の CO_2 排出を削減するための方策を検討するうえで有用である．それにより，人々の well-being の水準を維持しつつ，より一層の家計による環境負荷を削減するには，社会全体の再エネ利用比率の向上やフードロスの削減努力が不可欠であると考察できる．

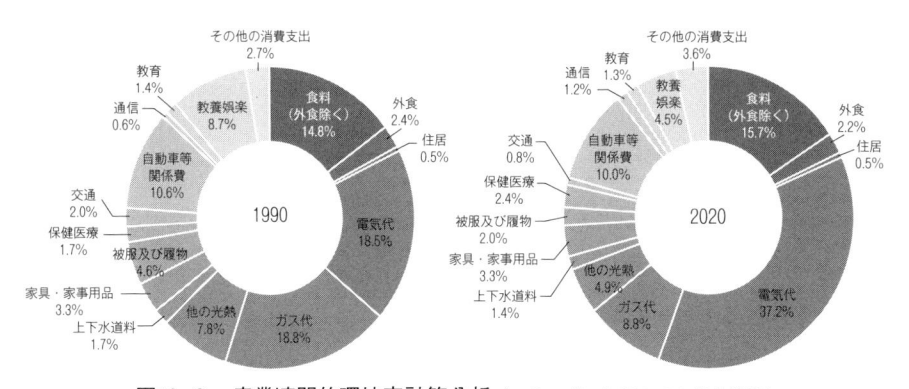

図10-3　産業連関的環境家計簿分析（エネルギー起源の CO_2 排出構造）

（出所）板明果准教授との共同研究に基づき筆者作成.

3節　再生可能エネルギーとスマート社会

1　再生可能エネルギーの利用

　再エネ電力の利用は CO_2 排出要因とならない．したがって，再エネ電力を使う場合，必要な目的に必要な電力を必要なだけ使用しても，環境負荷が増大することにはならない．再エネを利用すれば，高齢者など，移動の補助を必要とする人への電気自動車（EV）によるモビリティサービスの提供，酷暑の際の適切な冷房利用などを，CO_2 排出なしに実行することができ，「人々の well-being の水準向上と家計による環境負荷の削減」の両立が可能である．

　固定価格買取制度は，再エネ発電設備への投資費用の回収見通しを確実にするために，全ての電力需要家から広く薄く集めた賦課金を，国が仲介役となって，再エネの発電事業者に再分配する仕組みである．具体的には，送配電事業者には，一定の期間，発電設備の投資回収に必要な費用を上乗せした価格で，再エネ電力を買い取ることが義務づけられている．東日本大震災後の2012年に，固定価格買取制度が開始されて以来，再エネ電力の導入が加速している．

2　再生可能エネルギー電力の種類と特徴

　再エネ電力には，これまでの主力電源であった原子力や火力による電力には見られない特徴がある．第一に，再エネのうち太陽光と風力は，発電出力が気象条件に依存しているため，発電のタイミングを制御しにくい上，出力変動がある（変動電源である）という特徴を持つ．現在の日本における再エネ電力の主力は太陽光であること，また将来的に最も大規模に開発が期待される再エネ電力は風力であることを考えると，この問題は電力システムを考えるうえで重要となる．第二に，再エネのうち特に小水力発電，各種のバイオマス発電，小規模地熱発電は，農山村地域に遍在する小規模分散電源である．そのため規模効果が得られず，発電コストが高くなる．一方，これらの発電活動に必要な費用の多く（木質バイオマス燃料の購入費用など）は，地元経済にとっての「収入」でもある．第三に，大規模な再エネ電源は開発が難しい．大規模水力発電，大規模地熱発電は，出力も安定的で望ましい電源であるが，これ以上の資源開発は難しい．洋上風力発電は，有望な大規模再エネ電源であるが，発電適地が電力の需要地域から遠く離れていて，発電電力の送電が難しいなどの問題点がある．

　再エネのこれらの特徴は，大規模で高効率の火力発電所や原子力発電所を建設し，出力の安定した制御可能な電力を計画的に供給できることを前提とした，これまでの系統の運用方法を大きく変える必要性をもたらした.

3　スマートなエネルギーマネジメントシステム

　電力需給は，「同時同量」が維持されなければならない. つまり瞬時瞬時に発電量と電力消費量が一致していないと，系統システムが崩壊し，系統全域が停電（ブラックアウト）してしまう. これまでは電力の消費量に追従して，電力供給を制御することで同時同量を達成してきたが，再エネの普及により，電力供給の制御が以前よりも難しくなった. 特に，現在日本では，太陽光発電が再生可能エネルギーの主力となっているが，晴れた日の昼間に，地域によっては，電力供給が電力需要を上回ってしまうような時間も生じるようになってきている. 問題解消のために，蓄電池を導入したり，電力の大消費地に余剰電力を送電するための設備を増強したりすることが考えられる. しかし，それには多額の費用が必要であり，再エネの導入が，"affordable"な（手頃な価格の）エネルギーへのアクセスというSDGsの目標7に反する効果をもたらしてしまう.

　これらの問題をすべて解決するために，AIやICTを活用したスマートなエネルギーマネジメント技術が考案されるようになった［石井 2022］. バーチャル・パワー・プラント（VPP）はそのような技術の一つである. 太陽光の余剰電力を吸収するために，大型の蓄電池を導入することには費用がかかる. 一方，近年ではEVが徐々に普及し始めている. EVに搭載された個々の蓄電池はそれほど容量が大きいものではないが，コミュニティ全体のEV蓄電池を，IoT（物と物とのインターネット）技術を用いてバーチャルに連結させることにより，あたかも一つの大きな蓄電池が存在している状況を作り出すことができる. このような技術をVPPとよんでいる. VPP技術を活用しEVの蓄電池以外にも，様々な電気機器を最適に連携させれば，affordableな再エネ活用が実現するだろう. そしてこのような技術の開発と，それを支える通信インフラの整備が現在進行しつつある（コラム14参照）.

　一方，整備された通信インフラの利用可能性は大きい. 内閣府が第5期科学技術基本計画で初めて提唱したsociety 5.0という概念がある[4]. これは，通信インフラを通じて収集されたビッグデータをAIなどによって解析することで，今までできなかったような新しい価値を生み出す，という考え方である. この

概念は，第 6 期科学技術・イノベーション基本計画[5]でより拡張され，society 5.0 が，持続可能で強靭な社会，一人ひとりの well-being が実現する社会として，科学技術政策によって目指すべき社会に位置づけられた．整備された通信インフラを活用する事で，スマートな交通や医療・介護システムを構築したり，スマートフードシステムの構築により食品ロスを大幅に削減したり，スマート農業により地域経済の活性化に貢献したり，スマートな流通システムによりサーキュラーエコノミーの構築に貢献したりすることができる（コラム13参照）．

4　スマート社会の産業構造

1 節の**図10-2**では，高度経済成長期ののちに築かれた日本の産業構造を示した．これはものづくり中心の社会の産業構造である．その一方，1990年半ば以降の情報通信技術（ICT）の発展により，産業の重点が情報産業を中心とするサービス産業に移動する中で，日本の産業構造は徐々に変化した．さらに society 5.0への移行はこの変化を加速させる．

図10-4は ICT によってスマート化した社会の産業連関構造の概念図である［Nakano and Washizu 2018］．**図10-4**の右下には情報通信産業を基盤とするサー

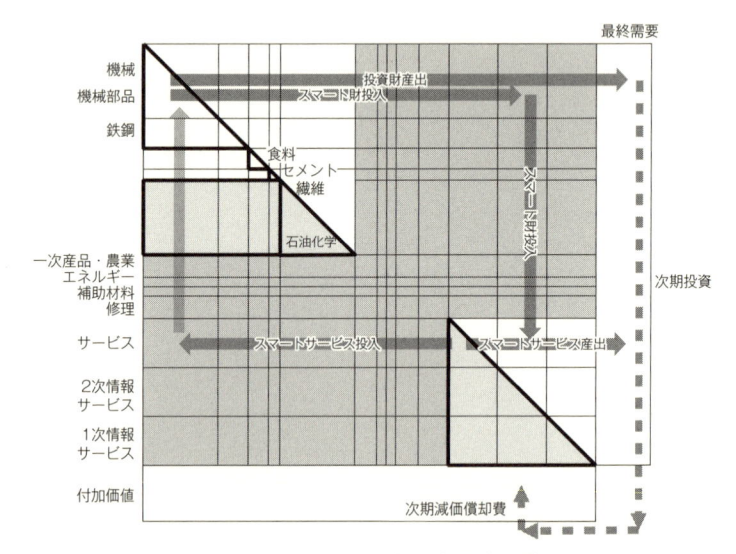

図10-4　スマート社会の産業連関構造

（出所）Nakano and Washizu［2018］に基づき筆者作成．

ビス産業ブロックが出現し，新たなサプライチェーンが形成されている．すなわち「情報インフラを提供する産業（1次情報サービス産業）⇒1次情報サービスを利用したアプリケーションを提供するサービス（2次情報サービス産業）⇒2次情報サービスを利用したラストワンマイルのサービス産業」というサプライチェーンである．スマート社会とは，このサプライチェーンが定着し，ICTを活用したサービス産業のアウトプットが，製造業を含め全産業に投入されて，新たな経済循環を引き起こすとともに，各産業の生産効率が向上するようになった社会である．そのほかに，**図10-4**では**図10-2**に対し，右上の矢印の描かれ方が異なっている．機械部門のアウトプット（情報財）は，当期の中間投入財，または，次期の投資財として情報サービス部門に投入されている．その他に，かつては製造業に分類されていた電子機器メーカーが，電子機器を活用したサービス提供にシフトするという変化も生じている．これは**図10-4**の右下のサービス産業ブロックへの参入者が増えたことを示す．このようにして，製造業部門とサービス部門との投入産出関係がより緊密になり，より広範な経済循環が実現する．**図10-4**はこのように拡大した経済循環を示している．

4節　カーボンニュートラル社会に向けて

1　カーボンニュートラル社会の青写真

2節に説明した通り，カーボンニュートラル社会の構築は世界的な目標である．そのような社会では再エネ活用型のスマートなエネルギーシステムの構築が不可欠である．**図10-5**は，日本が目指すべき，将来のカーボンニュートラルなエネルギーシステムの青写真である．日本の沿岸部には，大規模な人口と経済活動が集積する大都市がある．沿岸部には，鉄鋼産業や石油化学産業など，技術的に脱炭素が難しい一方，社会のために必要不可欠な重化学産業も多く立地している．このような沿岸部の大都市地域では，その地域または周辺地域に存在する再エネ（主として太陽光発電であるが）を最大限活用したとしても，それだけでカーボンニュートラルを達成することは難しい．これらの地域でのカーボンニュートラルの達成には，徹底したエネルギーマネジメントによる省エネの追求とともに，海外からの再エネの輸入が不可欠である．海を越える送電網の整備は現実的ではないため，海外の再エネで発電された電気を日本に運ぶための工夫が必要である．そのための有望な方法として，電力を水素（再エネ電

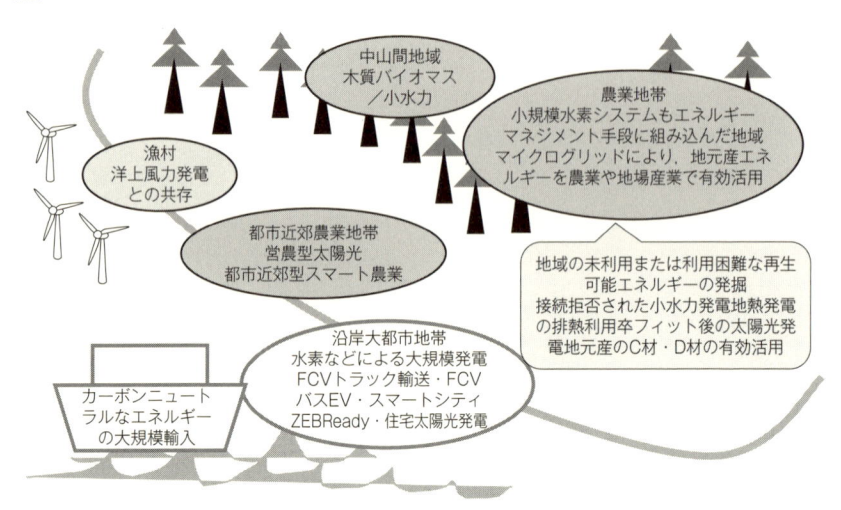

図10-5　カーボンニュートラルなエネルギーシステム

（出所）筆者作成.

気で水を電気分解して水素を得る）に転換して運ぶことがある．その場合，大規模な輸入水素利用システムの構築に加え，水素還元製鉄などの水素関連分野，および，石油化学に代わる循環炭素化学分野のイノベーション等，エネルギー・産業技術の根本的なパラダイム転換が必要である．また，大都市の徹底した省エネには，高度に制御されたスマートなエネルギーマネジメントシステムの構築が不可欠である．これらの技術転換は，まずは，工学的なイノベーションの進展を待たねばならず，一定の移行期間を要する．

　大都市に比べ，農山漁村には再エネ資源が豊富に存在する．その一方，農山漁村の人口は少なく，農林水産業の生産額単位当たりのエネルギー消費係数は小さいため，エネルギー需要が限られている．したがってこれらの地域では，地域の再エネ資源を活用したカーボンニュートラルの達成を，早期に実現可能である．そして農山漁村の面的広がりは大きいことから，それらの地域におけるカーボンニュートラルの定着が，日本全体の脱炭素化に与える影響も大きいと期待できる．しかし，現実には農山漁村における再エネ活用は進んでいない．農山漁村の高齢化や人口減少は深刻で，農林水産業そのものの存続も危ぶまれている中で，再エネ活用は後回しの問題になりがちである．さらに太陽光発電や風力発電をめぐる地元地域との紛争のような問題も散発している．技術的に

も，バイオマスや小水力などの小規模分散的という特徴や，農山漁村のエネルギー需要の季節変動性などの条件を制御するための，スマートな地域エネルギーマネジメントシステムの開発がなお必要である．ただしこの場合の技術開発は，今までの技術体系を根本的に変えるような新技術の開発というよりは，既存技術を小規模かつ効率的に運用していくための新工夫の提案である場合も多い．しかし，そもそも，再エネ活用の推進以前に（そして今後の推進のためにも），農山漁村では，地域の活性化という社会的課題の解決がまず必要ではないだろうか．このように農山漁村のカーボンニュートラル化は，工学的／技術的イノベーションというよりも，社会科学的なソーシャル・イノベーションの果たす役割が大きい．今，必要なことは，再エネ活用型のスマートな農山漁村構築のための地域開発方法論の開発である．

　地域循環共生圏は，環境省が2018年の第5次環境基本計画で提唱した，農山漁村などの地域づくりを進めるための考え方である．地域循環共生圏とは，地域資源を活用して環境・社会・経済を良くしていく事業を継続的に創出可能な地域が，人，モノ，資金，情報の循環を通じて相互に結びついている状態をいう．各地域で実施される事業は，採算性があり経済的に持続可能であることが必須である．その際，地域循環共生圏では，① 地域の主体性，② 地域内外の多様なステークホルダーとのパートナーシップ，③ 環境・社会・経済課題の同時解決がみられること，という3つの条件が満たされていなければならない．ここで，「環境」には，地域脱炭素，循環経済，自然共生の3つの内容が含まれ，農山漁村の再エネ活用の取り組みも地域循環共生圏の重要なテーマである．この考え方に従えば，カーボンニュートラルの取り組みも，その他の社会・経済課題との同時解決がされるように進められなければならない．再エネ開発は単に事業採算性が取れるばかりでなく，その開発により，地域に様々な好影響がもたらされるように計画されなければならない．たとえば，地域の木質バイオマス資源の活用は，バイオマス燃料の切り出しや運搬に新たな雇用を創出する可能性がある．またそれにより山林が整備されれば，土砂災害の防止など，地域のレジリエンスも向上する．間伐や枝打ちによって美しく整備された森林は，地域の新たな観光資源にもなり得る．近年，獣害による被害が増加しているといわれるが，木質バイオマス資源の活用を通じて里山管理がされることで，被害軽減ができる可能性もある．これらの効果をわかりやすく示すことは，地域の再エネ導入への理解を高め，カーボンニュートラル社会の構築に役立つだ

ろう．

　地域の再エネ導入への理解を高めるための手段として，カーボン・クレジットの役割に注目したい．「『カーボン・クレジット』とは，ボイラーの更新や太陽光発電設備の導入，森林管理等のプロジェクトを対象に，そのプロジェクトが実施されなかった場合の炭素排出量等の見通しとプロジェクト排出量の差分を，測定・報告・検証の手続きを経て，国や企業等の間で取引できるよう認証したものを指す」．カーボン・クレジットは，農林水産部門が，単に「農林水産物」を生産するだけでなく，低炭素化などの環境保全サービスを産出する産業であることを視覚化する役割を持つ．さらにそのクレジットの売却先として，大都市の大企業を想定し得るが，その場合，都市と農山漁村との新たな経済循環構造が創出される．地域間の連携（特に大都市と地方との連携）は，地域循環共生圏の考え方の重要な要素である．

2　カーボンニュートラル社会の産業構造

　カーボン・クレジットを利用した地域循環共生圏の構築により，カーボンニュートラル社会が実現したときに予測される産業構造を図10-6に示す．図10-4との違いは図の中ほどに農林水産業のサプライチェーンを示す三角化ブロックが描かれ，環境クレジットの投入産出関係を通じて，農林水産業と全産業部門との間に連関構造が創出されている点である．図10-6における農林水産業部門の三角化ブロックは，地域循環共生圏の創成等により，地域内の事業機会の種類が増えて農林水産業のサプライチェーンが延び，農山漁村での付加価値発生機会が増えることを示している．

　農林水産業のサプライチェーンの延長効果は，農林水産部門の三角化ブロックそのものが，カーボン・クレジットの創出と販売を通じて，経済全体の循環構造に組み入れられることにより，さらに強固なものとなる．2節で，近年，企業は営利活動の一環として環境課題に対処することが求められるようになったとのべた．すなわち，カーボンニュートラル社会を維持するための応分の負担が，企業の営利活動において必須の投入要素になりつつある．図10-6の「クレジット産出」と「クレジット投入」の矢印は，農林水産部門が産出した「環境保全サービス」が，カーボン・クレジットとして，都市の大企業に販売されることを示している．図10-4では，製造業部門とサービス部門との投入産出関係の緊密化で，経済循環構造が拡大することを示したが，図10-6ではさら

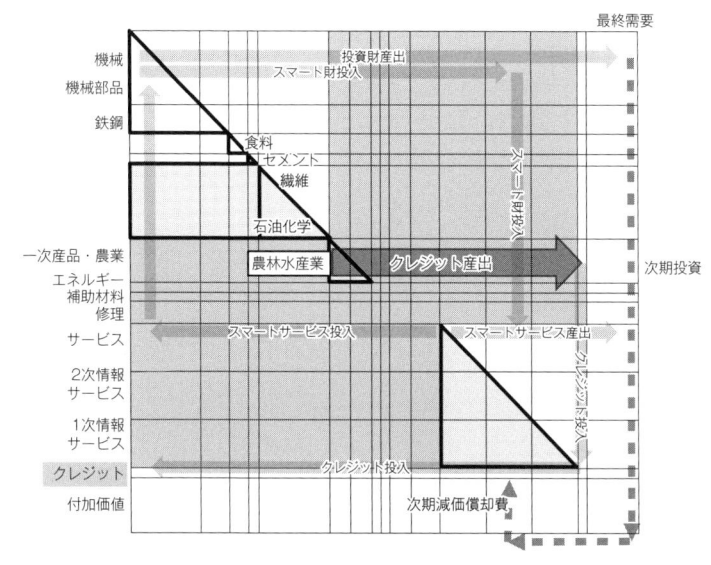

図10-6　カーボンニュートラル社会の産業連関構造

（出所）筆者作成.

　に，カーボン・クレジットを通じて，これらの産業（その多くは都市に立地する）
と農林水産業との間の経済循環構造が追加されている.

　本章では，産業連関分析が環境問題やカーボンニュートラル社会構築の考察
において貢献していることを示した. 現在開発中の，エネルギー社会技術分析
用産業連関表（Energy-Socio-Tech-Rich Input-Output Table；ESTR-IO）は，総務省が
公表する産業連関表に対して，再エネ関連部門を拡張し，送配電部門をエネル
ギーマネジメント部門として定義しなおした表である. 今後この表を活用して，
スマートなカーボンニュートラル社会構築が，環境・社会・経済に及ぼす効果
を産業構造論の視点から分析し，**図10-6** で示した概念を定量化していく予定
である.

注
　1 ）総務省（https://www.soumu.go.jp/toukei_toukatsu/data/io/ichiran.htm，2024年 1 月
　　　18日閲覧）. 2011年産業連関表のみ，例外的に2010年ではない.
　2 ）国立環境研究所「産業連関表による環境負荷原単位データブック（ 3 EID）」（https://

www.cger.nies.go.jp/publications/report/d031/jpn/page/what_is_3eid.htm, 2024年1月18日閲覧).

3）本節の内容は，東北学院大学 板明果准教授との共同研究の成果である.

4）第5期科学技術基本計画（https://www8.cao.go.jp/cstp/kihonkeikaku/index5.html, 2024年2月25日閲覧).

5）第6期科学技術・イノベーション基本計画（https://www8.cao.go.jp/cstp/kihonkeikaku/index6.html, 2024年2月25日閲覧).

6）環境省ローカルSDGs地域循環共生圏（http://chiikijunkan.env.go.jp/, 2024年2月25日閲覧).

7）里地里山問題研究所ウェブページ（https://satomon.jp/jugaishien/community/, 2024年2月25日閲覧).

8）経済産業省「カーボン・クレジット・レポート」（https://www.meti.go.jp/press/2022/06/20220628003/20220628003-f.pdf, 2024年2月25日閲覧).

9）早稲田大学スマート社会技術融合研究機構（ACROSS）次世代科学技術経済分析研究所ウェブページで公開予定.

参考文献

〈邦文献〉

石井英雄［2022］「再生可能エネルギー時代に適合する次世代電力システム」，有村俊秀・杉野誠・鷲津明由編『カーボンプライシングのフロンティア』日本評論社.

尾崎巌［2004］『日本の産業構造』慶應義塾大学出版会.

吉岡完治・大平純彦・早見均・鷲津明由・松橋隆治［2003］『環境の産業連関分析』日本評論社.

〈欧文献〉

IPCC［2018］Special Report: Global Warming of 1.5 ℃（https://www.ipcc.ch/sr15/, 2024年1月18日閲覧).

Leontief, W. [1986] *Input-Output Economics*, Oxford University Press.

Meadows, D. H., Randers J. and Meadows, D. [1972] *Limits to Growth*, Chelsea Green Pub Co.

Nakano, S. and Washizu, A. [2018] "Induced effects of smart food/agri-systems in Japan: Towards a structural analysis of information technology," *Telecommunications Policy*, 42(10), 824-835

UNEP [2002] Sustainable Consumption and Cleaner Production: Global Status 2002（https://www.unep.org/resources/report/sustainable-consumption-and-cleaner-production-global-status-2002, 2024年1月18日閲覧).

（鷲津 明由）

コラム13

スマートシティ
——自治体業務のデジタル化——

スマートシティというと3D地図にセンサやカメラからの様々な情報が表示されているといったイメージがあるかもしれないが，ISO等の国際標準規格の定義でも明記されているように，都市がもつべき各種機能の改善や実現にデジタル技術を活用しているのがスマートシティであり，いわば地道なデジタル化が進んだ都市のことである．都市の運営を行う自治体からすれば，3D地図のような機能は必須なものではなく，むしろ窓口業務や状況の把握といった作業が占める割合が圧倒的に多いのが実情であり，スマートシティとは目新しいサービスが導入されている都市というよりは，デジタル化により極めて効率よく機能する都市という方が適切である．

日本ではデジタル庁の発足以来，自治体業務のデジタル化を積極的に進めており，各種の台帳を計算機システムで利用可能なデータベースへと変換した「ベース・レジストリ」の整備をはじめとし，個別の自治体ごとに異なっていた業務のしかたの統一も含めた「地方公共団体の基幹業務システムの統一・標準化」を全自治体に求めるといった取組みが進められている．当然のことながら，自治体によって必要とされる行政サービスには地域の特色があり，そうした個別の取り組みを支援するデジタル田園都市国家構想交付金の制度も定着してきている．

石川県能美市は金沢市と小松市という県内を代表する都市の中間にあり，長らくベッドタウンとしての機能を果たしてきた．高度経済成長期に造成されたニュータウンでは住民の高齢化が進み，体調の悪化から入院，体調回復により在宅介護となるが，再度体調が悪化して入院，というサイクルを繰り返して亡くなるといった終末期を迎える住民が増えている．能美市内には総合病院や介護施設があり比較的状況は恵まれてはいるものの，入院の期間は医療関係者が対応し，退院している期間は介護事業者が対応することから，入院時，退院時何れにおいても大量の文書を作成して情報を伝達するという作業が必要となる．特に独居老人については行政としても状況の把握が必要となるため，多くの関係者を巻き込む社会的な課題となっていた．

こうした状況に対し，2022（令和4）年に国のデジタル田園都市国家構想交付金を活用し，医療・介護・行政の担当者が情報共有を行えるシステムを開発し，劇的な効率改善を実現した．翌2023（令和5）年には同システムに家電から得られるセンシングデータを追加できるようにし，在宅見守りの効率化も実現している．能美市の

成功の要因は新技術の導入というよりは，ともすれば対立し得る関係者らが問題意識を共有し，どのようなことが実現されれば課題が解決できるかをしっかりと検討した上で，それを実現するためのデジタル化を行なったことにある．スマートシティのような新たな概念の成功に向けても地道な人間同士の関わりや検討が重要であるという好例といえよう．

（丹　康雄）

コラム14

東京電力グループの再生可能エネルギーを用いたスマートな CN ソリューション

東京電力グループの方針

東京電力グループは，発電から需要家設備・電気の利活用に至るまで，カーボンニュートラル (CN) 領域における総合的な知見と技術を有している．これらのノウハウや地域の需要家との接点をもとに，地域の特性やニーズを踏まえた「地産地消型 CN ソリューション」と「レジリエンスで安心・安全なくらし」を需要家や地域に提供し，地域全体の中長期的な価値向上に貢献することを目指している．

東京電力グループの取り組み

東京電力グループと東京都は，太陽光発電設備・蓄電池・エネルギーマネジメントシステム (EMS) などを導入し，都有施設におけるバーチャルパワープラント (VPP)[1]を構築中である．EMS によるエネルギーの最適運用により，都有施設間で相互に電力を融通することが可能となり，再生可能エネルギー（特に太陽光パネル）の設置場所

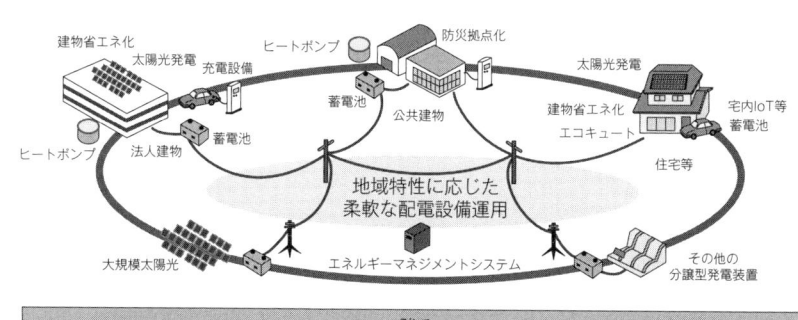

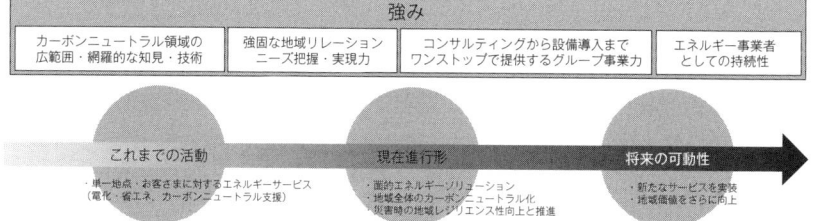

図1　包括的・網羅的なソリューションのイメージ

（出所）TEPCO 統合報告書2022・2023.

に限りがあるという課題を解決することが可能である．また，環境省の「脱炭素先行地域づくり事業」に地方自治体などと共同申請し，8箇所での採択を受けている(2024年3月現在)．送配電ネットワークを最大限活用した再生可能エネルギーの導入や更なる電化の促進などにより，地域のCN化を進めるとともに，汎用性の高い自治体向けサービスを拡充することを目指している．

更に，路線バスの運行と各車両への充電を効率的に組み合わせることにより，エネルギー利用を最適化させるバスEMSの開発にも取り組んでいる．電気自動車を「動く蓄電池」として活用することにより，災害に強いまちづくりにつながる取り組みも広げていく．

注
1）太陽光発電設備や蓄電池，電気自動車等の分散型エネルギーリソースを統合的に制御することで，発電所のような電力創出・調整機能が仮想的に構成される．

（東京電力ホールディングス株式会社　舘野　ひなた）

第11章

カーボンニュートラルとサーキュラーエコノミー

はじめに

　本章では，カーボンニュートラル（carbon neutral 略して CN）とサーキュラーエコノミー（circular economy 略して CE）の関係に注目し，両者を調和させるためにはどのような施策が必要かを検討する．CE は「循環経済」とも呼ばれる概念で，2015年 EU によって提示され，世界に広まった［European Commission 2015］．日本はこれより早く循環型社会という概念で資源の循環利用を推し進めて来たが，その意味で CE の基礎を既に構築してきたともいえる[1]．

　だが，経済政策を取り込んだ CE は循環型社会構築とは異なった経済構造改革という側面もあり，問題が一層複雑になっている．こうした状況を十分に踏まえつつ，CN と CE の調和という難題に顔を背けることなく取り組み，何とか難関をクリアすることを目指したのが本章である．

1節　サーキュラーエコノミーの歩み

1　言葉の定義

　以下，議論を展開するために必要となる言葉の定義をここで与えておきたい．まず市場取引でプラスの価格をもって取引されるもの（通常の財・サービス）を有価物あるいはグッズ(goods)と呼ぶ．グッズの取引では，取引主体間で，財・サービスが手渡されるのと逆方向に対価としての貨幣が移動する．

　一方，取引主体間でモノが手渡されるのと同方向に貨幣が動く場合がある．それはいわばマイナスの価格を持つものであり，逆有償物あるいはバッズ(bads)と呼ぶ．貨幣を引き渡すことによってモノを引き取ってもらうわけである．廃棄物の処理を規定する法律である「廃棄物の処理及び清掃に関する法律」

(以下廃棄物処理法と略す) の下では，廃棄物とは概ねバッズのことである．但し厳密にいうとこの2つの間には微妙な差異がある．グッズ・バッズの区別はあくまでも経済学的な区別であることに留意する必要がある．

　生産過程や消費過程から排出された残余物を，使用済製品・部品・素材と呼ぶ．使用済製品・部品・素材には一定のプロセスを経たのち資源として再生されるものがある．使用済製品・部品・素材は，経済状況によってグッズとなることもあればバッズとなることもある．また，同じ使用済製品・部品・素材であっても，時と場所によってグッズである場合もあるしバッズである場合もある．

　資源抽出—設計・生産—物流—流通・販売—消費の一連の活動に係わる経済を動脈経済と呼ぶ．動脈経済で扱われるのは，生産活動によって新たに得られた製品・部品・素材である．これらが取引される場を動脈市場と呼ぶ．

　一方，生産過程あるいは消費過程から排出された使用済製品・部品・素材について，回収—収集・運搬—保管—処理 (再使用・再生利用・廃棄処理) —最終処分 (埋立処分) という一連の活動に係わる経済を静脈経済と呼ぶ．定義により，静脈経済で取り扱われるのは使用済製品・部品・素材である．使用済製品・部品・素材が取引される場を静脈市場と呼ぶ．もちろん，廃棄物処理法上の廃棄物が取引される場も静脈市場である．廃棄物とは，使用済製品・部品・素材のうちの逆有償物すなわちバッズを意味するからである．

　使用済製品・部品・素材の中には一定のプロセスを経たのち，資源 (2次資源) として再び動脈経済系に投入されるものがある．これらの使用済製品・部品・素材には潜在資源性があると考えられる．使用済製品・部品・素材のなかに眠っていた資源性が，一定の条件のもと，一定のプロセスを経たのちに，顕在的な資源性として実現するからである．一方，使用済製品・部品・素材には処理を誤ると環境負荷性あるいは汚染性が顕在化するものがある．多かれ少なかれ，使用済製品・部品・素材には潜在汚染性とみなされる性質があると考えてよい．

　ほとんどの使用済製品・部品・素材は，潜在資源性と潜在汚染性という2つの性質を併せ持っている．したがって，使用済製品・部品・素材特に廃棄物の処理 (リユース・リサイクル・廃棄処理) には，潜在資源性を引き出して資源性を顕在化させる役割と，潜在汚染性を抑止し，処理後の汚染性を封じ込める役割の2つがあることになる．であるから，仮に使用済製品・部品・素材がグッズ

であるからといって潜在資源性のみに着目し潜在汚染性を無視して扱うと，汚染ないし環境負荷が顕在化する恐れがあることに注意しなければならない．

2　廃棄物処理とリサイクル，その歴史的経緯

　人間の長い歴史のなかで，経済活動として注目されてきたのはほとんどが動脈経済に関わる活動である．節目節目で静脈経済のこと（すなわち廃棄物の取引や処理）が問題になることがあったが，概ね直ぐに忘れられ，無視された．その典型的な例が日本の高度経済成長期（1955年頃〜1970年頃）の経済である．人々は動脈経済，動脈市場のことにしか頭がなかった．ある意味でこれは当然のことで，太平洋戦争（1941年〜1945年）で灰燼に帰した日本を復興させるためには静脈経済などに配慮する暇などなく，ただひたすら動脈経済を活性化させ，豊かになることが当時の日本人の宿願だったのだ．

　高度経済成長には光の部分もあれば影の部分もある．光の部分は，敗戦国の日本が先進国の仲間入りを果たし，さらには GNP 第2位の国にのし上がったことである[2]．豊かになることそれ自体は悪いことではない．戦後の貧しさを脱し，子ども達に豊かな生活を味わせたいと思うことは真っ当な人情というものだ．

　だが，往々にして人間は影の部分を忘れがちだ．その影の部分1つが公害であり，もう1つが廃棄物問題であった．前者の問題は本章の守備範囲外なので，後者についてのみ触れる．

　資源を大量に投入し生産し消費すれば，製品・部品・素材はやがては使用済みとなり廃棄される．あるものはバッズあるいは廃棄物となって排出される．これを自然環境にうち捨てて良いわけがない．費用をかけて適正に処理し，潜在汚染性が現実の汚染とならないよう経済社会制度を整えなければならないはずだ．ところが高度経済成長期にはそれができていなかった．静脈経済のことなどお構いなしに動脈経済の活性化ばかりが図られていたのだ．

　当然の如く，高度経済成長期に深刻な廃棄物問題，ごみ問題が顕在化した．その有名な例が東京ごみ戦争（1971年）である．杉並区高井戸における清掃工場（ごみの焼却施設）建設問題に端を発した東京ごみ戦争は，廃棄物の処理の重要性を多くの人々に気づかせた[3]．使用済製品・部品・素材そして廃棄物を処理するにも費用がかかり，そのための制度を整備しなければならないのだ．

　この頃から「分ければ資源，混ぜればごみ」というキャッチコピーに代表さ

れるリユースやリサイクルの取組みがなされるようになった．日常生活においても，今やごみの分別は当然のことである．しかしながらこうした努力にもかかわらず，家庭系や事業系の一部のごみ（これを一般廃棄物と呼ぶ）の発生量は増え続けた．経済構造を変革しない限り廃棄物の発生回避はままならないのだが，この点ついては次項で述べる．

3　3Rからサーキュラーエコノミーへ

　今，経済構造を変革しない限り廃棄物の発生回避はままならないと述べたが，そのことがようやく理解され始めるのは1990年代になってからである．リデュース・リユース・リサイクル（reduce, reuse, recycle）のいわゆる3Rと言う言葉が国民の間に広まってゆくのがこの頃なのである．

　だが，3Rの浸透と現実の経済の動きとの間には多少のギャップがあった．高度経済成長の後，日本は低成長期に入り消費も低迷する．しかし高度経済成長の慣性力はまだ日本経済を覆っていた．その1つの現れがバブル経済（1986年頃〜1991年頃）である．1985年のプラザ合意以降，円高ドル安が進行する一方で，日本では余剰貨幣が資産の購入に向かい，株や土地，その他の資産価格を通常のトレンドをはるかに上回る勢いで押し上げた．これを受けて消費も盛り上がり，経済が過熱化したのである．

　廃棄物の発生回避のメカニズムのない経済で消費が盛り上がれば，大量の廃棄物が生み出され，その処理が困難になるのは目に見えている．実際その通りのことが起きた．とりわけ容器包装の場合には種類が多様化し，それまで何度も使い回され利用されていたガラス製の容器が駆逐されるようになった．その他の廃棄物も同様で，市町村は廃棄物処理の費用増加に頭を悩ませた．

　3Rの動きは広まりつつあったから，当然発生回避の進まない廃棄物の動きを何とか封じ込めないかという思いが市民，自治体の間に急速に広まった．この思いが政府を動かすことになる．2000年，循環型社会形成推進基本法が成立・施行し，それと前後して個別アイテムのリサイクル法（以下個別リサイクル法と呼ぶ）が続々と成立することになったのである[4]．

　ここで廃棄物発生回避のための経済構造改革の重要な仕掛けが導入されたことに注意する必要がある．その仕掛けとは拡大生産者責任（extended producer responsibility 略してEPR）と呼ばれる責任概念である．EPRとは，生産物が使用済になった時，その処理（リユース・リサイクル・廃棄処理）に関して，当該生産物

の生産者が一定の責任を負うというものである．生産者自らが処理する，あるいは処理のための管理運営を実行するという形で責任を果たすこともできるし，処理費用や管理運営費用を支払うという形で責任を果たすこともできる．どのみち，生産者は自らの生産したものについて消費後の段階まで責任を取らねばならないのである．

EPR は資源の高度な循環利用のために必要な責任概念であるが，EPR だけで十分というわけではない．他の制度的仕掛けが組み込まれてはじめて，廃棄物の発生回避が可能になり，資源の節約利用，循環利用が進む．加えて，投入された資源 1 単位あたりの付加価値がより大きくなれば，資源・環境と経済のウインウインが可能になる．それを目指したのがサーキュラーエコノミーである．

4　新しい経済構築の模索

それではサーキュラーエコノミー（CE）はどのように定義できるのだろうか．その実態はどのようなものなのだろうか．定義は人によってまちまちであり，100通り以上あるという［Kirchherr, Reike, and Hekkert 2017］．定義について詳細な議論をしても問題の解決にはほど遠く，そういった議論は定義好きの専門家に任せておけば良い．重要なことは「世界を解釈することではなく変えること」だからだ．本章の目的には，下記の環境省による定義を与えておけば十分である．

> 「循環経済（サーキュラーエコノミー）とは，従来の 3 R の取組に加え，資源投入量・消費量を抑えつつ，ストックを有効活用しながら，サービス化等を通じて付加価値を生み出す経済活動であり，資源・製品の価値の最大化，資源消費の最小化，廃棄物の発生抑止等を目指すものです．また，循環経済への移行は，企業の事業活動の持続可能性を高めるため，ポストコロナ時代における新たな競争力の源泉となる可能性を秘めており，現に新たなビジネスモデルの台頭が国内外で進んでいます．」[5]

CE とは，とどのつまり，資源の節約利用・循環利用をすることによって資源の投入量・消費量を抑制し，経済のサービス化を促進することによって付加価値生産性を高め，そして経済系から自然環境系へ排出される残余物，廃棄物を極力抑制するような経済のことである．

　それでは，なぜCEの実現に経済改革が必要なのか．それはこういうことである．従来型の資本主義経済は概ね競争を基本とした市場経済原理に基づき運営されてきた．環境問題，そして所得分配や資産の不平等の問題等はさておくとして，資源配分の効率性や所得の向上，資産の増加には極めて有効に機能してきたのが従来型の経済である．

　ところが資源の高度な循環利用については，従来型の競争市場だけではことがうまく行かない．なぜなら，静脈市場には情報の二重の非対称性という厳然たる事実が支配するために，無制約な競争では経済に大きな歪みが生じてしまうからである．動脈経済と静脈経済が円滑に接続されてこそ，資源の節約利用，高度な循環利用が進む．ところが，情報の二重の非対称性による歪みが2つの経済の円滑な接続を阻害してしまうのだ．

　そこで問題となる情報の二重の非対称を説明しよう．第一種の非対称性とは，排出者あるいは生産者が当該使用済製品・部品・素材の内容・組成情報を使用済製品・部品・素材の需要者すなわち処理業者（リユース・リサイクル・廃棄処理する業者）に伝えないことに由来する情報の歪みのことである．第二種の非対称性とは，処理事業者が処理を依頼した排出事業者に処理の詳細内容を伝えないことに由来する情報の歪みのことである[6)]．

　こうした情報の歪みがあれば市場競争は有効に機能しない．いわゆる逆選択（adverse selection）がおき，市場競争の結果，質の悪い事業者によって質のよい事業者が駆逐され，質の悪い取引がまかり通ることになる．不適正処理・不法投棄・不正輸出が起きるのもこのためである．また，廃棄の費用が正しく伝わらないために環境配慮の行き届いた製品が作られず，循環利用されるべき資源が使い捨てになるという状況も起きてしまう．

　これではCEの実現など不可能だ．であるから，拡大生産者責任（EPR）を初めとしたさまざまな仕掛けを経済に埋め込み，現行の経済を変えてゆく必要がある．資源・環境と経済のウインウインを目指す必要があるのだ．

　その際に留意しなければならないことが1つある．それは，先のCEを定義したときに触れた付加価値という概念の解釈である．通常付加価値とは，製品・部品・素材を生産する過程で原材料，燃料などの価値の上に新たに付け加えられた価値であり，市場価格によって評価される．しかし，自然環境の価値や景観，安心・安全などは市場価格の評価になじまないことが多い．十分豊かになった経済では従来型の市場評価になじむ付加価値だけではなく，今述べた市場評

価になじまない価値の創出が不可欠になることは言うまでもない．だからこそ，新しい経済に向けての模索が必要とされているのである．

2節 持続可能な消費と生産

1 市民としての消費者の力

ここであえて「市民」と言う言葉を使ったのには理由がある．日本人にとって，市民とは単に「横浜市民」であるとか「名古屋市民」であるとか，行政区域に在住する人々を表すに過ぎない言葉であることが多い．だが，西ヨーロッパでは事情が違う．そこでいう市民とは，一定の政治力あるいは政治参加力を勝ち得て国や地域の意思決定プロセスに参加し，自らの権利を主張かつ実現してゆく人々のことである．実際，西ヨーロッパの国々では，この意味での市民の力が環境保全や資源の高度な循環利用を促進しているのであり，だからこそ持続可能な経済社会を実現するには，この市民としての力が必要というわけなのだ．

もとより，持続可能な経済社会のベースをなす重要な柱がサーキュラーエコノミーである．そしてそれは従来型の経済を超えたところにある新しい経済なのである．これを実現するにはどうしても市民としての消費者の力が必要なのだ．

企業にいくら制約をかけても，消費者が持続不可能な消費あるいは非循環型・使い捨て型の消費を続けていたのでは CE の実現は不可能である．だから消費の構造を変えてゆかねばならない．現在の消費構造は，まだまだ高度経済成長期の慣性力に制約されたものである．それは既に述べたバブル期の消費を見てもわかるというものだ．また廃プラスチック問題やリチウムイオン電池の問題を見ても理解できる[7]．使うときには便利だが捨てる段階になると多大なる費用がかかる．それが従来型のプラスチックでありリチウムイオン電池なのである．まさに今，消費の在り方が問われているのだ．

だが一方で，日本には3Rの伝統があることを思い起こしたい．3Rは日本に浸透した概念だが，その力の出所は消費者であり，地域であり，自治体である．例えば長らく3R活動の推進役を担ってきた団体に3R・資源循環推進フォーラムという組織があるが[8]，この組織の中心となって活躍しているのは消費者・地域・自治体である．業界団体もこの組織の重要メンバーであることに

は間違いないが，市民の力がなければこの組織は立ちゆかない．

　とするとどう考えたら良いのか．３Ｒの伝統を活かしながら，「市民」としての社会的立場を一層意識しつつ，現在の非持続的消費形態を断ち切る動きをする役割を担い日々実践するのが消費者である，そう理解して良いだろう．

　この動きは少しずつ結果を出し始めている．例えば食品ロスなどの削減を通じて一般廃棄物排出量の削減に市民は貢献している [Ishimura et al. 2024]．市民および市町村などの自治体の力があればこそこうしたことが可能になる．プラスチック製レジ袋の削減も市民の協力があればこそだ．レジ袋有料化の流れを受けて，レジ袋の辞退率がコンビニでは75％に，スーパーマーケットでは80％までおよび，レジ袋の国内流通量は2020年には2019年と比べて半分の10万トンに減少した．消費者は別にレジ袋に支払うことを惜しんでいるのではなく，廃プラスチック問題を意識して削減に協力していると思われる．

　こうした動きを加速しているのがエシカル消費である．消費者庁によると，エシカル消費とは「消費者それぞれが各自にとっての社会的課題の解決を考慮したり，そうした課題に取り組む事業者を応援しながら消費活動を行うこと」であり，学校教育などの力もあって，徐々に市民の間に普及している．当然のことながら，資源の高度な循環利用に資する消費もエシカル消費の重要な対象になる．

　エシカル消費という言葉を聞くと何か堅苦しく近づきがたいような気になるが，そのように考える必要もない．実際，人々はごく自然にこの方向に動き始めているように見える．たとえば，モノからコトへの消費の変化もエシカル消費の流れに沿ったものと言える．物質的に十分豊かになった現代の日本では，もうこれ以上モノが満ちあふれた経済社会は不要であると考え始めている．モノがなくて良いというわけではないが，モノ自体よりもモノからいかに価値を引き出すかが消費者の関心対象となり始めているのだ．「断捨離」や「こんまり現象」といった言葉が流行ったのも象徴的なことである．

　ストーリー消費と言う言葉もモノ離れ，コトへの関心の変化を表している．ストーリー消費とは，製品そのものではなく，むしろその背後にある物語や歴史性，表現性あるいは独自の価値観など，手に取って見えない属性を重視した消費の在り方のことを指す．現在，このストーリー消費が若者の間で流行っている．まさにモノよりもコトを重視した消費態度であり，エシカル消費に通じるものがある．

　もし，モノよりもコトに重点が置かれると，製品の買い換えなどが頻繁に起きなくなる可能性がある．なぜなら，ストーリー性によって製品が消費者個人にカスタマイズされるようになると，ストーリー性がなくならない限り製品は使い続けられるからである．仮にエイジングしたとしても，エイジングそれ自体が価値に感じられる可能性さえある．

　とすると，いかに製品を長持ちさせるかが消費者にとって重要課題となるが，そこで問題となるのが「修理する権利」である．既にEUやアメリカで一部実現しているが，市民としての消費者がこの権利を主張し，実現の方向に導くことによって，廃棄物の発生回避が進むことになる［細田 2024］．本節タイトルで敢えて「市民」という言葉を使った理由が理解されると思う．

2　生産者の力

　CEそしてCNの実現にとって生産者の力が不可欠であることは言うまでもない．なぜなら，生産過程で生じる環境負荷のみならず消費過程で生じる環境負荷の一部も概ね生産者の制御下にあり，消費者が制御できる部分には限界があるからである．もとより，エシカル消費，省エネルギーやごみの分別排出などによって消費者は環境負荷低減に貢献できる．先に述べた食品ロスを初めとする一般廃棄物の削減も同様である．だが製品・部品・素材の内容・組成や製品性能は生産者によって決まるわけであり，消費者がよほどの声を上げて設計・生産の変更を求めない限り，また修理の権利などを行使しない限り生産者の力が優先されるのが常である．

　この点，無制約な市場競争原理には限界があることを強調して余りある．極めて興味深いことに細田［2022：第6章］では次の重要なことが証明されている．すなわち，「消費者が環境負荷の小さな財・サービスを求めても，それが競争市場で生産者によって供給される保証はない．そして，仮に拡大生産者責任（EPR）が生産者に課せられれば，競争経済においても消費者の欲求はかなえられる」ということが示されたのである．EPRがサーキュラーエコノミーの重要要素であることが理解できる．

　ただEPRだけではサーキュラーエコノミーの実現は不可能である．市民としての消費者が環境負荷の小さい製品の購入や分別排出を実践し，さらに使用済製品・部品・素材の処理業者が適正な処理（リユース・リサイクル・廃棄処理）を行わない限りEPRの効果は薄く，サーキュラーエコノミーは実現しない．

市民としての消費者の役割，とりわけエシカル消費の重要性については前項で述べたとおりだが，処理業者の適正処理責任の重要性については次の節で述べる．生産者の責任，市民としての消費者の役割そして処理業者の責任の３つが実践され，しかもこの３つが円滑に接続されることによって初めて経済の改革が実現する．

再び生産者の責任に戻って考えよう．EPR というと，生産者に重い責任が課せられ，生産に障害が生じるのではないかと案ずるビジネス関係者もいるだろう．逆に，生産者にはそれ相応の重い責任があり，環境負荷を低減すべく倫理的責任を果たして当然と考える向きもあろう．しかしサーキュラーエコノミー実現のための EPR に関していうと，そのどちらも適切な考え方とは言えない．

EPR とは極めて機能的な責任概念であって，資源の高度な循環利用が促進するように機能的な役割を生産者が果たすべきというのが EPR の核心であるように思われる．その責任は，生産者が自らの生産物が使用済みになった時に処理ないし処理のための管理運営を行うことで果たされるし，あるいは単に処理および処理のための管理運営費用を生産者が負担することによっても果たされるのである．

であるから，制度設計が適切である限り，EPR によって生産者に加重な負担が課せられるわけでもないし，特別な倫理的責任が生じるわけでもない．話はむしろ逆で，EPR によって生産者はより健全なビジネスを実行できる可能性が出てくる．なぜなら，EPR に加えて排出者の適正分別排出責任と処理業者の適正処理責任が加わり，これらの下で健全な競争が行われるのであれば，環境負荷低減努力をする生産者がビジネスを拡大する可能性すらあるからである．

実際，自動車メーカーにしろ家電メーカーにしろ，かつて EPR の導入の議論があったときには，かなり防御的な態度をとり，EPR の導入に消極的な意見を表明したものだが，一旦 EPR を体現した個別リサイクル法が成立すると，生産者は実に円滑に対応し，自らが EPR を果たしていることを誇りに思っているほどである．もちろん現在では，EPR によって加重な負担が課せられ生産に障害が出ていると思うビジネス関係者はいないだろう．

だからこそ，法律（ハードロー）で課されていないのに，自主的取組みとして EPR を実践している業界もあるのだ．[12] またグッズであっても部分的に潜在汚

染性の疑われるような使用済製品・部品・素材の場合については，生産者が自らに責任を課し，適正リサイクルのための詳細なマニュアルを作成し，業界に周知徹底することによって資源の循環利用を実現している例がある[13]．

こうした責任の遂行によって適正なビジネスが促進することこそあれ，ビジネスが阻害されることはない．むしろインフォーマルな事業者が競争から排除されることによってサーキュラーエコノミーへの道が整備されるものと考えられる．但し繰り返しになるが，EPR に適正分別排出責任と適正処理責任が接続されねばならないことは強調に値する．

3　私益と公益の両立

第 1 節の最後に，人間にとって重要な価値なのに市場評価になじまず，市場取引では無視されがちなものが存在するということを述べた．そのようなものの例として，自然環境の価値や景観，安心・安全を挙げておいた．以上の例に加えて持続可能性に係わる重要要素，例えばコミュニティにおける協働，人間関係，都市衛生・環境なども本来付加価値として評価されるべきである．

残念ながらこうしたものは市場評価になじまないため，企業の利益すなわち私益の対象にならない．それはいわば公益あるいは社会益と呼ばれるべきものである．市場における競争経済をベースにした資本主義経済では，私益こそが経済活動の対象になるが，公益は対象外である．公益の創出は政府や地方自治体，NPO・NGO の活動対象とされてきたのだ．

市場原理主義者は，企業は私益のみ追求すれば良いのであって，そこで得られた便益の社会的総和をもって国民経済の幸福と考えるべきだとする．ミルトン・フリードマンを代表とする市場重視の経済学者の主張は今でも一定の力を持っている．

しかし，現在人間が直面している資源制約と環境制約を政府や地方自治体，NPO・NGO の力のみで乗り越えられるとはとても思えない．先に述べたように，環境負荷低減に資する財やサービスの生産の選択においても EPR が導入されて初めて，消費者の環境負荷低減に資する財への要求が実現するのである．そして重要なことは，ハードロー（法律）がなくてもソフトロー（企業や業界の自主的規範）の力によって EPR が実践されているいることを思い起こすべきである．

これを一歩進めるとどうなるか．企業は自ら公益の増加に貢献するような方

向で経済活動をすべきだということになる．もちろん，私益の追求は雇用の増加にも通じ国民経済を豊かにするのでゆるがせにできない．ということは，これからの企業は，私益と公益を両立させるよう努力しなければならないということだ．現在，SDGsの実現を表明している企業が少なくないが，それも公益の実現のための動きと捉えることができる．

公益の最重要要素がCNでありCEである．気候変動（地球温暖化）防止は人類の存続に係わる喫緊の課題であるし，資源の高度な循環利用も同様である．CNとCEを実現しなければ経済社会は将来立ちゆかなくなる．であるから，企業の公益の実現は結局は長期的な企業の存続にもつながることになり，決して私益の追求と矛盾しない．そればかりか，CNとCEという公益の実現は，長期的な私益の保証にもなるのである．

本節の最後に，公益を保証することになる重要な一つの政策概念を述べておこう．それは，処分権の制限である．処分権とは所有権の一要素で，グッズの場合は販売するあるいは譲渡する，バッズの場合は廃棄処理する権利のことである．

もし処分権に制限が課され，例えば，所有者の意志のみで所有物を廃棄処理できないとなればどうなるだろうか．その場合，捨てることができないのだから，リユースあるいはリサイクルせざるを得ない．それ以上に，経済主体はもともと廃棄処理する必要のないような生産や消費の形態を選ぶことになるだろう．この考え方はEUにおいて既に部分的に実現の方向性が探られている．2025年までに，売れ残った衣服や靴の廃棄処理を禁止する法案が施行されることで合意されたのである．

所有権の一要素である処分権に制限をかけることで廃棄物の発生回避ないし使用済製品・部品・素材の循環利用を図るという考え方は極めて面白い．この施策によって私益と公益が矛盾せず，ともに実現されるような仕掛けが組み込まれたと解釈することができる．

3節　動脈経済・静脈経済の改革

1　分断型社会の克服

CEという新たな経済を構築するためのピースをこれまで述べてきた．EPR，排出者責任，処理事業者責任，修理する権利，処分権の制限，ソフトローに基

づいた公益の創出などがその重要なピースである．ただ，これらがバラバラに経済に埋め込まれても，効果的な経済改革にはなりにくい．環境負荷の抑制された高度な資源の循環利用が実現される経済社会では，それぞれのピースが有機的につながり，それによって動脈経済と静脈経済が円滑に接合される必要がある．

　それでは，動脈経済と静脈経済が円滑に接合されるとはどのようなことか．逆のケース，すなわち動脈経済と静脈経済が円滑に接合されていないケースを考えてみるとよくわかる．従来型の動脈部分と静脈部分が分断された経済では，動脈側から排出された使用済製品・部品・素材をただ単に粛々と静脈側が受け入れ，処理する．どんなに処理（リユース・リサイクル・廃棄処理）が難しくても，静脈側がただ受け入れるのである．ある場合には多大な費用とエネルギーをかけて処理するということもあろう．

　加えて二重の情報の非対称性のゆえに，本来の処理費用が動脈経済側に伝わらず，低環境負荷の製品・部品・素材を設計（これを環境配慮設計と呼ぶ）生産する動機が起きない．であるから，高度な循環利用が可能な製品・部品・素材が生産されにくい．あるいは無理に循環利用しようとすると，エネルギー消費が増え，二酸化炭素排出量を増やしかねないのである．CN と CE の相反関係が生じてしまう．

　分断型の社会では CN と CE を両立させることなど不可能なのだ．環境省 [2021] によると，2018年度の廃棄物処理分野からの温室効果ガス排出量は3782万トン（CO_2換算）で，日本の総排出量の3％に当たるが，そのうちの約20％が単純焼却処理によるものである．これに熱回収を加えると排出量は約3000万トンで，廃棄物処理分野からの排出量の80％近くになる．

　もちろん，ある場合には焼却や熱回収は極めて有効な廃棄物の処理方法であり，否定すべきではない．だが，動脈経済と静脈経済が分断化されることによって焼却処理あるいは熱回収しか処理の選択肢がないという状況が支配するとなると，それは問題である．現段階ですべての焼却処理と熱回収を止めるという選択はあり得ないが，ロードマップを策定して長期的になるべく単純焼却処理や熱回収を減らしていく施策を採る必要があるだろう．そのためには，EPR，排出者責任，処理事業者責任が円滑に接合され，二酸化炭素の廃棄まで含めた廃棄の費用が経済の動脈部分に伝わる必要がある．

　この点，容器包装リサイクル法や自動車リサイクル法などの個別リサイクル

法は重要な参照点になる．なぜなら，個別の製品に関してであるにせよ，EPR，排出者責任，処理事業者責任が円滑に接続することによって動脈経済と静脈経済がつながり，適切な処理費用が静脈部分から動脈部分に伝わっているからである．であればこそ環境配慮設計が進み，廃棄物になりにくい，あるいは使用済みになってもリサイクルがしやすい製品・部品・素材の設計と生産が行われているのである．

　ただ，まだ克服すべき課題はある．その1つが静脈経済の成熟化という大きな問題である．次はその点を述べよう．

2　静脈経済の成熟化の必要性

　動脈経済と静脈経済が円滑に接続し，資源の節約的利用，高度な循環利用を実現するためには，静脈経済の情報が動脈経済に伝わる必要があることは既に見た．その情報とは，処理内容と処理費用，循環利用性能，廃棄処理性能，処理の際のエネルギー効率性などである．もとより静脈経済側でも地球温暖化防止のためのスコープ3にも対応できなければならない．

　だが，現段階ではこれらの情報をくまなく動脈経済に伝達し，環境配慮設計を実現することは難しい．その大きな原因の1つが，動脈企業と静脈企業の規模の違いである．売り上げ規模で考えてみよう．東証プライムのトップ企業の売上額は数兆円を超える．それに対して，静脈の最大手でも売り上げは1000億円を超えるのがせいぜいのところなのだ．

　この非対称性によって2つの大きな問題が起きる．1つは，規模の格差によって交渉力に大きな相違が生じ，静脈企業が不利な立場に立たされることが多いということである．極端な場合は，処理費用の低減圧力が静脈企業にかけられ，それが不当な価格切り下げ競争に至ることもある．処理業者が適正な処理費用を提示しても排出事業者に受け入れられず，そのために資源の循環利用を諦めざるを得ないという話もよく聞く．

　また以上のような状況を把握した上で，敢えて低価格を提示するインフォーマルな事業者が出てくることも少なくない．インフォーマルな事業者は，低価格で処理を請け負うが，その実態は資源の高度な循環利用や廃棄物の適正処理からはほど遠い．往々にして不適正処理・不法投棄・不正輸出につながるような処理をしがちだ．

　以上の問題と深く関わる第2の原因は，静脈経済の事業者が成熟しておらず，

生産性向上のためのビジネス戦略や投資もなかなか進まないという点である．売り上げ規模が大きければ良いというわけではないが，ある程度の売り上げがあり利潤がないと，情報通信投資や AI 投資などが遅れる恐れがある．次項で具体的事例を挙げて説明するが，静脈企業の成熟化のためにはこれまで以上に技術革新を取り入れ，作業効率を改善する必要がある．それによって資源の高度な循環利用が進むし，エネルギー効率も向上して温室効果ガス排出量が削減される．

　国もこうした状況に鑑み，「産業廃棄物処理業の振興方策に関する提言」をまとめ，具体的な施策を打ち出した．この提言の目的は

> 「産業廃棄物処理業が我が国の社会経済システムに不可欠なインフラとして，地域と共生しながら持続的な発展を図るための方向性を定めるとともに，国や地方自治体，排出事業者等関係者との連携により，その実現を促すための支援方策の具体的な内容を示すこと」[環境省 2017]

であり，静脈事業者の成長と底上げの基本概念を提示している．この提言は産業廃棄物処理業を対象にしたものであるが，ほとんどの静脈ビジネスに通用する内容を持っている．

　これまでの静脈経済においては，動脈側と比べて体力が極めて小さな企業が過当な競争をしていて，資源の高度な循環利用にはほど遠い状況が続いていた．インフォーマルな事業者の存在も逆選択をもたらすような競争を静脈事業者に強いてきた．しかし個別リサイクル法やプラスチック資源循環促進法などが整備され，国のサーキュラーエコノミーへの取組みが加速化している昨今，状況は急速に変わりつつある．CN と CE の両立を図る機会が到来したと言えるだろう．

3　静脈事業者の取組み：具体的事例[14]

　以上の流れを捉え，静脈業界で先進的な取組みを行っている企業の事例を紹介しよう．東京都の静脈事業で画期的な動きを見せているのが白井グループである．一般廃棄物（家庭ごみ＋事業ごみ）と産業廃棄物の収集運搬を専門とする白井グループは，かねてより DX による事業の効率化，連携協力による業界の底上げ，資源の高度な循環利用の取組みに邁進してきた．

　特に，同社は2020年頃から，事業系一般廃棄物の資源循環を加速化する新事

業の立ち上げを計画，実践に移そうとしてきた．産業廃棄物と一般廃棄物の違いこそあれ，環境省［2017］の内容の社会実装と言えるだろう．この取組みには ① デジタル資源循環ポータルサイト，② 収集運搬の連携協力，③ AI による効率的配車，④ 静脈フローの管理，の 4 つの柱がある．

まず，デジタル資源循環ポータルサイトであるが，デジタル資源循環という言葉は，4 つの柱すべてに共通することであると理解されたい．DX 化によるポータルサイトの運営によって，受付―見積―契約―電子マニュフェスト申込―発注―決済の流れが一気通貫型となり，効率的に運営される．すなわち，管理運営・事務費用が大幅に削減され，事業の進み方が格段に早くなる．そればかりではない．事業に係わるプレーヤーの管理分担が容易になるだけではなく，収集運搬から処理までフローが管理されるために費用徴収も効率化され，流れが可視化される．

次に収集運搬の連携協力だが，前進は1997年から銀座通連合会と東京都清掃局（現環境局）と協議の上でスタートしたものである．意欲ある収集運搬会社の連携協力・事業分担が可能になり，数値分析によると従来と比べて回収のパッカー車が半分以下で済むことになった．あくまでもシミュレーションによるものだが，連携協力（本ケースでは一社集約）だと収集件数が236％増加する一方，走行距離が21％減少し，回収時間も36％減少するという．この連携企業群 (現一般社団法人東京クリーンリサイクル協会) は銀座地区以外でも先のポータルサイトの利用により業務の効率化を進めている．

第 3 番目は AI による効率的配車である．これによって，連携協力会社が営業と実行を一体的に取り組むことができるようになる．すなわち，営業と収集運搬の実行をつなぐのが AI ということなのだ．

第 4 番目が静脈フローの管理である．静脈フローの可視化と管理は，従来容易なものではなかったが，DX 化によって可能になる．これまで難しかった静脈フローにおける ① 追跡可能性，② 説明責任，③ 透明性の担保，が低コストで実現でき，このためバッズをグッズ化できる可能性が高くなる．

こうした取組みによって CN と CE の両立の道が開けてくる．静脈物流からの温室効果ガスが削減されるとともに，効率的なバッズのグッズ化によっても削減の可能性が高まるからである．残念ながらまだ広い範囲で実行されるまでには至っていないが，近い将来，白井グループの取組みが先進事例として紹介され，広域で実践されることが求められる．

おわりに
——CN と CE の両立のためのロードマップ——

　以上見てきたように，CN と CE を両立させるのは容易ではない．だが，確認しておかなければならないことは，CN にしても CE にしても実現が不可欠だということである．最早避けることはできない選択肢なのでであり，両立させるしかないのである．

　では，いかにしてそれを実現するのか．今この段階で2つを両立させることは不可能だ．時間軸に沿った実現可能なロードマップを策定するのが現実的だ．また，そのときにピースミールなやり方で，動静脈一体型の新しい経済を構築することが大事だ．ピースミールなやり方とは具体的に言うと，EPR，排出者責任，処理事業者責任，修理する権利，処分権の制限，ソフトローに基づいた公益の創出などの仕掛けを動脈経済と静脈経済を接合するための手法として活用することである．

　経済改革の仕掛けを組み込むのに個別リサイクル法のようなハードロー（法律など通常の法規範）を使う手もあるし，ソフトロー（社会規範などの非法規範）をハードローに組み合わせて使うという手もある．場合によってはソフトローだけでうまくゆくこともあるかもしれない．市場競争のメリットを活かしながらもハードローとソフトローを両輪として制度的インフラストラクチャーを整備し，CN と CE を両立させるためのロードマップを早急に作り上げなければならない．

注
1）循環型社会形成推進基本法の成立は2000年である．
2）GNP とは国民総生産のことで，一国の経済の大きさをフローレベルで測る指標．現在では GDP が用いられている．
3）東京ごみ戦争については，細田［2015：216-217］参照．
4）個別リサイクル法の嚆矢とも言える容器包装リサイクル法が成立したのはやや早く，1995年のことである．
5）環境省『令和3年度版環境・循環型社会・生物多様性白書』第2章第2節による．
6）静脈市場における情報の二重の非対称性およびその問題点について，詳しくは細田［2015：70-71］参照．
7）リチウムイオン電池はあまりにも便利なため多くの電気・電子製品に組み込まれてい

るが，使用済になって処理されるとき，加圧・破砕・落下などによって発火することで，深刻な問題を引き起こしている．

8）この組織は長く「3R活動推進フォーラム」という名称であったが，2024年名称が変更された．

9）環境省ウエッブサイト https://www.env.go.jp/content/000050376.pdf（2024年4月29日閲覧）．

10）消費者庁ウエッブサイト https://www.caa.go.jp/policies/policy/consumer_education/public_awareness/ethical/about（2024年4月29日閲覧）．

11）「断捨離」とはモノへの執着を捨てることによって，モノの拘束から解放され，身軽に快適な生活を生きるという考え方．「こんまり現象」とは，近藤麻理恵の提唱する片づけ・整理の方法が日本のみならずアメリカ等海外でも広く知れ渡った現象．

12）二輪車（オートバイなど）や FRP 小型船舶のリサイクルがその例に当たる．

13）鉄鋼スラグのリサイクルがその例に当たる．

14）本項の内容は，筆者の僚友であった故白井徹氏によるところが大きい．静脈事業の刷新を目指しながら志半ばで早世した同氏にこの場を借りて哀悼の意と謝意を表したい．

参考文献

〈邦文献〉

環境省［2007］『21世紀環境立国宣言』（https://www.env.go.jp/guide/info/21c_ens/21c_strategy_070601.pdf，2024年4月29日閲覧）．

───────［2017］「産業廃棄物処理業の振興方策に関する提言」（https://www.env.go.jp/content/900509284.pdf，2024年4月29日閲覧）．

───────［2021］『廃棄物分野における地球温暖化対策について』（環境省環境再生・資源循環局）．

笹尾俊明［2023］『循環経済入門──廃棄物から考える新しい経済』岩波書店（岩波新書）．

細田衛士［2015］『資源の循環利用とはなにか──バッズをグッズに変える新しい経済システム』岩波書店．

───────［2022］『循環経済──理論分析と応用』岩波書店．

───────［2024］「持続可能な消費と生産──歴史的な振り返り」『環境情報科学』53（1），pp. 1 - 7．

〈欧文献〉

European Commission［2015］"Closing the loop -An EU action for the Circular Economy," Brussels, 2. 12. 2015 COM（2015）614 final（https://eur-lex.europa.eu/resource.html?uri=cellar : 8a8ef5e8-99a0-11e5-b3b7-01aa75ed71a1.0012.02/DOC_1&format=PDF, 2024年4月29日閲覧）．

Ishimura, Y., T. Shinkuma, K. Takeuchi and E. Hosoda［2024］"The effects of regional goal setting of household waste," *Ecological Economics*, 215, January 2024（https://authors.elsevier.com/sd/article/S0921-8009(23)00278-1, 2024年7月10日閲覧）．

Kirchherr, J., Reike, D. and Hekkert, M.［2017］"Conceptualizing the Circular Economy :

An Analysis of 114 Definitions," *Resources, Conservation and Recycling*, 127, pp. 221–232.

（細田　衛士）

コラム15

自動車リサイクル法とソフトロー

法成立の経緯

自動車リサイクル法は，2002年成立し2005年に本格施行された．同法施行以前は，使用済自動車のリサイクルは市場メカニズムに基づいてなされていた．各パーツは中古部品として使用され，鉄や銅・アルミなどの非鉄もリサイクルされ，再生資源として利用されていた．ところが，鉄スクラップの市況が悪化し，残渣処理のための最終処分場が徐々になくなってくると，処理費用が再生品・素材の価格を上回るようになり，使用済自動車が逆有償化するようになった．すると，使用済自動車のリサイクルに関わるもののなかに使用済自動車を不適正処理あるいは不法投棄するものが現れるようになった．

そこで国は，使用済自動車のリサイクルに関わる関係各主体が連携協力することによって，不適正処理・不法投棄・不正輸出を未然に防ぎ，リサイクル率を上昇させるとともに，シュレッダーダストなどの残渣の発生量を削減する自主的プログラムを策定するよう促した．これが使用済自動車リサイクル・イニシアティブ（1997年）である．このイニシアティブはあくまでも関係各主体の自主的取組であり，ソフトローといえる．

同イニシアティブで重量比85%のリサイクル（熱回収を含む）が実現したが，それ以上のリサイクル率の達成は難しいと見られた．そこで国はこのイニシアティブを下敷きとしながらも，自動車メーカーの責任（EPR）を組み込み，リサイクルのための費用徴収方式も明確化した法律を制定せざるを得なくなった．こうして作られたのが自動車リサイクル法である．

自動車リサイクル法の概要

自動車リサイクルの概要は以下の通りである．すなわち有価物である中古部品や鉄・非鉄スクラップなどは市場取引きに委ね，バッズとなる ASR（シュレッダーダスト），フロン類，エアバッグ類の3品目のみが法の対象となり，自動車メーカー等（輸入業者も含む）の責任のもとに処理・リサイクルがなされることとなった．つまり，市場メカニズムを用いながらも，一方で自動車リサイクル法の制度的制約を受けつつ処理・リサイクルを実行するというわけである．グッズの取引は市場メカニズムで，バッズの取引は自動車リサイクル法の制約のもとで，というのが日本の自動車リサイクルの特徴になっている．この3品目はバッズなので，処理・リサイクルには費

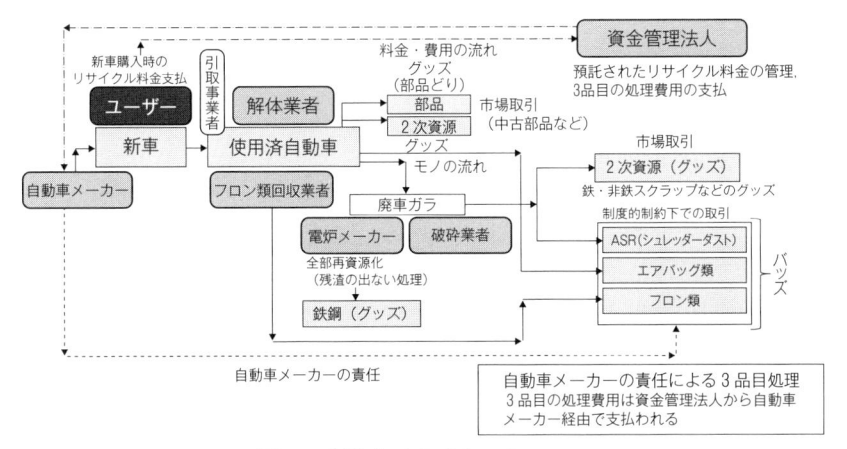

図1　自動車リサイクルのフロー

（出所）筆者作成．

用がかかるが，その費用は新車購入時にユーザーから徴収された料金が用いられる．自動車の場合，登録制度や車台番号などから個体管理ができるので，1台ごとに徴収されたリサイクル料金が資金管理法人のもとで管理され，その自動車が使用済になって処理・リサイクルされるときに使われる．ユーザーは費用負担をするが，自動車製造業者等が使用済自動車の処理・リサイクルの管理運営（実質的には処理・リサイクルに他ならない）の責任を負うことになる．

　図による説明

　実践はモノの流れ，一点鎖線はリサイクル料金・費用の流れを表している．一方，破線は自動車メーカーの責任の在り方を示しており，メーカーが ASR（シュレッダーダスト），フロン類，エアバッグ類の3品目の処理・リサイクルの責任を負うことを示している．ユーザーが支払ったリサイクル料金は資金管理法人を経由して責任主体であるメーカーに支払われ，最終的には処理・リサイクル費用として使われることになる．

（細田　衛士）

索　引

《執筆者紹介》（執筆順）

森本 英香（もりもと ひでか）　早稲田大学法学部教授，東海大学環境サステナビリティ研究所長 …**第1章，**コラム1

天野 正博（あまの まさひろ）　早稲田大学名誉教授 ……………………………………………………**第2章，**コラム2

赤尾 信敏（あかお のぶとし）　元外務省，地球環境・国際貿易（ガット，ウルグアイ・ラウンド首席交渉官）等担当大使 …………………………………………………………………………………………コラム3

堀江 正彦（ほりえ まさひこ）　明治大学国際関係研究所（MIGA）客員研究員，国際自然保護連合（IUCN）日本委員会顧問，元外務省地球環境問題担当大使 ………………………………………………コラム4

大塚 直（おおつか ただし）　早稲田大学法学学術院教授 ……………………………………………**第4章，**コラム5

吉田 朗（よしだ あきら）　早稲田大学社会科学総合学術院助手 …………………………………………トピック

ジョエル・マレン（Joel Malen）　早稲田大学商学学術院商学部准教授………**第5章，**コラム6・7

田村 堅太郎（たむら けんたろう）　公益財団法人地球環境戦略研究機関気候変動とエネルギー領域プログラムディレクター ……………………………………………………………………………**第6章，**コラム8

森村 将平（もりむら しょうへい）　LEC東京リーガルマインド大学院大学専任助教 ……………………**第7章，**コラム9

森 俊介（もり しゅんすけ）　東京理科大学名誉教授 ……………………………………**第8章，**コラム10・11

太田 宏（おおた ひろし）　早稲田大学国際学術院名誉教授 …………………………………**第9章，**コラム12

丹 康雄（たん やすお）　北陸先端科学技術大学院大学副学長，先端科学技術研究科教授 ………………コラム13

舘野 ひなた（たての ひなた）　東京電力ホールディングス株式会社エリアエネルギーイノベーション事業室 ……………………………………………………………………………………………………コラム14

細田 衛士（ほそだ えいじ）　東海大学副学長，政治経済学部経済学科教授，慶應義塾大学名誉教授，中部大学名誉教授 …………………………………………………………………………**第11章，**コラム15

《編著者紹介》

鷲 津 明 由（わしづ　あゆ）［はしがき，第10章］
慶應義塾大学大学院経済学研究科博士後期課程単位取得，博士（商学）
現在，早稲田大学社会科学総合学術院教授
主要業績
『カーボンプライシングのフロンティア』（共編著，日本評論社，2022年）
Sustainable Development Disciplines for Society（共編著，Springer, Singapore, 2022）
"Modeling the Distributed Energy Resource Aggregator Services in A Macroeconomic Framework: The Application to Japan"（共著，*Energy*, 312, 2024）

赤 尾 健 一（あかお　けんいち）［はしがき，第3章］
京都大学大学院農学研究科博士後期課程修了，博士（農学）
現在，早稲田大学社会科学部教授
主要業績
『地球環境と環境経済学』（成文堂，1997年）
"Preference constraint for sustainable development"（*Environmental Economics and Policy Studies*, 16, 2014）
"A theory of disasters and long-run growth"（共著，*Journal of Economic Dynamics & Control*, 95, 2018）

有 村 俊 秀（ありむら　としひで）【はしがき，第7章，コラム9】
ミネソタ大学 Ph.D.（経済学）
現在，早稲田大学政治経済学術院教授，早稲田大学環境経済・経営研究所所長，（独）経済産業研究所ファカルティフェロー
主要業績
『カーボンプライシングのフロンティア』（共編著，日本評論社，2022年）
『入門　環境経済学——脱炭素時代の課題と最適解　新版』（共著，中央公論新社，2023年）
Introduction to Environmental Economics and Policy in Japan（共著，Springer, 2024）

カーボンニュートラルと社会

2025年3月10日　初版第1刷発行　　＊定価はカバーに表示してあります

編著者	鷲　津　明　由
	赤　尾　健　一 ⓒ
	有　村　俊　秀
発行者	萩　原　淳　平
印刷者	藤　森　英　夫

発行所　株式会社　晃　洋　書　房

〒615-0026　京都市右京区西院北矢掛町7番地
電　話　075(312)0788番代
振替口座　01040-6-32280

装丁　㈱クオリアデザイン事務所　印刷・製本　亜細亜印刷㈱
ISBN978-4-7710-3902-5